"十三五"职业教育规划教材

生物化学

张春玉　王中华　主编

化学工业出版社

·北京·

《生物化学》以职业能力培养为主线，突出技能性，在编写中力求把理论内容简化，把复杂概念细化，通过综合性案例分析、简洁的理论阐述、链接、实验等环节，突出了教材的适用性、实用性和针对性。全书共十二章，包括绪论、糖类化学、蛋白质化学、核酸化学、酶化学、维生素、新陈代谢与生物氧化、糖代谢、脂类代谢、蛋白质的降解和氨基酸代谢、核苷酸代谢、遗传信息的传递，包括静态生物化学和动态生物化学两部分内容，即：①静态生化，介绍生物分子的结构和功能，主要包括蛋白质的结构与功能、酶的作用特点、结构与功能，维生素的种类与性质，核酸的结构与功能等；②动态生化，主要介绍营养物质在机体内的代谢及能量生成，包括糖代谢（主要是葡萄糖的分解代谢）、脂类代谢、氨基酸代谢及核苷酸代谢，以及生物氧化生成能量的主要方式——氧化磷酸化；以及遗传信息传递，主要包括DNA复制及反转录、RNA的生物合成（转录）及蛋白质的生物合成（翻译）等。本书教学课件可从教学资源网站www.cipedu.com.cn免费下载。

本书可作为高职高专医药卫生类专业的专业基础平台课教材使用，也可供营养和食品等相关专业的师生作为参考书使用，对相关领域的企事业单位从业人员也具有重要的参考价值。

图书在版编目（CIP）数据

生物化学/张春玉，王中华主编．—北京：化学工业出版社，2017.9（2024.6重印）
"十三五"职业教育规划教材
ISBN 978-7-122-30230-4

Ⅰ.①生… Ⅱ.①张…②王… Ⅲ.①生物化学-高等职业教育-教材 Ⅳ.①Q5

中国版本图书馆CIP数据核字（2017）第167138号

责任编辑：迟　蕾　张春娥　李植峰　　　　装帧设计：关　飞
责任校对：宋　玮

出版发行：化学工业出版社（北京市东城区青年湖南街13号　邮政编码100011）
印　　装：三河市延风印装有限公司
787mm×1092mm　1/16　印张14¾　字数365千字　2024年6月北京第1版第7次印刷

购书咨询：010-64518888　　　　　　　　售后服务：010-64518899
网　　址：http://www.cip.com.cn
凡购买本书，如有缺损质量问题，本社销售中心负责调换。

定　价：36.00元　　　　　　　　　　　　　　　　　　　　版权所有　违者必究

《生物化学》编写人员

主　编　张春玉　王中华
副主编　孙百虎　王　岚　田　锦
编　者（按姓名汉语拼音排序）
　　　　　陈　亮（长春市第十七中学）
　　　　　高　洁（陕西国际商贸学院）
　　　　　林　海（长春市十一高中）
　　　　　曲　勃（长春职业技术学院）
　　　　　孙百虎（石家庄职业技术学院）
　　　　　田　锦（北京农业职业学院）
　　　　　王　岚（郑州工程技术学院）
　　　　　王黎霞（北京农业职业学院）
　　　　　王中华（泰州职业技术学院）
　　　　　于丽静（长春职业技术学院）
　　　　　张春玉（长春职业技术学院）
　　　　　张君丽（江苏食品药品职业技术学院）
　　　　　赵　潇（浙江经贸职业技术学院）

前　言

生物化学是生命科学重要的基础学科之一，是医药卫生类专业的专业基础平台课，对培养学生的必备基础知识以及专业人才培养目标的实现具有重要的支撑作用。本教材为了适应高职高专的教学特点，在内容选取上紧密结合专业培养目标，坚持理论知识"必需、够用"为度，在编写中力求把理论内容简化、把复杂概念细化，通过综合性案例分析、简洁的理论阐述、知识链接、实验等环节，力求解决生物化学内容多、概念复杂、教师难讲、学生难学的问题。

全书共分十二章，包括绪论、糖类化学、蛋白质化学、核酸化学、酶化学、维生素、新陈代谢与生物氧化、糖代谢、脂类代谢、蛋白质的降解和氨基酸代谢、核苷酸代谢以及遗传信息的传递等，具体包括静态生物化学和动态生物化学两部分内容：①静态生物化学，介绍生物分子的结构和功能，主要包括蛋白质的结构与功能，酶的作用特点、结构与功能，维生素的种类与性质，核酸的结构与功能等；②动态生物化学，主要介绍了营养物质在机体内的代谢及能量生成，包括糖代谢（主要是葡萄糖的分解代谢）、脂类代谢、氨基酸代谢及核苷酸代谢，以及生物氧化生成能量的主要方式——氧化磷酸化等；以及遗传信息传递，主要包括DNA复制及反转录、RNA的生物合成（转录）及蛋白质的生物合成（翻译）等。

在教材结构设计上每章围绕教学的基本要求，以"学习目标"开篇，章节后有"目标检测"，是针对教学内容设计的能力提升试题，使学生能够在课后有针对性的检测学习效果；内容丰富的"知识链接"密切关注本学科及行业理论、技术发展以及新技术，进一步拓展学生的视野；案例导学与教学内容紧密呼应，突出情境导入和实际应用；精选的实验内容有利于培养学生的动手能力，提高实际操作技能。教材配套制作了精美的教学课件，方便教师教学和学生自学，可从教学资源网站www.cipedu.com.cn免费下载。

本教材的编写得到了化学工业出版社的支持和帮助，凝聚了全体参编人员的智慧和努力，在此一并表示真诚的敬意和感谢。教材编写工作量大，任务繁重，尽管我们尽了最大努力，但仍难免存在不足之处，竭诚希望广大读者批评指正。

编者
2017年4月

目　录

绪论 ··· 1

【学习目标】 ··· 1
【案例导学】 ··· 1
第一节　生物化学的概念和任务 ··· 1
　　一、生物化学概述 ··· 1
　　二、生物化学的主要研究内容 ··· 1
第二节　生物化学的发展 ··· 4
　　一、静态生物化学阶段 ··· 4
　　二、动态生物化学阶段 ··· 5
　　三、现代生物化学阶段 ··· 5
第三节　生物化学的应用 ··· 6
　　一、生物化学与医学 ··· 6
　　二、生物化学与药学 ··· 8
【目标检测】 ··· 9

第一章　糖类化学 ··· 11

【学习目标】 ··· 11
【案例导学】 ··· 11
第一节　糖类概述 ··· 11
　　一、糖的概念 ··· 11
　　二、糖类的生物学作用 ··· 12
　　三、糖类的分类 ··· 12
第二节　单糖 ··· 13
　　一、单糖的结构 ··· 13
　　二、单糖的性质 ··· 15
　　三、重要的单糖及其单糖衍生物 ··· 17
第三节　寡糖 ··· 18
　　一、双糖 ··· 18
　　二、三糖 ··· 20

第四节　多糖 20
　　一、均一性多糖 20
　　二、不均一性多糖 21
　　三、结合糖 22
【目标检测】 23

第二章　蛋白质化学 24

【学习目标】 24
【案例导学】 24
第一节　蛋白质概述 24
　　一、蛋白质的元素组成 24
　　二、蛋白质的分类 25
　　三、蛋白质的大小与分子量 27
　　四、蛋白质的构象 27
　　五、蛋白质功能的多样性 27
第二节　氨基酸和肽 28
　　一、氨基酸的结构与分类 28
　　二、氨基酸的重要性质 32
　　三、氨基酸的功能 34
　　四、肽 34
第三节　蛋白质的结构 36
　　一、蛋白质的一级结构 36
　　二、蛋白质的空间结构 36
第四节　蛋白质的结构与功能的关系 41
　　一、蛋白质一级结构与功能的关系 41
　　二、蛋白质空间结构与功能的关系 42
第五节　蛋白质的性质 43
　　一、两性离解和等电点 43
　　二、胶体性质 44
　　三、蛋白质的沉淀及常用沉淀方法 45
　　四、蛋白质的变性 46
　　五、蛋白质的紫外吸收 47
　　六、蛋白质的颜色反应 47
第六节　蛋白质的分离纯化 48
　　一、根据蛋白质溶解度不同进行分离的方法 48
　　二、根据蛋白质分子大小的差别进行分离的方法 49
　　三、根据蛋白质带电性质进行分离 49
【目标检测】 50

第三章　核酸化学 51

【学习目标】 51

【案例导学】 51
第一节　核酸概述 51
一、核酸的发现及发展 51
二、核酸的分类 52
第二节　核酸的组成 53
一、核糖和脱氧核糖 53
二、嘌呤碱和嘧啶碱 53
三、核苷 54
四、核苷酸 55
五、核苷酸的连接方式 57
第三节　核酸的结构 59
一、脱氧核糖核酸（DNA）的结构 59
二、核糖核酸（RNA）的结构和类型 62
第四节　核酸的性质 66
一、一般的理化性质 66
二、核酸的紫外吸收性质 66
三、核酸的变性 66
四、核酸的复性 67
五、核酸分子杂交 68

【目标检测】 68

第四章　酶化学 70

【学习目标】 70
【案例导学】 70
第一节　酶类概述 70
一、酶的概念 70
二、酶的发现简史 71
三、酶催化作用的特点 71
第二节　酶的命名和分类 73
一、酶的命名 73
二、酶的分类 73
第三节　酶的结构与功能的关系 75
一、酶的分子组成 75
二、酶的活性中心 76
三、酶原与酶原的激活 77
四、同工酶 77
第四节　酶的作用机制 78
一、酶的催化作用、过渡态、分子活化能 78
二、中间产物学说 79
三、诱导契合学说 80
四、酶具有高催化效率的原理 80

第五节　酶促反应动力学 ······ 82
一、底物浓度对酶促反应速度的影响 ······ 82
二、酶浓度对酶促反应速度的影响 ······ 84
三、温度对酶促反应速度的影响 ······ 84
四、pH 对酶促反应速度的影响 ······ 85
五、激活剂对酶促反应速度的影响 ······ 86
六、抑制剂对酶促反应速度的影响 ······ 86

第六节　酶活力测定 ······ 89
一、酶活力的概念 ······ 89
二、酶的活力单位 ······ 89
三、酶的比活力 ······ 90
四、酶活力的定量测定方法 ······ 90

【目标检测】 ······ 91

第五章　维生素 ······ 92

【学习目标】 ······ 92
【案例导学】 ······ 92

第一节　脂溶性维生素 ······ 93
一、维生素 A ······ 93
二、维生素 D ······ 94
三、维生素 E ······ 95
四、维生素 K ······ 95

第二节　水溶性维生素 ······ 95
一、维生素 B_1 和焦磷酸硫胺素 ······ 96
二、维生素 B_2 和黄素辅酶 ······ 96
三、泛酸（维生素 B_3）和辅酶 A ······ 97
四、维生素 B_5 和辅酶Ⅰ、辅酶Ⅱ ······ 97
五、维生素 B_6 和磷酸吡哆素 ······ 97
六、生物素 ······ 97
七、叶酸与叶酸辅酶 ······ 98
八、维生素 B_{12} 与辅酶 B_{12} ······ 98
九、维生素 C ······ 98
十、硫辛酸 ······ 99

【目标检测】 ······ 99

第六章　新陈代谢与生物氧化 ······ 101

【学习目标】 ······ 101
【案例导学】 ······ 101
第一节　新陈代谢 ······ 101
一、新陈代谢概述 ······ 101

二、物质代谢的研究方法 ……………………………………………………………………… 104
第二节　生物氧化 ……………………………………………………………………………………… 105
　　一、生物氧化概述 ……………………………………………………………………………… 105
　　二、线粒体氧化体系 …………………………………………………………………………… 105
　　三、非线粒体氧化体系 ………………………………………………………………………… 109
【目标检测】 …………………………………………………………………………………………… 110

第七章　糖代谢

【学习目标】 …………………………………………………………………………………………… 111
【案例导学】 …………………………………………………………………………………………… 111
第一节　糖代谢概述 …………………………………………………………………………………… 111
　　一、糖的消化与吸收 …………………………………………………………………………… 112
　　二、糖在体内的代谢概况 ……………………………………………………………………… 112
第二节　葡萄糖的分解代谢 …………………………………………………………………………… 112
　　一、糖的无氧分解 ……………………………………………………………………………… 112
　　二、糖的有氧氧化 ……………………………………………………………………………… 116
第三节　磷酸戊糖途径 ………………………………………………………………………………… 119
　　一、反应过程 …………………………………………………………………………………… 119
　　二、磷酸戊糖途径的调节 ……………………………………………………………………… 120
　　三、生理意义 …………………………………………………………………………………… 121
第四节　糖原的合成与分解 …………………………………………………………………………… 121
　　一、糖原的合成 ………………………………………………………………………………… 121
　　二、糖原的分解 ………………………………………………………………………………… 122
　　三、糖原合成与分解的生理意义 ……………………………………………………………… 124
第五节　糖异生 ………………………………………………………………………………………… 124
　　一、糖异生作用 ………………………………………………………………………………… 124
　　二、生理意义 …………………………………………………………………………………… 125
第六节　血糖及其调节 ………………………………………………………………………………… 126
　　一、血糖的来源和去路 ………………………………………………………………………… 126
　　二、血糖浓度的调节 …………………………………………………………………………… 127
　　三、糖代谢紊乱及常用降血糖药物 …………………………………………………………… 128
【目标检测】 …………………………………………………………………………………………… 130

第八章　脂类代谢

【学习目标】 …………………………………………………………………………………………… 131
【案例导学】 …………………………………………………………………………………………… 131
第一节　脂类代谢概述 ………………………………………………………………………………… 131
　　一、脂类的种类及分布 ………………………………………………………………………… 131
　　二、脂类的生理功能 …………………………………………………………………………… 132

第二节　甘油三酯的代谢 ·· 132
　　一、甘油三酯的动员 ·· 132
　　二、甘油的氧化分解 ·· 133
　　三、脂肪酸的氧化分解 ·· 134
　　四、甘油三酯的合成代谢 ·· 137
第三节　甘油磷脂的代谢 ·· 139
　　一、甘油磷脂的合成代谢 ·· 139
　　二、甘油磷脂的分解代谢 ·· 140
第四节　胆固醇代谢 ·· 141
　　一、胆固醇的合成 ·· 141
　　二、胆固醇的转化 ·· 142
第五节　血脂与血浆脂蛋白 ·· 142
　　一、血脂 ·· 142
　　二、血浆脂蛋白的组成和结构 ·· 143
　　三、血浆脂蛋白代谢 ·· 143
　　四、高脂蛋白血症和动脉粥样硬化 ·· 144
【目标检测】 ·· 146

第九章　蛋白质的降解和氨基酸代谢 ·· 147

【学习目标】 ·· 147
【案例导学】 ·· 147
第一节　蛋白质分解代谢概述 ·· 147
　　一、蛋白质的需要量和营养价值 ·· 147
　　二、蛋白质的消化、吸收和腐败 ·· 148
第二节　氨基酸一般代谢 ·· 149
　　一、氨基酸代谢概况 ·· 149
　　二、氨基酸的脱氨基作用 ·· 150
　　三、氨基酸的脱羧基作用 ·· 154
　　四、氨基酸分解产物的代谢 ·· 155
第三节　氨基酸的合成代谢 ·· 160
　　一、氨基酸合成途径的类型 ·· 160
　　二、氨基酸与一碳单位 ·· 165
　　三、氨基酸与某些重要生物活性物质的合成 ································ 166
【目标检测】 ·· 170

第十章　核苷酸代谢 ·· 172

【学习目标】 ·· 172
【案例导学】 ·· 172
第一节　核苷酸代谢概述 ·· 172

一、核酸的消化与吸收 172
　　二、核苷酸的分布 172
　　三、核苷酸的生物学作用 173
第二节　嘌呤核苷酸代谢 173
　　一、嘌呤核苷酸的合成代谢 173
　　二、嘌呤核苷酸的分解代谢 177
第三节　嘧啶核苷酸代谢 178
　　一、嘧啶核苷酸的合成代谢 178
　　二、嘧啶核苷酸的分解代谢 180
第四节　核苷酸合成的抗代谢物 180
　　一、嘌呤类似物 180
　　二、嘧啶类似物 180
　　三、核苷类似物 180
　　四、谷氨酰胺和天冬酰胺类似物 181
　　五、叶酸类似物 181
【目标检测】 181

第十一章　遗传信息的传递 183

【学习目标】 183
【案例导学】 183
第一节　DNA 的生物合成 184
　　一、DNA 的复制 184
　　二、反转录过程 189
　　三、DNA 的损伤与修复 190
第二节　RNA 的生物合成 191
　　一、转录的概念 192
　　二、转录的体系 192
　　三、转录的过程 193
　　四、真核生物的转录后加工 194
　　五、RNA 的复制 196
第三节　蛋白质的生物合成 197
　　一、蛋白质生物合成的概念 197
　　二、蛋白质的生物合成体系 197
　　三、蛋白质生物合成的过程 200
【目标检测】 205

生物化学实验 207

实验一　糖的呈色反应和定性鉴定 208
实验二　总糖和还原糖的测定 210

实验三 蛋白质及氨基酸的呈色反应 212
实验四 蛋白质两性性质及等电点的测定 213
实验五 蛋白质的沉淀和变性 214
实验六 氨基酸的分离鉴定 216
实验七 唾液淀粉酶的性质 217
实验八 淀粉酶活性的测定 219
实验九 维生素 C 含量的测定 220

参考文献 222

绪 论

【学习目标】
1. 掌握生物化学的概念和主要研究内容。
2. 熟悉生物化学的发展历程。
3. 了解生物化学的应用。

【案例导学】
2015年10月8日,中国科学家屠呦呦获2015年诺贝尔生理学或医学奖,成为第一个获得自然科学领域诺贝尔奖的中国人。多年从事中药和中西药结合研究的屠呦呦,创造性地研制出抗疟新药——青蒿素和双氢青蒿素,获得对疟原虫100%的抑制率,为中医药走向世界指明了一条方向。而这项创造性的研究与生物化学有着什么联系呢?本章重点介绍生物化学的概念、生物化学的发展史及其应用。

第一节 生物化学的概念和任务

一、生物化学概述

生物化学是一门运用化学的理论和方法研究生命物质的重要学科,其任务主要是了解生物的化学组成、结构及生命过程中的各种化学变化;并探讨生物体的物质组成和结构,物质在生物体内发生的化学反应,以及这些物质的结构和反应与生物的生理机能或人体新陈代谢之间的关系;从早期对生物总体组成的研究,进展到对各种组织和细胞成分的精确分析。所以它是研究生命物质的化学组成、结构及生命活动过程中各种化学变化的基础生命科学。

二、生物化学的主要研究内容

1. 人体的化学物质组成

人是由化学物质组成的。目前已知的元素有一百三十余种,其中人体含有的元素有六十余种,而生物化学的研究表明,大约有三十多种是人体所必需的,主要为氧、氢、碳、氮、钙、磷等,其中氧含量约占65%,碳约为18%,氢约为10%,氮约为3%,钙约为2%,磷约为1%,氧、碳、氢和氮就占人体总重量的约96%,是构成糖类、脂类、蛋白质和核酸的主要元素;除主要元素外,非金属的硫、磷在人体中的作用也举足轻重,它们形成一些相对比较弱的化学键,因此一般含硫、磷的化合物在生物细胞的基团和能量反应中比较活跃;铁和铜等其他微量元素虽然在人体内所占的比例小，但并不代表不重要，如血红蛋白是体内氧的携带者，而铁是血红蛋白的重要组成部分，其主要功能是把氧转运到组织中（血红蛋白）和在细胞氧化过程中转运电子（细胞色素）；除此之外，还有一些元素以离子（钾、钠、钙、镁等）形态在维持生物组织和细胞的渗透压、离子平衡以及细胞的电位和极化中起重要作用。

> **课堂互动**
> 人类应该从哪里获得所需的生命元素？

2. 生物分子的结构与功能

（1）所有生物都含有很多不同种类的生物分子　生物的多样性是由生物体中生物分子的多样性及其结构的复杂性决定的。例如，大肠杆菌含有约 5000 种不同分子，其中蛋白质约 3000 种、核酸约 1000 种。生物分子有小有大、有简单有复杂，它们或以简单形式存在，或形成不同聚合物。无论怎样，各种形式的生物分子都具有自己独特的、专一的功能。

（2）所有生物都是一个复杂和高度组织化的分子系统　生物是由生物分子组成的，生物分子包含多种类别，但生物体内的生物分子不是无序的，即便是最简单的单细胞生物也含有多种不同生物分子的组织化结构。不仅如此，生物分子的组织化还包括生物分子的化学变化的组织化。在任何一个单细胞内，生物分子都有几百个不同化学反应同时组合在一起，并能对多种代谢途径进行精确调控。多细胞生物则具有一个更加复杂的组织化结构和控制系统。

（3）所有生物都具有生物分子结构与功能的高度统一　每种生物各有一套特定的分子，因而保存自己显著的特征。也就是说，为了执行生物体某种专一功能，其分子一定拥有一种专一的结构形式。这种结构与功能相互依存与高度统一的关系存在于各种层次的生物分子中，如氨基酸与脂肪等小分子、蛋白质与核酸等大分子以及超分子装配生物膜和亚细胞的细胞器等。

> **知识链接**
> 超分子通常是指由两种或两种以上分子依靠分子间相互作用结合在一起，组成复杂的、有组织的聚集体，并保持一定的完整性使其具有明确的微观结构和宏观特性。

（4）主要的生物分子都由轻元素组成　生物体中含量最多的是碳、氢、氧、氮 4 种元素，占细胞总物质的 99% 以上。生命分子之所以选择这些元素，一方面是因为它们本身的结构具有分子的适宜性，可以借助共用电子对形成共价键，而且是最强共价键；另一方面，生命分子选择这些元素是因为它们在自然界中广泛存在，具有可获得性。这两方面构成了化学进化过程的基础。

生命体还存在多种微量元素，它们虽然在生命体内所占比例很小，但对生命来说是绝对必需的，特别是在某些酶催化反应中发挥着重要作用。

（5）生物大分子是含碳的化合物　生物体细胞干重约一半是碳元素，碳元素是组成生命分子基本结构的化学元素。在生物学中最有意义的是碳原子通过共用电子对形成非常稳定的碳碳键，每个碳原子可与 1 个、2 个、3 个碳原子形成单键，2 个碳原子还可以共用 2 个或 3 个电子对形成共价双键或三键，使分子形成线形、支链或环状等结构。大多数生物分子具有碳碳共价键连接的碳骨架，并和氢原子结合形成碳氢化合物。碳氢化合物的碳骨架非常稳定，氢原子可以被多种功能基替换，产生不同的衍生物。一个分子的碳骨架加上功能基的其他原子或基团将赋予分子特殊的化学性质。含有共价键的碳骨架分子称为有机化合物，生物大分子大部分是有机化合物。由于碳原子可形成 4 个共价键，排列呈四面体，单键可以自由旋转，所以生物分子可能具有多种多样的构象，但特定的生理条件下只能具有特定的构象。许多生物分子可能具有不同类型的功能基，每种功能基都有自己的物理特性和化学反应性。如氨基酸含有至少两种不同的功能基，即氨基和羧基。依靠氨基酸的两个功能基的化学性质可以和其他氨基酸缩合成肽或蛋白质。

生物分子中除连接原子的共价键外，非共价键对其结构与功能也产生很大的影响。非共价键指的是氢键、静电作用、范德华力、疏水相互作用等。

（6）**生物大分子由单体组成** 细胞内分子中最突出的特点是具有多种多样的生物大分子。生物大分子是由相对简单的单体通过聚合形成的高分子量的多聚物。单体是一种结构简单的成分，如蛋白质的单体是多种氨基酸，RNA 的单体是 4 种核苷酸，DNA 由另外 4 种核苷酸单体组成，而每种核苷酸则由 3 种更简单的成分组成，即含氮的有机碱、五碳糖和磷酸。大分子的合成是细胞主要的耗能活动，大分子可以进一步装配成超分子复合物。超分子体系和细胞器是细胞功能单位，如核糖体、膜和其他细胞器。

3. 物质代谢与调控

（1）**物质代谢** 生物体自外界摄取物质，即营养物质，以维护其生命活动。这些物质进入人体内，转变为生物体自身的分子以及生命活动所需的物质和能量等。营养物质在生命体内所经历的一切化学变化总称为新陈代谢。

新陈代谢简称代谢，是生物体表现其生命活动的重要特征之一。生物体内的新陈代谢并不完全是自发进行，而是靠生物催化剂——酶来催化的。由于酶作用的专一性，每一种化学反应都有特殊的酶来参与作用。每种特殊的酶都有其调节机制。它们使错综复杂的新陈代谢过程成为高度协调的、高度整合在一起的化学反应网络。

生物体内酶催化的化学反应是连续的，前一种酶的作用产物往往成为后一种酶的作用底物。这种在代谢过程中连续转变的酶促产物统称为代谢中间产物，或简称代谢物。代谢通过一系列连续的反应，无论是从外界引入的或是体内形成的有机分子，最后都转变成代谢的最终产物。新陈代谢途径中的个别环节、个别步骤成为中间代谢。人们往往将新陈代谢的功能概括为五个方面：①从周围环境中获得营养物质。②将外界引入的营养物质转变为自身需要的结构元件，即大分子的组成前体。③将结构元件装配成自身的大分子，例如蛋白质、核酸、脂类以及其他组分。④分解有机营养物质。⑤提供生命活动所需的一切能量。

（2）**调控** 生物机体的新陈代谢是一个完整统一的体系。机体代谢的协调配合，关键在于它存在有精密的调节机制。代谢的调节使生物机体能够适应其内、外复杂的环境变化，从而得以生存。这种精密的调节机制是生物在长期演化中获得的。

可将代谢的调节概括地划分为三个不同水平：分子水平、细胞水平和整体水平。

分子水平的调节包括反应物和产物的调节（主要是浓度的调节和酶的调节）。酶的调节是最基本的代谢调节，包括酶的数量调节以及酶的活性调节等。酶的数量不只受到合成速率的调节，也受到降解速率的调节。合成速率和降解速率都各有一系列的调节机制。在酶的活性调节机制中，比较普遍的调节机制是可逆的变构调节和共价修饰两种方式。

细胞的特殊结构与酶结合在一起，使酶的作用具有严格的专一性，从而使代谢途径得到分隔控制，确保代谢过程中彼此不会干扰造成混乱。

多细胞生物还受到在整体水平上的调节。这主要包括激素的调节和神经的调节。高等真核生物由于分化出执行不同功能的各种器官，而使新陈代谢受到合理的分工安排。人类还受到高级神经活动的调节。

4. 遗传信息传递及其调控

遗传信息传递主要涉及到 DNA、RNA、蛋白质合成的分子遗传学。其本质是研究遗传信息的存储、传递和表达，主要包括染色体上的基因作图、基因表达机制、染色体复制（DNA 复制）、DNA 修复、蛋白质生物合成的两个阶段（包括 DNA 转录和 RNA 翻译）以及 DNA 重组技术等。

DNA 双螺旋结构的提出奠定了分子生物学的基础，不仅为遗传学提供了一个物化的概念，也间接地指出了 DNA 复制和突变的修复机制。复制包括 DNA 复制和病毒 RNA 复制。DNA 复制即 DNA 合成和反转录。蕴含在 DNA 中的遗传信息的表达是通过转录和翻译机制来实现的。基因作为遗传单位，是 DNA 分子上具有特定的碱基对顺序的片段。一些基因编码多肽链，一些基因编码 RNA，一些基因起调控作用。转录是一条 DNA 链指导一条 RNA 链的合成。翻译是一条 RNA 链指导一条多肽链的合成过程。因为 RNA 来源于 DNA，所以蛋白质是特定 DNA 基因的表达产物。

遗传信息传递是指基因转录成 mRNA，然后进一步翻译成蛋白质的过程。在研究蛋白质的生物合成时，发现基因的表达是受到调节的。最早是法国的 J. Jacob 和 F. Monod 于 1960 年提出操纵子学说，使人们可以从分子水平认识基因表达的调节。每种生物都含有大量的基因，这些基因在生命活动过程中并非同时表达，而是有些基因表达，另一些基因被关闭或低表达，或只在生长发育阶段的特定时间或空间进行表达，其余时间或空间则被关闭或低表达。基因表达过程可以在转录、转录后以及翻译的任何阶段进行调节。

> **知识拓展**
>
> 操纵子指启动基因、操纵基因和一系列紧密连锁的结构基因的总称。

第二节　生物化学的发展

一、静态生物化学阶段

大约从 19 世纪末到 20 世纪 30 年代，主要是生物化学静态的描述性阶段，发现了生物体主要由糖、脂、蛋白质和核酸四大类有机物质组成，并对生物体的各种组成成分进行了分离、纯化、结构测定、合成及理化性质的研究等。

1929 年，德国化学家 Fischer Hans 发现了血红素是血红蛋白的一部分，而不属于氨基酸，之后他与他的学生经过一系列艰苦的研究进一步确定了血红素中的每一个原子，由于这一工作，他获得了 1930 年诺贝尔化学奖。1911 年，Funk 结晶出治疗"脚气病"的复合维生素 B，提出"Vitamine"，意即生命胺。后来由于相继发现的许多维生素并非胺类，又将"Vitamine"改为"Vitamin"。与此同时，人们又认识到另一类数量少而作用重大的物质——激素，它和维生素不同，不依赖外界供给，而由动物自身产生并在自身中发挥作用。肾上腺素、胰岛素及肾上腺皮质所含的甾体激素都是在这一时期发现的。1926 年，Sumner 从伴刀豆中制得了脲酶结晶，并证明它的化学本质是蛋白质。此后四五年间 Nothrop 等连续结晶了几种水解蛋白质的酶，如胃蛋白酶、胰蛋白酶等，并指出它们都是蛋白质，确立了酶是蛋白质这一概念。

中国生物化学家吴宪（1893—1959）在1931年提出了蛋白质变性的概念。吴宪堪称中国生物化学的奠基人，他在血液分析、蛋白质变性、食物营养和免疫化学等四个领域都做出了重要贡献，并培养了许多生物化学家。虽然对生物体组成的鉴定是生物化学发展初期的特点，但直到今天，新物质仍不断在发现，如陆续发现的干扰素、环核苷磷酸、钙调蛋白、黏连蛋白、外源凝集素等，已成为重要的研究课题。

二、动态生物化学阶段

第二阶段约在20世纪30～50年代，主要特点是研究生物体内物质的变化，即代谢途径，所以称为动态生化阶段。在这一阶段，确定了糖酵解、三羧酸循环以及脂肪分解等重要的分解代谢途径，对呼吸、光合作用以及腺苷三磷酸（ATP）在能量转换中的关键位置有了较为深入的认识。

在该阶段的主要研究成果有：1932年，英国科学家Krebs在前人工作的基础上，用组织切片实验证明了尿素合成反应，提出了鸟氨酸循环，并进一步对生物体内被氧化的过程进行了研究，于1937年又提出了各种化学物质的中心环节——三羧酸循环的基本代谢途径。1940年，德国科学家Embden和Meyerhof提出了糖酵解代谢途径。1949年，E.Kennedy等证明F.Knoop提出的脂肪酸β-氧化过程是在线粒体中进行的，并指出氧化的产物是乙酰辅酶A。

三、现代生物化学阶段

该阶段是从20世纪50年代开始，以提出DNA的双螺旋结构模型为标志，主要研究工作就是探讨各种生物大分子的结构与其功能之间的关系。生物化学在这一阶段的发展，以及物理学、微生物学、遗传学、细胞学等其他学科的渗透，产生了分子生物学，并成为生物化学的主体。主要研究成果有：

1953年是开创生命科学新时代的一年。Watson和Crick发表了"脱氧核糖核酸的结构"的著名论文，他们在Wilkins完成的DNA X射线衍射结果的基础上，推导出DNA分子的双螺旋结构模型。核酸的结构与功能的研究为阐明基因的本质、了解生物体遗传信息的流动做出了贡献。此三人共获1962年诺贝尔生理学或医学奖。

F.Crick于1958年提出分子遗传的中心法则，从而揭示了核酸和蛋白质之间的信息传递关系，他又于1961年证明了遗传密码的通用性。1966年由H.G.Khorana和Nirenberg合作破译了遗传密码，这是生物学方面的另一杰出成就。至此遗传信息在生物体由DNA到蛋白质的传递过程已经弄清。基因表达的调控也是核酸的结构与功能研究的一个重要内容。

1961年，Jacob和Monod阐明了基因通过控制酶的生物合成来调节细胞代谢的模式，提出了操纵子学说。同年，Brenner获得信使RNA存在的证据，阐明其碱基序列与染色体中的DNA互补，并假定mRNA将编码在碱基序列上的遗传信息带到蛋白质的合成场所——核糖体，在此翻译成氨基酸序列。以上三人共获1965年诺贝尔医学和生理学奖。

1962年，Arber提出限制性核酸内切酶存在的第一个实验证据，1967年，Gellert发现了DNA连接酶，1972年，Berg和Boyer等创建了DNA重组技术。1977年，Berget等发现了"断裂"基因，并于1993年获诺贝尔医学和生理学奖。1980年，F.Sanger设计出一种测定DNA内核苷酸排列顺序的方法，同年获诺贝尔化学奖。1981～1983年，Cech和Altman相继发现某些RNA具有酶的催化活性，改变了百余年来酶的化学本质都是蛋白质的传统观念,他们于 1989 年共获诺贝尔化学奖。1984 年,Simons 和 Kleckner 等发现了反义 RNA,从此揭开了人类向癌症开展研究的序幕。1987 年,Mirkin 等在酸性的质粒中发现了三链 DNA。1985 年,美国的 R. Sinsheimer 首次提出"人类基因组研究计划",2003 年 4 月 14 日,美、中、日、德、法、英 6 国科学家宣布人类基因组图绘制成功,已完成的序列图覆盖了人类基因组所含基因的 99%。1997 年,I. Wilmut 成功获得体细胞克隆羊——多莉。这项成果震惊了世界,其潜在的意义难以估计。1999 年,Blobel 发现了细胞中有其内在的运输和定位信号,为此获该年度诺贝尔奖。2003 年,P. Agre 发现细胞膜上的水通道,证明了 19 世纪中期科学家的猜测"细胞膜有允许水分和盐分进入的孔道",同年获诺贝尔化学奖。2004 年,以色列的 A. Ciechanover、A. Hershko 和 I. Rose 发现泛素调节的蛋白质降解,同年获诺贝尔化学奖。2006 年 6 月 2 日,对于欧洲患有先天性抗凝血酶缺失症的病人们是一个好日子,世界上第一个利用转基因动物乳腺生物反应器生产的基因工程蛋白药物——重组人抗凝血酶Ⅲ的上市许可申请获得了欧洲医药评价署人用医药产品委员会的肯定批准意见。

第三节　生物化学的应用

一、生物化学与医学

现代生物化学是以核酸、蛋白质等生物大分子为研究对象的学科,其中建立在核酸生化基础上的一类研究手段,现已广泛应用于医学检验中。其研究内容也从 DNA 鉴定扩展到核酸及表达产物分析,技术的不断进步也为微生物检验、肿瘤诊断及评估、遗传病诊断、免疫系统疾病诊断提供了重要的依据和创新思路。以下就生物化学技术在医学上的几个方面的应用进行介绍。

1. PCR 技术在医药领域的应用

生物化学技术的核心是聚合酶链式反应(polymerase chain reaction,PCR),该技术由高温变性、低温退火及适温延伸等几步反应组成一个周期,循环进行,使目的 DNA 得以迅速扩增,即能在最短的时间内扩增。并由此衍生出新 PCR 技术,在医学上的临床诊断和治疗中意义重大。新 PCR 技术,如实时定量 PCR、原位 PCR 技术、链置换扩增技术、连接酶反应(LCR)等,与传统的培养鉴定、免疫测定相比具有特异性强、灵敏度高、操作简便以及省时等特点。

近几年来 PCR 技术使分子生物学及相关学科发生了一次方法学的革命。在不到 10 年的时间内,在许多领域 PCR 技术已具有实用价值,且其应用范围正在不断扩大中。如利用此技术检测致病病原体。

外源入侵的病原菌的基因,一旦阐明其部分核酸序列,就可以设计引物或探针,用 PCR、RT-PCR 或杂交方法来检测,其范围包括细菌、病毒、原虫及寄生虫、霉菌、立克次体、衣原体和支原体等一切微生物,PCR 诊断的特点是可以选择其基因中的保守区做通用检测,也可以选定差异较大的基因部位做分型检测。既可以做一个病原体的专用检测,也可以将有关病毒、细菌中不同的品种做一次多元检测。而且检测的灵敏度和特异性都远高于当前的免疫学方法,所需时间也已达到临床要求,这对于难于培养的病毒(乙肝)、细菌(如结核杆菌、厌氧菌)和原虫(如梅毒螺旋体)等来说尤为适用。

> **知识链接**
>
> PCR 即聚合酶链式反应，是指在 DNA 聚合酶催化下，以母链 DNA 为模板，以特定引物为延伸起点，通过变性、退火、延伸等步骤，体外复制出与母链模板 DNA 互补的子链 DNA 的过程。

2. 分子生物传感器在医学检验中的应用

分子生物传感器是利用一定的生物或化学的固定技术，将生物识别元件（酶、抗体、抗原、蛋白质、核酸、受体、细胞、微生物、动植物组织等）固定在换能器上，当待测物与生物识别元件发生特异性反应后，通过换能器将所产生的反应结果转变为可以输出、检测的电信号和光信号等，以此对待测物质进行定性和定量分析，从而达到检测分析的目的。分子生物传感器广泛应用于体液中的微量蛋白、核酸及小分子有机物等多种物质的检测，能够在体内实时监控的分子传感器可用于手术中和监护病人。在现代医学检验中，这些项目是临床诊断和病情分析的重要依据。

3. 分子生物芯片技术在医学检验中的应用

所谓的生物芯片是指将大量探针分子固定于支持物上（通常支持物上的一个点代表一种分子探针），并与标记的样品杂交或反应，通过自动化仪器检测杂交或反应信号的强度而判断样品中靶分子的数量。

分子生物芯片的技术通过不同的探针阵列和特定的分析方法均会使该技术具有多种不同的应用价值。如基因表达谱测定、突变检测、多态性分析、基因组文库作图及杂交测序等均为"后基因组计划"时期基因功能的研究以及现代医学科学及医学诊断学的发展提供了强有力的工具，在基因的发现、基因诊断、药物筛选、给药等个性化方面也同样取得了重大突破。

4. 分子生物纳米技术在医学检验中的应用

1991 年，在《Unbounding the Future》一书中，首次提出了"纳米医学"的概念。研究表明，利用纳米技术，纳米微粒很容易进入人机体细胞核，并与核内染色体进行组合，具有较高的特异性，不仅克服了目前基因诊断中面临的难题，而且还提高了基因诊断在实验室中的地位。Van Helden 等将抗体连接的纳米磁性微球与高效率的化学发光免疫测定技术结合而成的自动检测系统，已成功用于血清中人免疫缺陷病毒 HIV-1 和 HIV-2 的抗体检测。如在人类免疫缺陷病毒的研究中，分子生物纳米技术即以抗体为基础，用免疫分析和磁性修饰的方法来检测免疫物质，通过酶、荧光剂、同位素把特异的抗体抗原与纳米磁性微球固定，为人类防治病毒性疾病提供了有力的武器。以此为基础所产生的检测与传统的微量滴定板技术相比具有简单、快速和灵敏的特点。

用于人胰岛素检测的全自动夹心法免疫测定技术也已建立，其中也用到了抗体、蛋白纳米磁性微粒复合物和碱性磷酸酶标记二抗。可应用纳米的小，更灵活地表达和接触。

5. 分子蛋白质组学在医学检验中的应用

虽然现在人类在蛋白质功能方面的研究还是极其缺乏的，但是无数病原体和人类基因组的测序成功为蛋白质组学的研究打开了一扇大门，为蛋白质组学的开发和应用提供了准确的基因序列编码框架，从而使人类将更多的兴趣集中于应用蛋白质组学研究中，并发现新的早期诊断和早期监测的生物标志物、疾病的进程，同时加速了药物研究的发展。

6. 生物化学技术在医学检验发展中的展望

生物化学是一门正在蓬勃发展的学科，并且新的技术和应用也在不断涌现，但真正适合临床检验常规应用的还较少。其主要原因除了有的新方法还不十分成熟以外，还有方法相对较复杂、商品化的药盒和专用设备价格高昂等，使得患者难以承受。不过，在商业和科技的大发展下，相信在不久的将来，这个难题会不断被克服，从而达到便民的目的。

纵观现代医学分子生物技术，前景是美好的。生物化学方面的论文研究占据了一些医学期刊的大部分篇幅，新技术的应用也在不断涌现，并且其在临床检验中的应用也越来越趋向成熟。

二、生物化学与药学

20世纪末生物化学和分子生物学在当代药学科学发展中起到了先导作用，其特点是以化学模式为主体的药学科学迅速转向以生物学和化学相结合的新模式。为此，美国将"NIH药理学科规划"从1993年3月起改为"药理及生命有关的化学学科规划"，其中与生命科学相关的化学研究占到1/3以上。

药理学与生物化学和分子生物学的原理相结合，已从器官和组织水平上对药物作用进行阐述转向探讨药物分子在体内与酶、受体等生物大分子的相互关系，分析其内在的作用机理，从而使药物的作用机理、结构与药效的关系、药物的改造和新药设计都深入到了分子水平。目前，生物化学在心血管系统药物研究、神经系统药物研究、抗肿瘤药物研究、甾体药物研究、抗生素研究、抗寄生虫病药物研究、计划生育药物研究、合成药物研究、药理学研究、药物代谢动力学研究、药剂学研究中都有广泛的应用，其产品主要有氨基酸类、多肽蛋白质类、核酸类、多糖类、脂类和细胞生长调节因子等。

> **知识拓展**
>
> 分子靶向药物，是在细胞分子水平上，针对已经明确的致癌位点（该位点可以是肿瘤细胞内部的一个蛋白质分子，也可以是一个基因片段），来设计相应的治疗药物，药物进入体内会特异地选择致癌位点来相结合发生作用，使肿瘤细胞特异性死亡，而不会波及肿瘤周围的正常组织细胞，所以分子靶向治疗又被称为"生物导弹"。

开发新药的物质可来自天然资源与合成的化合物，从众多候选化合物中发现具有进一步研究和开发价值的物质，即先导化合物是研究新药的起始步骤。一旦发现新的先导化合物，再对其分子进行简化、改造、修饰或优化，即可发现与创制具有新型结构及特殊药理作用的新药。从天然产物中发现先导物是新药研究的一个重要方面。尤其是治疗疑难重症的药物更寄希望于天然产物。目前从天然产物中寻找防治肿瘤、防治艾滋病、抗病毒、溶栓等的药物是新药研究的热门课题，从各国传统药中寻找先导物也受到了很大的重视。

随着现代生物技术的发展，重组DNA技术为新药的开发创造了新门类。应用生物技术已有可能产生几乎所有的多肽和蛋白质，基因工程技术的应用已使新药研究方法和制药工业的生产方式发生重大变革，不仅可以开发新药，而且还可以改造传统的制药工艺。

总之，生物化学与分子生物学是现代药学研究的基础，它将对各类药物的研究和生产如生物药物、抗生素、合成药物以及天然药物产生深远的影响，实践已经证实并将继续证实这一点。

随着经济的发展，人们思想意识的提高，食品安全问题成为我们目前最关注的话题之一。食品安全与生物化学息息相关。例如，化学食品添加剂的使用大大改善了食品的质量和色香味，对防腐效果产生了积极作用，但是滥用食品添加剂会引发多种食品安全问题；又如，采用生物技术，不仅可以改良食品工业中原料和材料的品种，提高和改善食品工业酶的稳定性，而且还可解决食品资源紧缺难题。

生物技术最初就源于食品发酵，并首先在食品加工中得到广泛应用。如改良面包酵母菌种，就是基因工程应用于食品工业的第一个例子。酶是活细胞产生的具有高度催化活性和高度专一性的生物催化剂。利用酶工程，可以制取高蛋白、富含多种氨基酸和微量元素的功能食品。以动植物、微生物蛋白为原料，采用酶工程技术将蛋白质分解成多肽和氨基酸，以此为原料，即可加工功能食品或营养强化食品。

目标检测

一、名词解释

生物化学，生物大分子

二、选择题

1. 关于生物化学叙述错误的是（　　）。
   A. 生物化学是生命的化学　　　　　　B. 生物化学是生物与化学
   C. 生物化学是生物体内的化学　　　　D. 生物化学研究对象是生物体
   E. 生物化学研究目的是从分子水平探讨生命现象的本质

2. 关于分子生物学叙述错误的是（　　）。
   A. 研究核酸的结构与功能　　　　　　B. 研究蛋白质的结构与功能
   C. 研究基因的结构、表达与调控　　　D. 研究对象是人体
   E. 是生物化学的重要组成部分

3. 关于生物化学的发展，叙述错误的是（　　）
   A. 经历了三个阶段　　　　　　　　　B. 18世纪中至19世纪末是静态生物化学阶段
   C. 20世纪前半叶是动态生物化学阶段　D. 20世纪后半叶以来是分子生物学时期
   E. DNA双螺旋结构模型的提出是在动态生物化学阶段

4. 当代生物化学研究的主要内容不包括（　　）。
   A. 生物体的物质组成　　　　　　　　B. 生物分子的结构和功能
   C. 物质代谢及其调节　　　　　　　　D. 基因信息传递
   E. 基因信息传递的调控

5. 我国生物化学家 吴宪做出贡献的领域是（　　）。
   A. 生物分子合成　　　　　　　　　　B. 免疫化学
   C. 蛋白质变性和血液分析　　　　　　D. 人类基因组计划
   E. 人类后基因组计划

三、简答题

1. 生物化学的主要研究内容有哪些？
2. 生物化学经历了哪几个发展阶段？

3. 静态生物化学时期的主要贡献有哪些？
4. 动态生物化学时期的主要贡献有哪些？
5. 举例说明生物化学在医药方面的应用。

四、案例分析题

2015年10月8日，中国科学家屠呦呦获2015年诺贝尔生理学或医学奖，成为第一个获得诺贝尔自然学奖的中国人。多年从事中药和中西药结合研究的屠呦呦，创造性地研制出抗疟新药——青蒿素和双氢青蒿素，获得对疟原虫100%的抑制率，为中医药走向世界指明了一个方向。试述生物化学在医药学中有哪些应用？

第一章　糖类化学

【学习目标】
1. 掌握糖的概念及分类。
2. 熟悉常见单糖和多糖的结构和性质。
3. 了解糖类的生物学作用。

【案例导学】
　　多糖是自然界中含量最丰富的生物聚合物，几乎存在于所有的生物中，它具有能量储存、结构支持等多方面的生物功能，有些多糖或其衍生物还具有多种药理活性。如植物车前种子中的黏液质多糖具有很强的吸水性，在民间用于治疗腹水。用琼脂糖和海藻酸凝胶包埋胰岛细胞，形成的微胶囊相当于人工胰脏，能够持续分泌胰岛素，可用于糖尿病的治疗。研究表明，多糖在制备人工血液、药物缓释剂、人工皮肤、医用透析膜及作为疫苗、抗肿瘤或抗病毒药物等方面具有非常广泛的应用，显现出巨大的应用前景。
　　本章将介绍糖的相关知识，了解各种糖的结构、性质和应用。

第一节　糖类概述

一、糖的概念

　　糖类是由多羟基醛或多羟基酮及其衍生物或多聚物组成的一类有机化合物。由于一些糖分子中的氢原子和氧原子比例为 2∶1，恰好与水分子中的氢、氧原子比例相同，因此曾将糖误认为是碳与水的化合物，称其为碳水化合物（carbohydrates）。后来经研究发现，脱氧核糖（$C_5H_{10}O_4$）和鼠李糖（$C_6H_{12}O_5$）的分子式不符合碳水化合物的通式，并且有些化合物符合这一通式却不具备糖的特征，如乳酸（$C_3H_6O_3$），因此，碳水化合物的名称不够准确。

　　糖类广泛存在于自然界中，几乎所有生物体内都含有糖类，植物中的含量尤其多，可占干重的 85%～90%，微生物体内含糖量占菌体干重的 10%～30%，人和动物的器官组织中含糖量不超过组织干重的 2%。虽然人和动物体内的含糖量不高，但糖类对其生命活动的进行具有重要的作用。

二、糖类的生物学作用

1. 糖是人和动物的主要能源物质

糖类物质的主要生物学作用是通过氧化分解释放出大量能量，满足生命活动的需要。1g 葡萄糖在体内彻底氧化，可释放 16.7kJ 的能量，人体每日所需的能量大约 60% 是由糖氧化供给的。糖类还是自然界中一种重要的能量储存形式，如动物可利用植物淀粉和纤维素作为能源物质。

2. 糖类是机体组织的重要结构组分

糖类可以组成体内组织的一些重要结构，如纤维素、半纤维素等物质是植物组织中主要起结构支持作用的物质；糖与蛋白质结合形成的糖蛋白或蛋白多糖是结缔组织的主要成分；糖与脂类形成的糖脂是构成神经组织和细胞膜的成分。

3. 糖类参与构成体内某些具有生理功能的物质

一些糖在体内可作为碳骨架参与合成某些重要的物质，如合成氨基酸、核苷酸、脂肪酸等。

4. 糖类具有多样的生物学功能

某些糖被广泛应用于临床治疗一些疾病，如 1,6-二磷酸果糖用于治疗急性心肌缺血性休克；一些菌类多糖具有调节机体免疫系统、血液系统和消化系统的功能，如茯苓多糖、香菇多糖等。

> **课堂互动**
>
> $C_n(H_2O)_m$ 是否能作为判断糖的标准？鼠李糖（$C_6H_{12}O_5$）是糖吗？甲醛（CH_2O）是糖吗？

三、糖类的分类

糖类根据其水解程度分为以下几类。

1. 单糖（monosaccharide）

凡不能被水解成更小分子的糖称为单糖。单糖是最简单的糖，只含有一个多羟基醛或多羟基酮的单位。按分子中含有碳原子的个数可分为丙糖、丁糖、戊糖、己糖、庚糖等。

2. 寡糖（oligosaccharide）

寡糖是由 2 个至 10 个单糖分子缩合而成的低聚糖。根据组成其分子的单糖数目可分为二糖、三糖、四糖等。二糖是自然界中分布最广的一类寡糖，如蔗糖（sucrose）、麦芽糖（maltose）、乳糖（lactose）等。三糖以棉子糖为常见，存在于棉子、桉树的糖蜜和甜菜中，它是半乳糖、葡萄糖和果糖以糖苷键连接而成的。此外，还有许多种类的寡糖，它们与蛋白质结合以糖蛋白的形式存在，这些寡糖对糖蛋白的功能具有十分重要的作用。

3. 多糖（polysaccharide）

多糖是由至少 20 个以上的单糖分子缩合而成的长链结构，分子量较大，均无甜味，也无还原性，它们广泛地存在于动植物体内，与人类生活联系紧密。根据来源不同可分为植物多糖、动物多糖、微生物多糖；根据其组成成分的不同可分为同聚多糖和杂聚多糖。

4. 结合糖（复合糖，糖缀合物，glycoconjugate）

糖链与蛋白质或脂类构成的复合分子称为结合糖，其中的糖链一般是杂聚寡糖或杂聚多糖，如糖蛋白、糖脂、蛋白聚糖等。

5. 糖的衍生物

由单糖衍生而生成的物质称为糖的衍生物，如糖胺、糖醛酸等。

第二节　单　糖

单糖是指不能进一步水解成更小分子的糖类化合物，它是构成各种糖分子的基本单位，是结构上带有醛基或酮基的多元醇。虽然单糖的结构和性质存在差异，但是绝大多数单糖具有许多共性。自然界的单糖一般都有两种不同的结构，一种是多羟基醛的开链形式，另一种是环式结构。

一、单糖的结构

1. 单糖的开链结构

在单糖的开链结构中，一般每个碳原子都与氧原子相连，其中有一个碳原子是以羰基形式存在的，其余的碳原子上都有一个羟基，开链单糖既有羰基的结构特征，又有多羟基的结构特征，最简单的单糖是甘油醛和二羟丙酮，除二羟丙酮，单糖的开链结构都有手性碳原子。

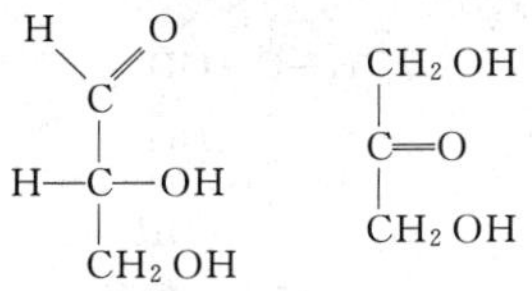

> **知识链接**
>
> **手性碳原子**
>
> 人们将连有四个不同基团的碳原子形象地称为手性碳原子（常以 * 标记手性碳原子）。判断方法是：①手性碳原子一定是饱和碳原子；②手性碳原子所连接的四个基团都是不同的。含有一个手性碳原子的化合物有两种构型不同的分子，它们组成一对对映异构体；它们都有旋光性，一个使偏振光右旋，另一个使偏振光左旋，两者的旋光方向相反，但旋光能力相同。

在糖的化学中常采用 D/L 法标记单糖的构型，单糖构型的确定以甘油醛为标准，即以甘油醛为参照，距醛基最远的不对称碳原子为准，羟基在手性碳的左边、氢在手性碳的右边为 L 型，相反为 D 型。自然界存在的单糖大多是 D 型糖。

D-(+)-甘油醛　　L-(−)-甘油醛　　L-葡萄糖　　D-葡萄糖

D-(+)-甘油醛　　　　D 型糖

2. 单糖的环式结构

葡萄糖在水溶液中，只有极小部分（约<1%）以链式结构存在，大部分以稳定的环式结构存在。环式结构的发现是因为葡萄糖的某些性质不能用链式结构来解释，如：葡萄糖不能发生醛的 $NaHSO_3$ 加成反应；葡萄糖不能和醛一样与两分子醇形成缩醛，只能与一分子醇反应等性质。这些现象都是由葡萄糖的环式结构引起的。葡萄糖分子中的醛基可以和 C5 上的羟基缩合形成六元环的半缩醛。这样原来羰基的 C1 就变成了不对称碳原子，并形成一对非对映旋光异构体。一般规定半缩醛碳原子上的羟基（称为半缩醛羟基）与决定单糖构型的碳原子（C5）上的羟基在同一侧的称为 α-葡萄糖，不在同一侧的称为 β-葡萄糖。半缩醛羟基比其他羟基活泼，糖的还原性一般指半缩醛羟基。

α-吡喃葡萄糖　　　开链式葡萄糖　　β-吡喃葡萄糖
（约占 37%）　　　　　　　　　　　（约占 63%）

葡萄糖的醛基除了可以与 C5 上的羟基缩合形成六元环外，还可与 C4 上的羟基缩合形成五元环，五元环化合物不甚稳定，天然糖多以六元环的形式存在。五元环化合物可以看成是呋喃的衍生物，叫呋喃糖；六元环化合物可以看成是吡喃的衍生物，叫吡喃糖。因此，葡萄糖的全名应为 α-D(+)-吡喃葡萄糖或 β-D(+)-吡喃葡萄糖。

α-糖和 β-糖互为端基异构体，也叫异头物。D-葡萄糖在水介质中达到平衡时，β-异构体占 63.6%、α-异构体占 36.4%，以链式结构存在者极少。

为了更好地表示糖的环式结构，哈瓦斯（Haworth，1926）设计了单糖的透视结构式，该结构式规定：碳原子按顺时针方向编号，氧位于环的后方；环平面与纸面垂直，粗线部分在前、细线在后；将费歇尔式中左右取向的原子或基团改为上下取向，原来在左边的写在上方、右边的在下方；D 型糖的末端羟甲基在环上方，L 型糖在下方；半缩醛羟基与末端羟甲基同侧的为 β-异构体、异侧的为 α-异构体。

α-吡喃葡萄糖　　　　　　　β-吡喃葡萄糖

葡萄糖六元环上的碳原子不在一个平面上，因此有船式和椅式两种构象。椅式构象比船式稳定，椅式构象中 β-羟基为平键，比 α-构象稳定，所以吡喃葡萄糖主要以 β-型椅式构象存在。

α-D-(+)-葡萄糖　　　　　　　β-D-(+)-葡萄糖

二、单糖的性质

1. 单糖的物理性质

（1）**甜度**　各种单糖均有甜味，以蔗糖的甜度为标准：蔗糖1.0、果糖1.5、葡萄糖0.7、半乳糖0.6、麦芽糖0.5、乳糖0.4。

（2）**溶解度**　单糖分子中的多羟基增加了其水溶性，尤其是溶于热水，但不溶于有机溶剂。当糖的浓度大于70%时，可以抑制微生物的生长，如果汁和蜜饯类食品就是利用糖作为保藏剂的。

（3）**旋光性**　旋光性是鉴定糖的一个重要指标。除二羟丙酮外，所有的单糖均有旋光性。

2. 单糖的化学性质

> **课堂互动**
> 单糖有哪些结构可以参与化学反应？

单糖是多羟基醛或多羟基酮，具有醇和醛、酮的某些性质，能够成酯、成醚、还原、氧化等，分子内羟基和羰基之间相互影响，还具有一些特殊的性质，单糖的主要化学性质如下所述。

（1）**酯化反应**　生物体内，糖在酶的作用下形成一些单酯或二酯。其中最重要的是磷酸酯，它们在生物代谢过程中起着重要的作用，反应如下。

（2）**成苷反应**　单糖的环状结构中含有半缩醛羟基，这个羟基较其他羟基活泼，可与其他分子中的羟基（或活泼氢原子）作用，缩去一分子水而成苷（又称式或配糖体），糖苷分子包括糖的部分和非糖部分，其中非糖部分称为糖苷配基。糖苷的两部分是通过"糖苷键"连接起来的。苷中含有糖部分，所以在水中有一定的溶解性。苷类都有旋光性，天然苷多为左旋体。

$$\begin{array}{c}\text{CH}_2\text{OH}\\ \text{OH}\\ \text{HO}\quad\text{OH}\\ \text{OH}\end{array} + \text{CH}_3\text{OH} \xrightarrow{\text{干 HCl}} \begin{array}{c}\text{CH}_2\text{OH}\\ \text{OH}\\ \text{HO}\quad\text{OCH}_3\\ \text{OH}\end{array}$$

（3）**酸的作用** 戊糖与强酸共热，因脱水生成糠醛，己糖与强酸作用生成羟甲基糠醛，糠醛和羟甲基糠醛能与某些酚类物质生成有色化合物，利用这一性质可用来鉴定糖，如 α-萘酚与糠醛或羟甲基糠醛生成紫色，这一反应用来鉴定糖的存在，叫 Molisch 试验。间苯二酚与盐酸遇酮糖呈红色，遇醛糖呈很浅的颜色，这一反应可以用来鉴别醛糖与酮糖，称 Seliwanoff 试验。

（4）**单糖的氧化作用**

① **碱性溶液的氧化** 单糖无论是醛糖或酮糖都可与弱的碱性氧化剂如托伦（Tollens）试剂、费林（Fehling）试剂和本尼迪特试剂作用，生成金属或金属的低价氧化物。单糖的这种特点说明它们具有还原性，所以把它们叫做还原糖。

$$\begin{array}{c}\text{CHO}\\ |\\ |\\ \text{CH}_2\text{OH}\end{array} \xrightarrow[\text{Fehling}]{\text{Tollens}} \begin{array}{c}\text{Ag}\downarrow\\ \text{Cu}_2\text{O}\downarrow\end{array} + \begin{array}{c}\text{COOH}\\ |\\ |\\ \text{CH}_2\text{OH}\end{array}$$

> **课堂互动**
> 如何根据所学糖类的知识鉴别还原糖和非还原糖？

② **酸性溶液的氧化** 单糖在酸性条件下氧化时，由于氧化剂的强弱不同，单糖的氧化产物也不同。例如，葡萄糖被溴水氧化时，生成葡萄糖酸；而用强氧化剂硝酸氧化时，则生成葡萄糖二酸。

$$\begin{array}{c}\text{CHO}\\ \text{H}\!-\!\text{OH}\\ \text{HO}\!-\!\text{H}\\ \text{H}\!-\!\text{OH}\\ \text{H}\!-\!\text{OH}\\ \text{CH}_2\text{OH}\end{array} \xrightarrow[\text{H}_2\text{O}]{\text{Br}_2} \begin{array}{c}\text{COOH}\\ \text{H}\!-\!\text{OH}\\ \text{HO}\!-\!\text{H}\\ \text{H}\!-\!\text{OH}\\ \text{H}\!-\!\text{OH}\\ \text{CH}_2\text{OH}\end{array}$$

D-葡萄糖　　　D-葡萄糖酸
（溴水褪色）

溴水氧化能力较弱，它把醛糖的醛基氧化为羧基，当醛糖中加入溴水，稍加热后，溴水的棕色即可褪去，而酮糖则不被氧化，因此可用溴水来区别醛糖和酮糖。

（5）**还原反应** 醛糖和酮糖分子中的羰基均可被还原成羟基，生成相应的多元醇。糖醇主要用于食品加工业和医药。

$$\begin{array}{c}\text{CHO}\\ |\\ |\\ \text{CH}_2\text{OH}\end{array} \xrightarrow[\text{或 NaBH}_4]{\text{H}_2,\text{Pd}} \begin{array}{c}\text{CH}_2\text{OH}\\ |\\ |\\ \text{CH}_2\text{OH}\end{array} \qquad \begin{array}{c}\text{CHO}\\ \text{HO}\!-\!\text{H}\\ \text{HO}\!-\!\text{H}\\ \text{H}\!-\!\text{OH}\\ \text{H}\!-\!\text{OH}\\ \text{CH}_2\text{OH}\end{array} \xrightarrow[\text{Ni},\triangle]{\text{H}_2} \begin{array}{c}\text{CH}_2\text{OH}\\ \text{HO}\!-\!\text{H}\\ \text{HO}\!-\!\text{H}\\ \text{H}\!-\!\text{OH}\\ \text{H}\!-\!\text{OH}\\ \text{CH}_2\text{OH}\end{array}$$

D-葡萄糖　　山梨醇　　D-甘露糖　　甘露醇

（6）**成脎反应** 单糖分子与三分子苯肼作用，生成的产物叫做糖脎。例如葡萄糖与过量的苯肼作用，生成葡萄糖脎。无论是醛糖还是酮糖都能生成糖脎，成脎反应可以看作是 α-羟基醛或 α-羟基酮的特有反应。糖脎是难溶于水的黄色晶体。不同的脎具有特征的结晶形状和一定的熔点。常利用糖脎和这些性质来鉴别不同的糖。

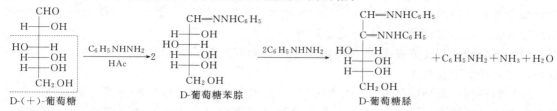

成脎反应只在单糖分子的 C1 和 C2 上发生,不涉及其他碳原子,因此除了 C1 和 C2 以外碳原子构型相同的糖,都可以生成相同的糖脎。例如,D-葡萄糖和 D-果糖都生成相同的脎。

三、重要的单糖及其单糖衍生物

1. 丙糖

重要的丙糖有 D-甘油醛和二羟丙酮,它们的磷酸酯是糖代谢的重要中间产物。

2. 丁糖

自然界常见的丁糖有 D-赤藓糖和 D-赤藓酮糖。它们的磷酸酯也是糖代谢的中间产物。

3. 戊糖

自然界存在的戊醛糖主要有 D-核糖、D-2-脱氧核糖、D-木糖和 L-阿拉伯糖。戊酮糖有 D-核酮糖和 D-木酮糖,均是糖代谢的中间产物。

D-核糖(ribose)是所有活细胞的普遍成分之一,它是核糖核酸的重要组成成分;L-阿拉伯糖在高等植物体内以结合状态存在,它一般结合成半纤维素、树胶及阿拉伯树胶等;木糖在植物中分布很广,以结合状态的木聚糖存在于半纤维素中。

4. 己糖

(1) **葡萄糖**(glucose,Glc) 葡萄糖是生物界分布最广泛最丰富的单糖,多以 D 型存在。它是人体内最主要的单糖,是糖代谢的中心物质。在绿色植物的种子、果实及蜂蜜中有游离的葡萄糖,蔗糖由 D-葡萄糖与 D-果糖结合而成,糖原、淀粉和纤维素等多糖也是由葡萄糖聚合而成的。在许多杂聚糖中也含有葡萄糖。

(2) **果糖**(fructose,Fru) 植物的蜜腺、水果及蜂蜜中存在大量果糖。它是单糖中最甜的糖类,比旋光度为 $-92.4°$,呈针状结晶。42%果糖浆的甜度与蔗糖相同(40℃),在5℃时甜度为 143,适于制作冷饮。食用果糖后血糖不易升高,且有滋润肌肤的作用,游离的果糖为 β-吡喃果糖,结合状态呈 β-呋喃果糖,酵母可使其发酵。

(3) **甘露糖**(Man) 是植物黏质与半纤维素的组成成分。

(4) **半乳糖**(Gal) 半乳糖仅以结合状态存在。乳糖、蜜二糖、棉子糖、琼脂、树胶、黏质和半纤维素等都含有半乳糖。它的 D 型和 L 型都存在于植物产品中,如琼脂中同时含有 D 型和 L 型半乳糖。

(5) **山梨糖** 存在于细菌发酵过的山梨汁中,是合成维生素 C 的中间产物,在制造维生素 C 工艺中占有重要地位,又称清凉茶糖,其还原产物是山梨糖醇,存在于桃李等果实中。

5. 单糖衍生物

(1) **糖醇** 糖的羰基被还原(加氢)生成相应的糖醇,如葡萄糖加氢生成山梨醇。糖醇溶于水及乙醇，较稳定，有甜味，不能还原费林试剂，常见的有甘露醇和山梨醇。甘露醇广泛分布于各种植物组织中，是制取甘露醇的原料；山梨醇积存在眼球晶状体内引起白内障，山梨醇氧化时可形成葡萄糖、果糖或山梨糖。

（2）糖醛酸 重要的有 D-葡萄糖醛酸、半乳糖醛酸等。葡萄糖醛酸是肝脏内的一种解毒剂，半乳糖醛酸存在于果胶中。

（3）氨基糖 单糖的羟基（一般为C2）可以被氨基取代，形成糖胺或称氨基糖。自然界中存在的氨基糖都是氨基己糖。D-葡萄糖胺是甲壳质（几丁质）的主要成分，甲壳质是组成昆虫及甲壳类结构的多糖；D-半乳糖胺是软骨类动物的主要多糖成分；糖胺是碱性糖，糖胺氨基上的氢原子被乙酰基取代时，生成乙酰氨基糖。

（4）糖苷 糖苷主要存在于植物的种子、叶子及皮内。在天然糖苷中的糖苷基有醇类、醛类、酚类、固醇和嘌呤等。它大多极毒，但微量糖苷可作药物。重要的糖苷有：能引起溶血的皂角苷，有强心剂作用的毛地黄苷，以及能引起葡萄糖随尿排出的根皮苷。苦杏仁苷也是一种毒性物质。配糖体一般对植物有毒，形成糖苷后则无毒。这是植物的解毒方法，也可保护植物不受外来伤害。

第三节 寡糖

寡糖（oligosaccharide）又称低聚糖，是指两个或两个以上（一般指2~10个）单糖单位以糖苷键相连形成的糖分子。

一、双糖

双糖是由两个单糖分子缩合而成。双糖可以认为是一种糖苷，其中的配基是另外一个单糖分子。在自然界中，仅有三种双糖（蔗糖、乳糖和麦芽糖）以游离状态存在，其他多以结合状态存在（如纤维二糖）。其中麦芽糖、乳糖和纤维二糖为还原性，蔗糖为非还原性糖，主要双糖介绍如下。

1. 麦芽糖

麦芽糖（maltose）由含淀粉酶的麦芽作用于淀粉而制得，用作营养剂，也供配制培养基用。麦芽糖是由两个 D-葡萄糖分子通过 α-构型的 1→4 键连接起来的双糖。因为有一个醛基是自由的，所有它是还原糖，能还原费林试剂。麦芽糖在水溶液中有变旋现象，比旋度为 $+136°$，麦芽糖在缺少胰岛素的情况下也可被肝脏吸收，不引起血糖升高，可供糖尿病人食用。

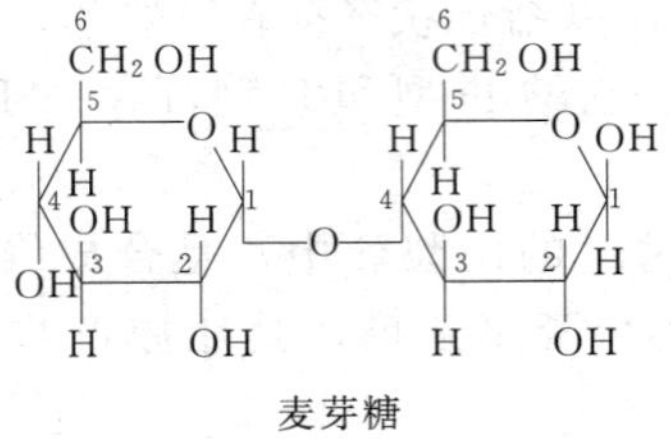

麦芽糖

2. 乳糖

乳糖（lactose）存在于哺乳动物的乳汁中（牛奶中含 4%~6%），高等植物花粉管及微生物中也含有少量乳糖，它是 β-D-半乳糖-(1→4)-D-葡萄糖苷。乳糖不易溶解，味不甚甜（甜度只有 16），有还原性，且能成脎。乳糖的水解需要乳糖酶，婴儿一般都可消化乳糖，成人则不然。某些成人缺乏乳糖酶，不能利用乳糖，食用乳糖后会在小肠积累，产生渗透作用，使体液外流，引起恶心、腹痛、腹泻。这是一种常染色体隐性遗传疾病，从青春期开始表现，其发病率与地域有关，在丹麦约为 3%，在泰国则高达 92%。可能是从一万年前人类开始养牛时成人体内出现了乳糖酶。

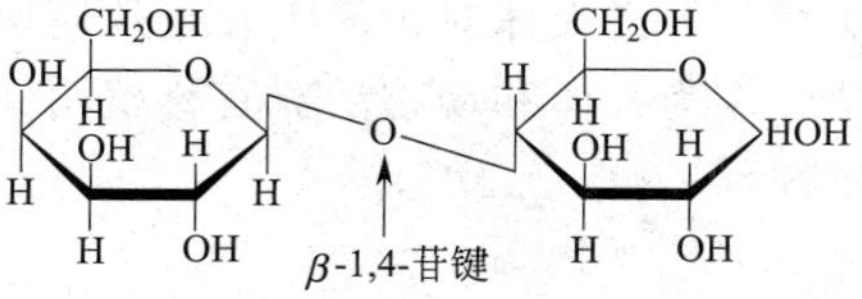

β-1,4-苷键
乳糖

知识链接

乳糖不耐受症

乳糖不耐症又称乳糖消化不良或乳糖吸收不良，是指人体内不产生分解乳糖的乳糖酶的状态，它是多发于亚洲地区的一种先天的遗传性疾病。由于患者的肠道中不能分泌分解乳糖的酶，而使乳糖不能被消化和吸收，因此，乳糖会在肠道中由细菌分解变成乳酸，从而破坏肠道的碱性环境，而使肠道分泌出大量的碱性消化液来中和乳酸，所以容易发生轻度腹泻。

3. 纤维二糖

纤维二糖是纤维素的基本构成单位，可由纤维素水解得到。其由两个 β-D-葡萄糖通过 C1→C4 相连，它与麦芽糖的区别是后者为 α-葡萄糖苷。

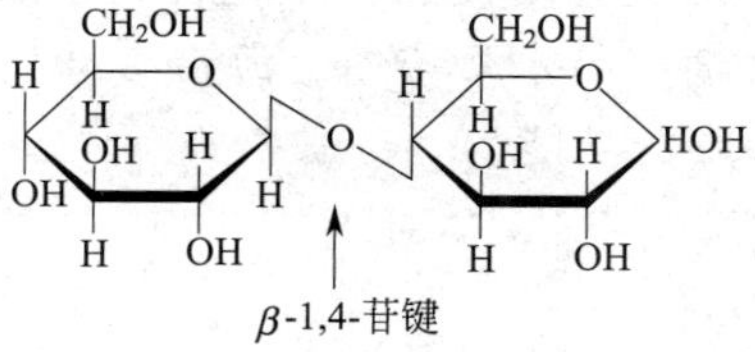

β-1,4-苷键
纤维二糖

4. 蔗糖

蔗糖（sucrose）是主要的光合作用产物，也是植物体内糖储藏、积累和运输的主要形式。在甜菜、甘蔗和各种水果中含有较多的蔗糖，日常食用的糖主要是蔗糖。

蔗糖较甜，易结晶，易溶于水，但较难溶于乙醇。它是 α-D-吡喃葡萄糖-(1→2)-β-D-呋喃果糖苷。它是由葡萄糖的半缩醛羟基和果糖的半缩酮羟基之间缩水而成的，因为两个还原性基团都包含在糖苷键中，所以没有还原性。

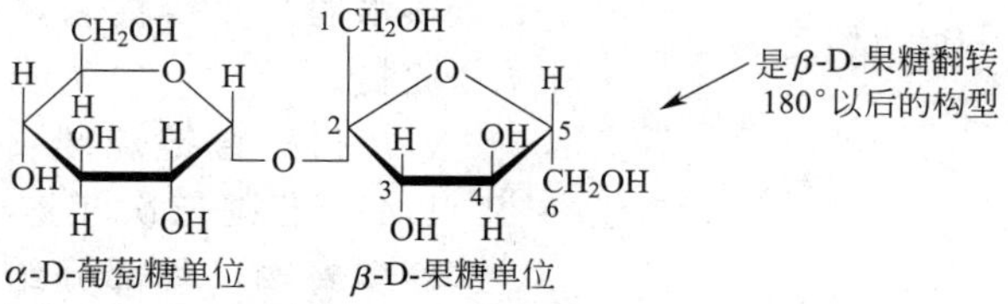

是 β-D-果糖翻转 180° 以后的构型

α-D-葡萄糖单位　　β-D-果糖单位
蔗糖

二、三糖

由三分子单糖以糖苷键连接而组成的化合物之总称。天然存在的三糖、有龙胆属（龙胆）根中的龙胆三糖、广泛分布于甘蔗等中的棉子糖，以及松柏类分泌的松三糖和车前属种子中分离出的车前三糖等。棉子糖能顺利地通过胃和肠道而不被吸收，它是人体肠道中双歧杆菌、嗜酸乳酸杆菌等有益菌极好的营养源和有效的增殖因子，棉子糖有整肠和改善排便的功能，它能改善人体的消化功能，促进人体对钙的吸收，从而增强人体免疫力，对预防疾病和抗衰老有明显效果。棉子糖可作为人体和动物活器官移植用保护输送液的主要成分及延长活菌体在常温下存活期的增效剂。

第四节 多 糖

多糖（polysaccharide）是由糖苷键结合的糖链，至少要超过 10 个的单糖组成的聚合糖高分子碳水化合物，具有多种多样的生物学功能。除了作为储藏物质（植物中的淀粉、动物体内的糖原）和结构支持物质（构成植物细胞壁的纤维素、半纤维素，构成细菌细胞壁的肽聚糖），多糖还具有重要而复杂的生理功能，如细菌的荚膜多糖有抗原性、分布在肝脏和黏膜组织中的肝素具有抗凝血的作用、存在于眼球的玻璃体和脐带中的透明质酸对组织有润滑作用等，它们在动物、植物和微生物中起着重要的作用。

由相同的单糖组成的多糖称为同多糖，如淀粉、纤维素和糖原；以不同的单糖组成的多糖称为杂多糖，如肝素、透明质酸等。

> **知识链接**
>
> 活性多糖是指具有某种特殊生理活性的多糖化合物，如真菌多糖、植物多糖等。植物多糖比如枸杞多糖、香菇多糖、黑木耳多糖、海带多糖、松花粉多糖等多数是蛋白多糖，具有双向调节人体生理节奏的功能。

一、均一性多糖

1. 淀粉

淀粉（starch）是植物的储存多糖，在植物种子、块茎与果实中含量最多，以淀粉粒状态存在，在植物中形状为球状或卵形。大米中淀粉的含量可高达 70%～80%，它是供给人体能量的主要营养物质。

天然淀粉可分为直链淀粉（amylose）和支链淀粉（amylopectin）两种，可溶于热水的是直链淀粉，不溶于热水的是支链淀粉。

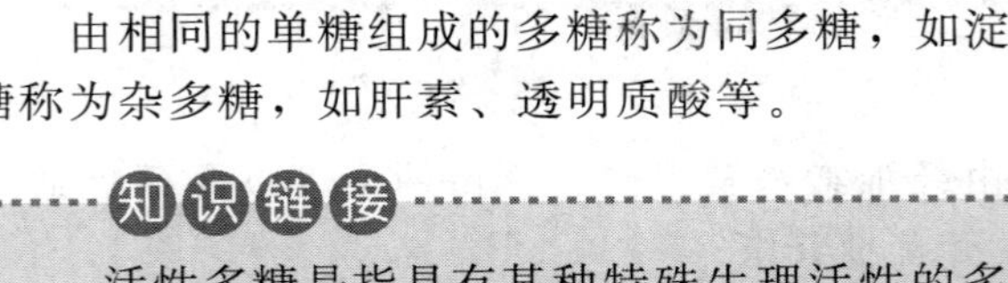

（1）直链淀粉 许多 α-葡萄糖以 α-1,4-糖苷键依次相连成长而不分开的葡萄糖多聚物，其部分结构如图 1-1 所示。其分子量从 150000 到 600000，遇碘显蓝色，

图 1-1 直链淀粉的部分结构示意图

结构为长而紧密的螺旋管形，这种紧实的结构是与其储藏功能相适应的。

(2) 支链淀粉　在直链淀粉的基础上，每隔 20～25 个葡萄糖残基就形成一个 α-1,6-糖苷键支链，其部分结构如图 1-2 所示。其不能形成螺旋管，遇碘显紫色。

2. 糖原

糖原又称动物淀粉，是动物中的主要多糖，主要存在于动物肝脏及肌肉组织中，是葡萄糖的极容易利用的储藏形式。糖原与支链淀粉类似，只是分支程度更高，每隔 4 个葡萄糖残基便有一个分支，其部分结构如图 1-3 所示。其结构更紧密，更适应其储藏功能，这是动物将其作为能量储藏形式的一个重要原因。

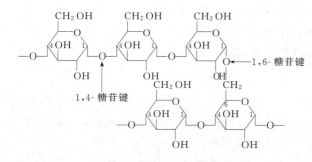

图 1-2　支链淀粉的部分结构示意图

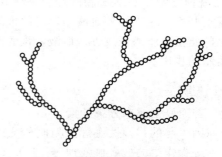

图 1-3　糖原的部分结构示意图

课堂互动

如何根据所学糖类的知识鉴别直链淀粉和支链淀粉？

3. 纤维素

纤维素（cellulose）是自然界最丰富的有机物质，其含量约占生物界全部有机碳化合物的一半以上，是植物细胞壁的重要构成成分，对植物组织起到支持的作用。由葡萄糖分子以 β-1,4-糖苷键连接而成，无分支。纤维素分子量在 5 万到 40 万之间，每分子约含 300～2500 个葡萄糖残基。纤维素是直链，100～200 条链彼此平行，以氢键结合，所以不溶于水，但溶于铜盐的氨水溶液，可用于制造人造纤维。纤维素分子排列成束状，和绳索相似，纤维就是由许多这种绳索集合组成的。

4. 几丁质

几丁质（chitin）又称壳多糖或甲壳素，广泛存在于甲壳类动物的外壳、昆虫的甲壳和真菌的胞壁中，为 N-乙酰葡糖胺通过 β-连接聚合而成的结构同多糖。几丁质具有抗化学药物和对射线辐射的防护作用，广泛地应用在食品、化工、医药卫生等领域。

5. 琼脂

琼脂（agar）又称琼胶，是某些海藻（如石花菜属）所含的多糖物质，主要成分是多缩半乳糖。其单糖组成为 L-半乳糖及 D-半乳糖。琼脂不易被微生物分解，可作微生物培养基成分，也可作为电泳支持物。

二、不均一性多糖

1. 透明质酸

透明质酸是一种酸性黏多糖，是由两个双糖单位 D-葡萄糖醛酸及 N-乙酰葡糖胺组成的大型多糖类。1934 年，美国哥伦比亚大学眼科教授 Meyer 等首先从牛眼玻璃体中分离出该物质。透明质酸以其独特的分子结构和理化性质在机体内显示出多种重要的生理功能，如润滑关节、调节血管壁的通透性以及调节蛋白质、水和电解质的扩散和运转及促进创伤愈合等。它的透明质分子能携带 500 倍以上的水分，为当今所公认的最佳保湿成分，广泛地应用在保养品和化妆品中。

2. 肝素

肝素（heparin）最早是在肝脏中发现的，故称为肝素。但它也存在于肺、血管壁、肠黏膜等组织中，是动物体内一种天然的抗凝血物质。肝素是一种由葡糖胺、L-艾杜糖醛苷、N-乙酰葡糖胺和 D-葡萄糖醛酸交替组成的黏多糖硫酸酯，平均分子量为 15kDa，呈强酸性。临床上肝素常用于体外血液循环时的抗凝剂，也用于防止脉管中血栓的形成。肝素能使细胞膜上的脂蛋白脂酶释放进入血液，该酶能水解极低密度脂蛋白所携带的脂肪，因而肝素具有降血脂的作用。

> **知识链接**
>
> 普通肝素或未分级肝素（unfractionated heparin）主要用于抗凝血和抗血栓，治疗各种原因引起的弥漫性血管内凝血和抗血栓，以及血液透析、体外循环、导管术、微血管手术等操作中的抗凝血处理等。同时，临床应用及研究显示，标准肝素还具有其他多种生物活性和临床用途，包括抗炎、抗过敏、降血脂、抗动脉粥样硬化、抗中膜平滑肌细胞（SMC）增生、抗病毒、抗癌等作用。

3. 硫酸软骨素

硫酸软骨素（CS）是共价连接在蛋白质上形成蛋白聚糖的一类糖胺聚糖。硫酸软骨素广泛分布于动物组织的细胞外基质和细胞表面，糖链由交替的葡萄糖醛酸和 N-乙酰半乳糖胺（又称 N-乙酰氨基半乳糖）二糖单位组成，通过一个似糖链接区连接到核心蛋白的丝氨酸残基上。

4. 硫酸角质素

硫酸角质素是以蛋白多糖形式存在的一种黏多糖。它与蛋白质形成结合体，存在于哺乳类的角膜、椎间板、软骨和动脉中。其在多数情况下和硫酸软骨素共存，在胎儿期软骨的蛋白多糖中几乎不含有硫酸角质素，随着年龄增加，硫酸角质素含量逐渐增加，到 20～30 岁时，其含量约占肋骨中黏多糖总量的 50%。

三、结合糖

糖与非糖物质共价结合形成的复合物称结合糖（复合糖、糖缀合物），包括糖脂、糖蛋白与蛋白聚糖、肽聚糖、糖-核酸。

1. 糖蛋白

糖蛋白是由短的寡糖链与蛋白质共价相连构成的分子。其总体性质更接近蛋白质。糖蛋白分子中的聚糖主要由 β-D-葡萄糖、α-D-甘露糖、α-D-半乳糖、α-D-木糖、α-D-阿拉伯糖、α-L-岩藻糖、葡萄糖醛酸、艾杜糖醛酸、N-乙酰葡糖胺、N-乙酰半乳糖胺、N-乙酰神经氨酸等单糖组成。糖链与蛋白质的主要连接方式为糖蛋白的糖肽连接键，简称糖肽键。糖肽键的类型主要有：N-糖苷键型、O-糖苷键型、S-糖苷键型、酯糖苷键型。糖蛋白中糖链的结构是糖蛋白中的糖链变化较大，含有丰富的结构信息。寡糖链往往是受体、酶类的识别位点。

2. 蛋白聚糖

蛋白聚糖分子中的聚糖重量所占比重大于蛋白质。在蛋白聚糖中已知有三种不同类型的糖肽键：D-木糖与 Ser 羟基之间形成的 O-糖肽键，主要存在于硫酸软骨素、透明质酸和肝素等中；N-乙酰半乳糖胺与 Thr 或 Ser 羟基之间形成的 O-糖肽键，如骨骼硫酸角质素；N-乙酰葡糖胺与 Asn 之间形成的 N-糖肽键，如角膜硫酸角质素。

3. 肽聚糖

肽聚糖存在于真细菌中的革兰阳性菌和革兰阴性菌的细胞壁中，是由乙酰氨基葡萄糖、乙酰胞壁酸与 4~5 个氨基酸短肽聚合而成的多层网状大分子结构。

目标检测

一、名词解释
单糖、寡糖、多糖

二、选择题
1. 下列哪种糖不具有还原性？（　　）
   A. 麦芽糖　　　　B. 异麦芽糖　　　　C. 乳糖　　　　D. 蔗糖
2. 下列哪种糖不能形成糖脎？（　　）
   A. 葡萄糖　　　　B. 乳糖　　　　　　C. 蔗糖　　　　D. 麦芽糖
3. 血型表面分布的抗原是（　　）。
   A. 磷蛋白　　　　B. 脂蛋白　　　　　C. 糖蛋白　　　D. 核蛋白
4. 糖类物质在动物和人体内主要以哪一种形式转运？（　　）
   A. 葡萄糖　　　　B. 半乳糖　　　　　C. 果糖　　　　D. 蔗糖
5. 下列哪个糖不属于还原糖？（　　）
   A. D-果糖　　　　B. D-半乳糖　　　　C. 乳糖　　　　D. 蔗糖

三、问答题
1. 葡萄糖溶液为什么有变旋现象？
2. 在糖的化学中 D、L、α、β、（＋）、（－）各表示什么？
3. 直链淀粉和纤维素都是由葡萄糖分子聚合而成，为何物理性质差别如此之大？
4. 什么是糖蛋白？糖与蛋白质是如何结合的？糖蛋白上的寡糖链有何生物学功能？
5. 常见的多糖有哪些？举例说明多糖有哪些用途。

四、案例分析题
某同学在实验室中不慎将 5 瓶装有核糖、葡萄糖、果糖、蔗糖和淀粉的试剂瓶的标签损坏，请根据你所学习的关于糖类的知识将 5 瓶糖液区分开。

第二章 蛋白质化学

【学习目标】
1. 掌握氨基酸的结构和性质；蛋白质的一级结构、二级结构及其主要理化性质。
2. 掌握蛋白质的性质，能够根据性质对蛋白质进行定性和定量鉴定及分离纯化。
3. 熟悉蛋白质的结构与功能的关系。

【案例导学】
　　镰刀型细胞贫血症（又名镰状细胞贫血、镰状细胞性贫血），英文名：sicklemia，是20世纪初才被人们发现的一种遗传病。1910年，一个黑人青年到医院看病，他的症状是发烧和肌肉疼痛，经过检查发现，他患的是当时人们尚未认识的一种特殊的贫血症，他的红细胞不是正常的圆饼状，而是弯曲的镰刀状。后来，人们就把这种病称为镰刀型细胞贫血症。镰状细胞贫血是一种常染色体显性遗传血红蛋白（Hb）病。因β-肽链第6位氨基酸谷氨酸被缬氨酸所代替，构成镰状血红蛋白（HbS），取代了正常Hb（HbA）。临床表现为慢性溶血性贫血、易感染和再发性疼痛危象以致慢性局部缺血导致器官组织损害。

　　本章将介绍蛋白质的相关知识。

第一节 蛋白质概述

　　蛋白质（protein）是生命的物质基础，是构成细胞的基本有机物，蛋白质的英文protein源于希腊文的proteios，是"头等重要"的意思，表明蛋白质是生命活动中头等重要物质。它是细胞组分中含量最为丰富、功能最多的高分子物质，其占人体干重的45%，某些组织中的含量甚至更高，如在脾、肺、横纹肌中占80%。蛋白质是生命活动的主要承担者，没有蛋白质就没有生命。

一、蛋白质的元素组成

　　元素分析表明，所有蛋白质都含碳、氢、氧、氮四种主要元素；大多数蛋白质还含少量硫元素；某些蛋白质还含有微量的磷、铁、铜、锌、碘和钼等元素。

　　蛋白质是生物体中主要的含氮化合物。各种蛋白质的氮含量比较恒定，平均值约为16%，因此可通过测定氮的含量，按公式：每克样品含氮量（g）×6.25＝每克样品中蛋白质的含量,推算出蛋白质的大致含量,这种方法称凯氏定氮法,是蛋白质定量的经典方法之一。

二、蛋白质的分类

人体内蛋白质的种类很多,其性质、功能各异,为了方便研究和掌握,在蛋白质研究的不同历史时期出现了许多分类方法,依据不同的分类标准可以对蛋白质进行如下分类。

1. 按来源分类

蛋白质按来源可以分为动物蛋白和植物蛋白,两者所含的氨基酸是不同的。动物性蛋白质主要为提取自牛奶的乳清蛋白,其所含必需氨基酸种类齐全,比例合理,但是含有胆固醇。植物性蛋白质主要来源于大豆的大豆蛋白,其最大的优点就是不含胆固醇。

2. 按组成成分分类

按照化学组成,蛋白质通常可以分为简单蛋白质、结合蛋白质和衍生蛋白质。简单蛋白质经水解得氨基酸和氨基酸衍生物;结合蛋白质经水解得氨基酸、非蛋白的辅基和其他(结合蛋白质的非氨基酸部分称为辅基);蛋白质经变性作用和改性修饰得到衍生蛋白质。

(1) **简单蛋白质**(simple proteins),**按溶解度不同可分为:**

① 清蛋白(albumins) 溶于水及稀盐、稀酸或稀碱溶液,能被饱和硫酸铵所沉淀,加热可凝固。其广泛存在于生物体内,如血清蛋白、乳清蛋白、蛋清蛋白等。

② 球蛋白(globulins) 不溶于水而溶于稀盐、稀酸和稀碱溶液,能被半饱和硫酸铵所沉淀。普遍存在于生物体内,如血清球蛋白、肌球蛋白和植物种子球蛋白等。

③ 谷蛋白(glutelins) 不溶于水、乙醇及中性盐溶液,但易溶于稀酸或稀碱。如米谷蛋白和麦谷蛋白等。

④ 醇溶谷蛋白(prolamines) 不溶于水及无水乙醇,但溶于70%~80%乙醇、稀酸和稀碱。分子中脯氨酸和酰胺较多,非极性侧链远较极性侧链多。这类蛋白质主要存在于谷物种子中,如玉米醇溶蛋白、麦醇溶蛋白等。

⑤ 组蛋白(histones) 溶于水及稀酸,但为稀氨水所沉淀。分子中组氨酸、赖氨酸较多,分子呈碱性,如小牛胸腺组蛋白等。

⑥ 精蛋白(protamines) 溶于水及稀酸,不溶于氨水。分子中碱性氨基酸(精氨酸和赖氨酸)特别多,因此呈碱性,如鲑精蛋白等。

⑦ 硬蛋白(scleroprotein) 不溶于水、盐、稀酸或稀碱。这类蛋白质在动物体内作为结缔组织的组成成分,对机体具有保护功能,如角蛋白、胶原、网硬蛋白和弹性蛋白等。

(2) **根据辅基的不同,结合蛋白质**(conjugated proteins)**可分为:**

① 核蛋白(nucleoproteins) 辅基是核酸,如脱氧核糖核蛋白、核糖体、烟草花叶病毒等。

② 脂蛋白(lipoproteins) 与脂质结合的蛋白质。脂质成分有磷脂、固醇和中性脂等,如血液中的 β_1-脂蛋白、卵黄球蛋白等。

③ 糖蛋白和黏蛋白(glycoproteins) 辅基成分为半乳糖、甘露糖、己糖胺、己糖醛酸、唾液酸、硫酸或磷酸等中的一种或多种。糖蛋白可溶于碱性溶液中,如卵清蛋白、γ-球蛋

白、血清类黏蛋白等。

④ 磷蛋白（phosphoproteins） 磷酸基通过酯键与蛋白质中的丝氨酸或苏氨酸残基侧链的羟基相连，如酪蛋白、胃蛋白酶等。

⑤ 血红素蛋白（hemoproteins） 辅基为血红素。含铁的如血红蛋白、细胞色素 c，含镁的有叶绿蛋白，含铜的有血蓝蛋白等。

⑥ 黄素蛋白（flavoproteins） 辅基为黄素腺嘌呤二核苷酸，如琥珀酸脱氢酶、D-氨基酸氧化酶等。

⑦ 金属蛋白（metalioproteins） 与金属直接结合的蛋白质，如铁蛋白含铁、乙醇脱氢酶含锌、黄嘌呤氧化酶含钼和铁等。

3. 按分子形状分类

根据分子形状的不同，可将蛋白质分为球状蛋白质和纤维状蛋白质两大类（图 2-1）。以长轴和短轴之比为标准，球状蛋白质小于 5，纤维状蛋白质大于 5。纤维状蛋白质多为结构蛋白，是组织结构不可缺少的蛋白质，由长的氨基酸肽链连接成为纤维状或蜷曲成盘状结构，成为各种组织的支柱，如皮肤、肌腱、软骨及骨组织中的胶原蛋白；球状蛋白的形状近似于球形或椭圆形。许多具有生理活性的蛋白质，如酶、转运蛋白、蛋白类激素与免疫球蛋白、补体等均属于球蛋白。

(a) 纤维状蛋白质　　(b) 球状蛋白质

图 2-1　纤维状蛋白质和球状蛋白质

4. 按结构分类

蛋白质按其结构可分为单体蛋白、寡聚蛋白、多聚蛋白。

(1) 单体蛋白 蛋白质由一条肽链构成，最高结构为三级结构。包括由二硫键连接的几条肽链形成的蛋白质，其最高结构也是三级。多数水解酶为单体蛋白。

(2) 寡聚蛋白 包含 2 个或 2 个以上三级结构的亚基。可以是相同亚基的聚合，也可以是不同亚基的聚合。

(3) 多聚蛋白 由数十个亚基以上，甚至数百个亚基聚合而成的超级多聚体蛋白。

5. 按功能分类

蛋白质按其功能分为活性蛋白质和非活性蛋白质两大类。活性蛋白质有调节蛋白、收缩蛋白、抗体蛋白等，非活性蛋白质有结构蛋白等。

(1) 结构蛋白 构成人体组织的蛋白质，如韧带、毛发、指甲和皮肤等。

(2) 调节蛋白 具有调控功能的蛋白质，如胰岛素、甲状腺素等。

(3) 收缩蛋白 参与收缩过程的蛋白质，如肌球蛋白、肌动蛋白等。

(4) 抗体蛋白 构成机体抗体的蛋白质，如免疫球蛋白等。

6. 按蛋白质的营养价值分类

食物蛋白质的营养价值取决于所含氨基酸的种类和数量，所以在营养上尚可根据食物蛋白质的氨基酸组成，分为完全蛋白质、半完全蛋白质和不完全蛋白质三类。

(1) 完全蛋白质所含必需氨基酸种类齐全、数量充足、比例适当，不但能维持成人的健康，并能促进儿童生长发育，如乳类中的酪蛋白、乳白蛋白，蛋类中的卵白蛋白、卵磷蛋白，肉类中的白蛋白、肌蛋白，大豆中的大豆蛋白，小麦中的麦谷蛋白，玉米中的谷蛋白等。

（2）半完全蛋白质所含必需氨基酸种类齐全，但有的氨基酸数量不足，比例不适当，可以维持生命，但不能促进生长发育，如小麦中的麦胶蛋白等。

（3）不完全蛋白质所含必需氨基酸种类不全，既不能维持生命，也不能促进生长发育，如玉米中的玉米胶蛋白、动物结缔组织和肉皮中的胶质蛋白、豌豆中的豆球蛋白等。

三、蛋白质的大小与分子量

蛋白质是分子量很大的生物分子，理论上，均一蛋白质的所有分子在氨基酸的组成和排列顺序以及肽链的长度方面都是相同的。蛋白质的分子量变化范围很大，从大约 6000~1000000Da（dalton）或更大一些。某些蛋白质是由 2 个或 2 个以上或更多蛋白质亚基通过非共价结合而成，称寡聚蛋白质。蛋白质中 20 种氨基酸的平均分子量为 138，但在多数蛋白质中较小的氨基酸占优势，因此平均分子量为 128，又因每形成一个肽键将除去一分子水（分子量 18），所以氨基酸残基的平均分子量为 128－18＝110。

四、蛋白质的构象

蛋白质分子是由氨基酸首尾相连缩合而成的共价多肽链，但是天然蛋白质分子并不是走向随机的松散多肽链。每一种天然蛋白质都有自己特有的空间结构或称三维结构，这种三维结构通常被称为蛋白质的构象，即蛋白质的结构。

为了表示蛋白质的不同结构的层次，经常使用一级结构、二级结构、三级结构和四级结构这样一些专门术语。一级结构就是共价主链的氨基酸序列，有时也称化学结构。二级、三级和四级结构又称空间结构（即三维结构）或高级结构。

五、蛋白质功能的多样性

生物界蛋白质的种类估计在 $10^{10} \sim 10^{12}$ 数量级，造成种类如此众多的原因主要是 20 种参与蛋白质组成的氨基酸在肽链中的排列顺序不同引起的。蛋白质的这种顺序异构现象是蛋白质生物功能多样性和种属特异性的结构基础。

成人体内每天约有 3％的蛋白质更新，借此完成组织的修复更新。体内重要的生理活动都是由蛋白质来完成的。例如，参与机体防御功能的抗体、催化代谢反应的酶；调节物质代谢和生理活动的某些激素和神经递质，有的是蛋白质或多肽类物质，有的是氨基酸转变的产物；此外，肌肉收缩、血液凝固、物质的运输等生理功能也是由蛋白质来实现的。因此，蛋白质是生命活动的重要物质基础。机体生命活动之所以能够有条不紊地进行，有赖于多种生命活性物质的调节。而蛋白质在体内是构成多种重要生理活性物质的成分，参与调节生理功能。如核蛋白构成细胞核并影响细胞功能；酶蛋白具有促进食物消化、吸收和利用的作用；免疫蛋白具有维持机体免疫功能的作用；收缩蛋白如肌球蛋白具有调节肌肉收缩的功能；血液中的脂蛋白、运铁蛋白、视黄醇结合蛋白具有运送营养素的作用；血红蛋白具有携带、运送氧气的功能；白蛋白具有调节渗透压、维持体液平衡的作用；由蛋白质或蛋白质衍生物构成的某些激素，如垂体激素、甲状腺激素、胰岛素及肾上腺素等都是机体的重要调节物质。食物蛋白质也是能量的一种来源，每克蛋白质在体内氧化分解可产生 17.9kJ（4.3kcal）能量。一般成人每日约有 18％的能量来自蛋白质。但糖与脂肪可以代替蛋白质提供能量，故氧化供能是蛋白质的次要生理功能。饥饿时，组织蛋白分解增加，每输入 100g 葡萄糖约节约 50g 蛋白质的消耗，因此，对不能进食的消耗性疾病患者应注意葡萄糖的补充，以减少组织蛋白的消耗。

第二节 氨基酸和肽

蛋白质是一类极为复杂的含氮高分子化合物，分子量大，结构复杂。蛋白质在酸、碱或酶的作用下，能逐步水解成比较简单的分子，实验证明，蛋白质的最终水解产物是各种不同的 α-氨基酸，其水解过程可表示如下：蛋白质──→䏡──→胨──→多肽──→二肽──→α-氨基酸。

一、氨基酸的结构与分类

1. 氨基酸的结构通式

从蛋白质水解产物中分离出来的常见氨基酸只有 20 种（更确切地说为 19 种氨基酸和 1 种亚氨基酸即脯氨酸）。除脯氨酸及其衍生物外，这些氨基酸在结构上的共同点是与羧基相邻的 α-碳原子（$C_α$）上都有一个氨基，因此称为 α-氨基酸。其结构通式如图 2-2 所示，式中，R 为 α-氨基酸的侧链（R 基为可变基团），其他基团为各种氨基酸的共同结构，各种氨基酸的区别就在于 R 基的不同。

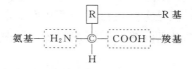

图 2-2 α-氨基酸的结构通式

从通式中可以看出，除 R 为氢原子（即甘氨酸）外，其他蛋白质氨基酸的 α-碳原子均为不对称碳原子（即与 α-碳原子键合的四个取代基各不相同），因此除甘氨酸外，所有氨基酸都具有旋光性，能使偏振光平面左旋（−）或右旋（+）。氨基酸可以有两种异构体，它们的关系就像左右手的关系，互为镜像关系，为区别这两种构型，人为地规定一种为 L 型、另一种为 D 型。通过与甘油醛的构型相比较，当书写时—NH_2 写在左边为 L 型、—NH_2 在右为 D 型，图 2-3 以丙氨酸为例。已知天然蛋白质中水解得到的氨基酸均为 L 型。需要指出，构型与旋光方向没有直接的对应关系。

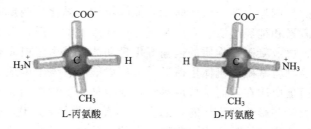

图 2-3 α-氨基酸的构型

在 α-氨基酸分子中可以含多个氨基和多个羧基，而且氨基和羧基的数目不一定相等。因此，天然存在的 α-氨基酸常根据其分子中所含氨基和羧基的数目分为中性氨基酸、碱性氨基酸和酸性氨基酸。所谓中性氨基酸，是指分子中氨基和羧基的数目相等的一类氨基酸。但氨基的碱性和羧基的酸性不是完全相当的，所以它们并不是真正中性的物质，只能说它们近乎中性。分子中氨基的数目多于羧基时呈现碱性，称为碱性氨基酸；反之，氨基的数目少于羧基时呈现酸性，称为酸性氨基酸。

> **课堂互动**
>
> 1. 每种氨基酸都只有一个氨基和一个羧基吗?
> 2. 生物体内的 R 基大约有多少种?
> 3. 如何判断一种氨基酸是不是构成蛋白质的氨基酸?

2. 氨基酸的名称和命名

(1) **氨基酸的名称和缩写** 为表达蛋白质或多肽结构的需要,氨基酸的名称常使用三字母的简写符号表示,有时也使用单字母的简写符号表示,后者主要用于表达长多肽链的氨基酸序列,如表 2-1 所示。

表 2-1 氨基酸的名称、结构式与缩写

名称	中文	英文缩写		结构式	等电点
非极性氨基酸					
丙氨酸 (α-氨基丙酸) alanine	丙	Ala	A	$CH_3-CH-COO^-$ $\quad\quad\quad\; \overset{+}{N}H_3$	6.02
缬氨酸 (β-甲基-α-氨基丁酸) valine	缬	Val	V	$(CH_3)_2CH-CHCOO^-$ $\quad\quad\quad\quad\quad\; \overset{+}{N}H_3$	5.97
亮氨酸 (γ-甲基-α-氨基戊酸) leucine	亮	Leu	L	$(CH_3)_2CHCH_2-CHCOO^-$ $\quad\quad\quad\quad\quad\quad\; \overset{+}{N}H_3$	5.98
异亮氨酸 (β-甲基-α-氨基戊酸) isoleucine	异亮	Ile	I	$CH_3CH_2-CH-CHCOO^-$ $\quad\quad\quad\;\; CH_3\;\overset{+}{N}H_3$	6.02
苯丙氨酸 (β-苯基-α-氨基丙酸) phenylalanine	苯丙	Phe	F	C$_6$H$_5$-CH$_2$-CHCOO$^-$ $\quad\quad\quad\quad\quad\; \overset{+}{N}H_3$	5.48
色氨酸 [α-氨基-β-(3-吲哚基)丙酸] tryptophan	色	Trp	W	吲哚-CH$_2$-CHCOO$^-$ $\quad\quad\quad\quad\; \overset{+}{N}H_3$	5.89
蛋(甲硫)氨酸 (α-氨基-γ-甲硫基戊酸) methionine	蛋 (甲硫)	Met	M	$CH_3SCH_2CH_2-CHCOO^-$ $\quad\quad\quad\quad\quad\quad\; \overset{+}{N}H_3$	5.75
脯氨酸 (α-四氢吡咯甲酸) proline	脯	Pro	P	吡咯环-COO$^-$	6.30
非电离的极性氨基酸					
甘氨酸 (α-氨基乙酸) glycine	甘	Gly	G	CH_2-COO^- $\; \overset{+}{N}H_3$	5.97
丝氨酸 (α-氨基-β-羟基丙酸) serine	丝	Ser	S	$HOCH_2-CHCOO^-$ $\quad\quad\quad\; \overset{+}{N}H_3$	5.68
苏氨酸 (α-氨基-β-羟基丁酸) threonine	苏	Thr	T	$CH_3CH-CHCOO^-$ $\quad\;\; OH\;\overset{+}{N}H_3$	6.53

续表

名　　称	中文	英文缩写		结构式	等电点
半胱氨酸 （α-氨基-β-巯基丙酸） cysteine	半胱	Cys	C	$\text{HSCH}_2\text{—CHCOO}^-$ 　　　　　$\overset{|}{\overset{+}{\text{NH}_3}}$	5.02
酪氨酸 （α-氨基-β-对羟苯基丙酸） tyrosine	酪	Tyr	Y	$\text{HO—}\bigcirc\text{—CH}_2\text{—CHCOO}^-$ 　　　　　　　　　$\overset{|}{\overset{+}{\text{NH}_3}}$	5.66
天冬酰胺 （α-氨基丁酰胺酸） asparagine	天胺	Asn	N	$\overset{\text{O}}{\overset{\|}{\text{H}_2\text{N—C}}}\text{—CH}_2\text{CHCOO}^-$ 　　　　　　　$\overset{|}{\overset{+}{\text{NH}_3}}$	5.41
谷氨酰胺 （α-氨基戊酰胺酸） glutamine	谷胺	Gln	Q	$\overset{\text{O}}{\overset{\|}{\text{H}_2\text{N—C}}}\text{—CH}_2\text{CH}_2\text{CHCOO}^-$ 　　　　　　　　　$\overset{|}{\overset{+}{\text{NH}_3}}$	5.65
碱性氨基酸 组氨酸 [α-氨基-β-(4-咪唑基)丙酸] histidine	组	His	H	咪唑环$\text{—CH}_2\text{CH—COO}^-$ 　　　　　　$\overset{|}{\overset{+}{\text{NH}_3}}$	7.59
赖氨酸 （α,ω-二氨基己酸） lysine	赖	Lys	K	$^+\text{NH}_3\text{CH}_2\text{CH}_2\text{CH}_2\text{CH}_2\text{CHCOO}^-$ 　　　　　　　　　　　$\overset{|}{\overset{+}{\text{NH}_3}}$	9.74
精氨酸 （α-氨基-δ-胍基戊酸） arginine	精	Arg	R	$\overset{^+\text{NH}_2}{\overset{\|}{\text{H}_2\text{N—C}}}\text{—NHCH}_2\text{CH}_2\text{CH}_2\text{CHCOO}^-$ 　　　　　　　　　　　　　$\overset{|}{\overset{+}{\text{NH}_3}}$	10.76
酸性氨基酸 天冬氨酸 （α-氨基丁二酸） aspartic acid	天冬	Asp	D	$\text{HOOCCH}_2\text{CHCOO}^-$ 　　　　　　$\overset{|}{\overset{+}{\text{NH}_3}}$	2.97
谷氨酸 （α-氨基戊二酸） glutamic acid	谷	Glu	E	$\text{HOOCCH}_2\text{CH}_2\text{CHCOO}^-$ 　　　　　　　　$\overset{|}{\overset{+}{\text{NH}_3}}$	3.22

（2）氨基酸的命名

① **系统命名法**　把氨基当作取代基，以羧酸作母体，称为氨基某酸。氨基的位置习惯上用希腊字母 α、β、γ 等表示。

② **俗名**　天然产氨基酸更普遍使用习惯命名或俗名，即按其来源或性质命名。如天冬氨酸最初由天门冬的幼苗中发现；甘氨酸因其具有甜味而得名。生物体内作为合成蛋白质的原料的 20 种氨基酸，像元素符号一样，都有国际通用的符号，中文用简称表示。

3. 氨基酸的分类

从各种生物体中发现的氨基酸已有 300 多种，其中参与蛋白质合成的氨基酸有 22 种，并且其中最早发现的 20 种氨基酸最为常见，另外 2 种不常见。根据是否参与蛋白质的合成将这些氨基酸分为蛋白质氨基酸和非蛋白质氨基酸。

（1）常见的蛋白质氨基酸　组成蛋白质的 20 种常见氨基酸根据 R 基的化学结构或极性大小进行分类。

① 根据 R 基的化学结构可以分为以下 4 类。

a. **脂肪族氨基酸**　丙氨酸、缬氨酸、亮氨酸、异亮氨酸、蛋氨酸、天冬氨酸、谷氨酸、赖氨酸、精氨酸、甘氨酸、丝氨酸、苏氨酸、半胱氨酸、天冬酰胺、谷氨酰胺。

b. 芳香族氨基酸　苯丙氨酸、酪氨酸。
c. 杂环族氨基酸　组氨酸、色氨酸。
d. 杂环族亚氨基酸　脯氨酸。

研究氨基酸的代谢途径时，采用这种分类方式比较适合。

② 根据 R 基的极性性质和在中性条件下的带电性质，可以分为以下 4 类。

a. 非极性 R 基氨基酸　这一组共有 8 种氨基酸，包括 4 种带有脂肪烃侧链的氨基酸，即丙氨酸、缬氨酸、亮氨酸和异亮氨酸；2 种含芳香环氨基酸：苯丙氨酸和色氨酸；1 种含硫氨基酸即甲硫氨酸和 1 种亚氨基酸即脯氨酸。这组氨基酸中以丙氨酸的 R 基疏水性最小，它介于非极性 R 基氨基酸和不带电荷的极性 R 基氨基酸之间。

b. 不带电荷的极性 R 基氨基酸　这一组有 7 种氨基酸。这组氨基酸比非极性 R 基氨基酸易溶于水。它们的侧链中含有不解离的极性基，能与水形成氢键。丝氨酸、苏氨酸和酪氨酸中侧链的极性是由于它们的羟基造成的；天冬酰胺和谷氨酰胺的 R 基极性是它们的酰胺基引起的；半胱氨酸则是由于含有巯基（—SH）的缘故。甘氨酸的侧链介于极性与非极性之间，有时也把它归入非极性类，但是它的 R 基只不过是一个氢原子，对极性强的 α-氨基和 α-羧基影响很小。这一组氨基酸中半胱氨酸和酪氨酸的 R 基极性最强。半胱氨酸的巯基和酪氨酸的酚羟基虽然在 pH 7 时电离很弱，但与这组中的其他氨基酸侧链相比失去质子的倾向要大得多，例如半胱氨酸的—SH。

c. 极性带正电荷的 R 基氨基酸　这是一组碱性氨基酸，即有赖氨酸、精氨酸和组氨酸。在中性 pH 条件下，组氨酸的咪唑基、精氨酸的胍基、赖氨酸侧链上的氨基均可接受质子，使这三种氨基酸带正电荷。其中组氨酸是 R 基的 pK_a 值在 7 附近的唯一氨基酸，因此，组氨酸作为质子供体和受体在许多酶促反应中具有重要作用。

d. 极性带负电荷的 R 基氨基酸　这是一组酸性氨基酸，即天冬氨酸和谷氨酸。这两种氨基酸都含有两个羧基，并且第二个羧基在 pH 7 左右也完全解离，因此分子带负电荷，可以结合金属阳离子，许多蛋白质中均依赖这两种氨基酸形成一个或多个金属结合点。

③ 根据氨基酸在水溶液中的酸碱性不同分为以下三类：

a. 中性氨基酸（1 氨基 1 羧基）　甘氨酸、丙氨酸、缬氨酸、亮氨酸、异亮氨酸、丝氨酸、苏氨酸、半胱氨酸、蛋氨酸（甲硫氨酸）、苯丙氨酸、酪氨酸、色氨酸、天冬酰胺、谷氨酰胺、脯氨酸。

b. 酸性氨基酸（1 氨基 2 羧基）　天冬氨酸、谷氨酸。

c. 碱性氨基酸（2 氨基 1 羧基）　赖氨酸、精氨酸、组氨酸。

④ 根据人体是否能合成分为以下三类

a. 必需氨基酸（essential amino acid）　指人体（或其他脊椎动物）不能合成或合成速度远不适应机体的需要，必须由食物蛋白供给，这些氨基酸称为必需氨基酸。成人必需氨基酸的需要量约为蛋白质需要量的 20%～37%。必需氨基酸共有 8 种［赖氨酸、色氨酸、苯丙氨酸、蛋氨酸（甲硫氨酸）、苏氨酸、异亮氨酸、亮氨酸、缬氨酸］。

b. 半必需氨基酸和条件必需氨基酸　精氨酸：精氨酸与脱氧胆酸制成的复合制剂（明诺芬）是主治梅毒、病毒性黄疸等病的有效药物。组氨酸：可作为生化试剂和药剂，还可用于治疗心脏病、贫血、风湿性关节炎等的药物。人体虽能够合成精氨酸和组氨酸，但通常不能满足正常的需要，因此，又被称为半必需氨基酸或条件必需氨基酸，在幼儿生长期这两种是必需氨基酸。人体对必需氨基酸的需要量随着年龄的增加而下降，成人比婴儿显著下降（近年也有将组氨酸划入成人必需氨基酸的）。

c. **非必需氨基酸**（nonessential amino acid） 指人（或其他脊椎动物）自己能由简单的前体合成，不需要从食物中获得的氨基酸，例如甘氨酸，丙氨酸等氨基酸。

(2) 非蛋白氨基酸 除了参与蛋白质组成的 20～30 种氨基酸外，还在各种组织和细胞中找到了 150 多种其他氨基酸。这些氨基酸不参与构成蛋白质，但却以各种形式分布于动物、植物和细菌体内，称为非蛋白质氨基酸。如细菌细胞壁的肽聚糖中发现有 D-谷氨酸和 D-丙氨酸；在一种抗生素短杆菌肽 S（gramicidin S）中含有 D-苯丙氨酸。这些氨基酸中有一些是重要的代谢物前体或代谢中间物。例如存在于肌肽和鹅肌肽中的 β-丙氨酸是遍多酸（一种维生素）的一个成分；γ-氨基丁酸（γ-aminobutyric acid）由谷氨酸脱羧产生，它是传递神经冲动的化学介质，称神经递质。肌氨酸是一碳单位代谢的中间物，它和 D-缬氨酸也是放线菌素 D 的结构成分。

二、氨基酸的重要性质

1. 一般物理性质

(1) 溶解性 氨基酸一般能溶于水，但溶解度大小不一；均可溶于强酸、强碱中，除甘氨酸、丙氨酸、亮氨酸外，其他氨基酸不溶于无水乙醇，几乎所有的氨基酸均不溶于乙醚。通常酒精能把氨基酸从其溶液中沉淀析出。

(2) 熔点 氨基酸的熔点都很高，一般在 200～300℃ 之间，多数氨基酸受热易分解放出 CO_2，而不熔融。由于它们的熔点比较接近，所以测定熔点难以鉴别它们。

(3) 味感 不同的氨基酸其味不同，有的无味，有的味甜，有的味苦，谷氨酸的单钠盐有鲜味，是味精的主要成分。

(4) 旋光性 除甘氨酸外，其他所有的氨基酸均有旋光性，其旋光性可以通过旋光仪测定，氨基酸的旋光性大小取决于 R 基的性质，并与测定体系溶液的 pH 有关。

2. 两性解离和等电点

对于含有一个氨基和一个羧基的 α-氨基酸来说，在中性溶液中或固体状态下，是以中性分子的形式还是以两性离子的形式存在呢？许多实验证明主要是以两性离子的形式存在（参见图 2-4）。

氨基酸由于含有氨基和羧基，因此在化学性质上表现为是一种兼有弱碱和弱酸的两性化合物。氨基酸在溶液中的带电状态，会随着溶液的 pH 值而变化，如果氨基酸的净电荷等于零，在外加电场中不发生向正极或负极移动的现象，在这种状态下溶液的 pH 值称为其等电点，常用 pI 表示。由于各种氨基酸都有特定的等电点，因此当溶液的 pH 值低于某氨基酸的等电点时，则该氨基酸带净正电荷，在电场中向阴极移动；若溶液的 pH 值高于某氨基酸的等电点时，则该氨基酸带净负电荷，在电场中向阳极移动。

氨基酸的等电点：氨基酸的带电状况取决于其所处环境的 pH 值，改变 pH 值可以使氨基酸带正电荷或负电荷，也可使它处于正负电荷数相等，即净电荷为零的两性离子状态。使氨基酸所带正负电荷数相等即净电荷为零时的溶液 pH 值称为该氨基酸的等电点。如图 2-5 所示。

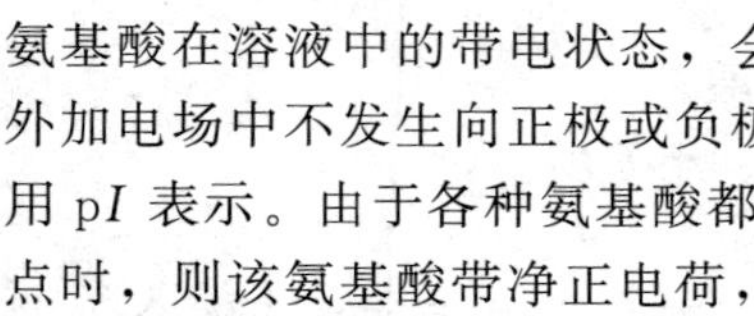

图 2-4 氨基酸的两性解离

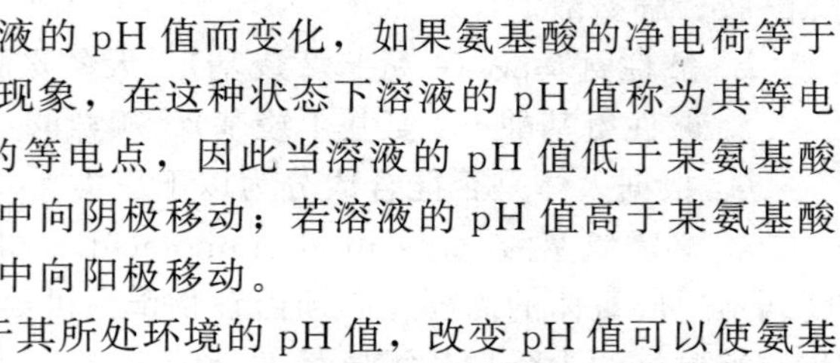

图 2-5 氨基酸的等电点

氨基酸等电点的计算方法：

每种氨基酸都有其各自不同的等电点，氨基酸 pI 由其分子中的氨基和羧基的解离程度所决定。氨基酸等电点的计算公式为：pI = 1/2(pK_1+pK_2)，式中，pK_1 代表氨基酸的 α-羧基的解离常数的负对数，pK_2 代表氨基酸的 α-氨基的解离常数的负对数。如果一个氨基酸有三个可以解离的基团，则取兼性离子两边的 pK 之和的平均值，即为该氨基酸的等电点。

课堂互动

His 含咪唑环，咪唑环的 pK_a 在游离氨基酸中和在多肽链中不同，前者 pK_a 为 6.00，后者为 7.35，为什么 His 是在生理 pH 条件下唯一具有缓冲能力的氨基酸？

3. 氨基酸的化学性质

氨基酸分子内既含有氨基又含有羧基，因此它们具有氨基和羧基的典型性质。但是，由于两种官能团在分子内的相互影响，又具有一些特殊的性质。

(1) 与茚三酮反应 除脯氨酸与羟脯氨酸外，茚三酮的水合物在水溶液中加热时可与其他氨基酸生成蓝紫色化合物，脯氨酸与羟脯氨酸为黄色化合物。这个反应非常灵敏，是鉴定氨基酸最迅速、最简单的方法，常用于 α-氨基酸的比色测定或纸色谱、薄层色谱分析时的显色。氨基酸与茚三酮的反应如下式。

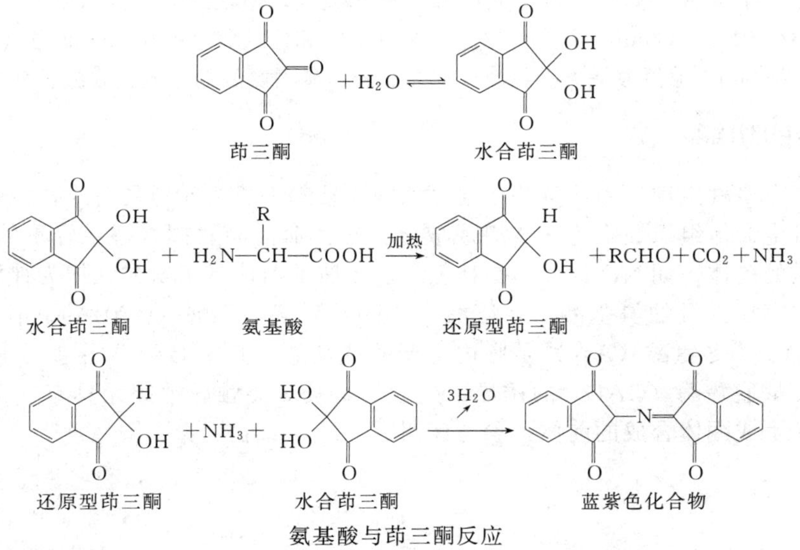

氨基酸与茚三酮反应

(2) 丹磺酰氯反应（dansyl chloride，DNS-Cl） 丹磺酰氯（二甲氨基萘磺酰氯）是一种强荧光剂，可用于测定肽链的氨基末端，它能专一地与链 N-端 α-氨基反应生成丹磺酰-肽，后者水解生成的丹磺酰-氨基酸具有很强的荧光，可直接用电泳法或色谱法鉴定出 N-端是何种氨基酸。氨基酸与丹磺酰氯的反应如下式。

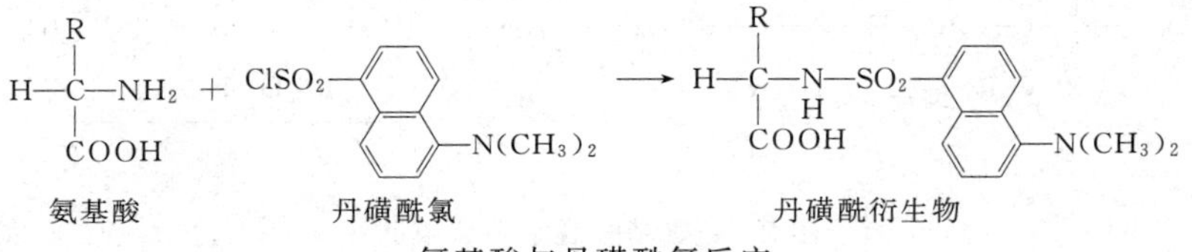

氨基酸与丹磺酰氯反应

(3) 与 2,4-二硝基氟苯反应 氨基酸氨基的一个 H 原子可被烃基（包括环烃及其衍生物）取代，例如与 2,4-二硝基氟苯（2,4-dinitrofluorobenzene 或 1-fluoro-2,4-dinitrobenzene，简写为 DNFB 或 FDNB）在弱碱性溶液中发生亲核芳环取代反应而生成二硝基苯基氨基酸（dinitrophenyl amino acid，简称 DNP 氨基酸）。这个反应首先被英国的 Sanger 用来鉴定多肽、蛋白质的 N-末端氨基酸。氨基酸与 2,4-二硝基氟苯的反应如下式。

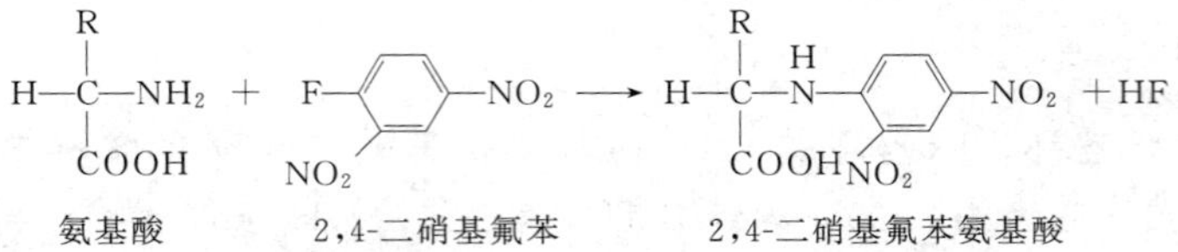

氨基酸与 2,4-二硝基氟苯反应

(4) 与苯异硫氰酸酯的反应 α-氨基另一个重要的烃基化反应是与苯异硫氰酸酯（phenylisothiocyanate，缩写为 PITC）在弱碱性条件下形成相应的苯氨基硫甲酰（phenylthiocarbamotl，缩写为 PTC）衍生物。后者在硝基甲烷中与酸（如三氟乙酸）作用发生环化，生成相应的苯乙内酰硫脲（phenylthiohydantoin，缩写为 PTH）衍生物。这些衍生物是无色的，可用色谱法加以分离鉴定。这个反应首先被 Edman 用于鉴定多肽或蛋白质的 N-端氨基酸。它在多肽和蛋白质的氨基酸序列分析方面占有重要地位。

4. 氨基酸的紫外吸收性质

构成蛋白质的 20 种氨基酸在可见光区都没有光吸收，但在远紫外区（<220nm）均有光吸收。在近紫外区（220～300nm）只有酪氨酸、苯丙氨酸和色氨酸有吸收光的能力（例如色氨酸最大吸收波长在 280nm、酪氨酸最大吸收波长在 275nm、苯丙氨酸的最大吸收波长在 257nm）。

三、氨基酸的功能

氨基酸具有多种生理作用：氨基酸通过肽键连接起来成为肽与蛋白质，氨基酸、肽与蛋白质均是有机生命体组织细胞的基本组成成分，对生命活动发挥着举足轻重的作用；作为生物活性物质的前体，如 NO 的前体是精氨酸、组胺的前体是组氨酸；作为神经递质，如中枢神经系统内存在大量的氨基酸，谷氨酸（Glu）、γ-氨基丁酸（GABA）、甘氨酸（Gly）、牛磺酸（Tau）、天冬氨酸（Asp）是脑内主要的氨基酸，其中 GABA 主要是三羧酸循环中的 Glu 在谷氨酸脱羧酶（GAD）的诱导下生成的，其对突触后神经元具有兴奋或抑制的作用；作为糖异生或酮体合成的前体，参与代谢。

四、肽

1. 肽键

氨基酸之间脱水后形成的键称肽键（图 2-6），是蛋白质分子中氨基酸之间的主要连接方式，也称酰胺键（一个氨基酸的羧基和另一个氨基酸的氨基脱水缩合而成的结构）。

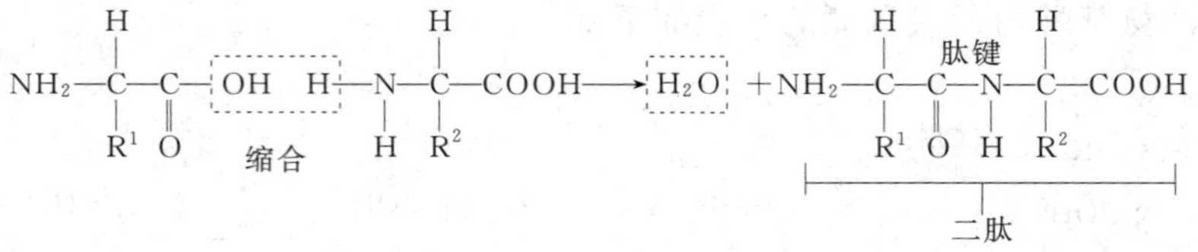

图 2-6 氨基酸脱水缩合成肽

2. 肽的结构

一个氨基酸的α-羧基和另一个氨基酸的α-氨基脱水缩合而成的化合物称肽。多肽为链状结构，所以多肽也称多肽链。由2个氨基酸缩合形成的肽叫二肽（dipeptide）（如图2-6所示），由3个氨基酸缩合形成的肽叫三肽（tripeptide），少于10个氨基酸的肽称为寡肽（oligopeptide），由10个以上氨基酸形成的肽叫多肽（polypeptide），因此蛋白质的结构就是多肽链结构。

3. 肽的书写和命名

肽可根据所含的氨基酸残基数简单地称为二肽、三肽、四肽等。肽链中的氨基酸由于参加肽键的形成已经不是原来完整的分子，因此称为氨基酸残基（amino acid residues）。肽的命名是从肽链的N-末端开始，按照氨基酸残基的顺序而逐一命名。氨基酸残基用酰来称呼，称为某氨基酰某氨基酰某氨基酸。例如，由丝氨酸、甘氨酸、酪氨酸、丙氨酸和亮氨酸组成的五肽，就命名为丝氨酰甘氨酰酪氨酰丙氨酰亮氨酸。在书写时，含自由氨基的一端总是写在左边，含自由羧基的一端总是写在右边。如图2-7所示。

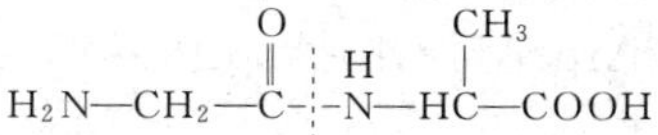

(a) 甘氨酰丙氨酸,简写为甘-丙(Gly-Ala) 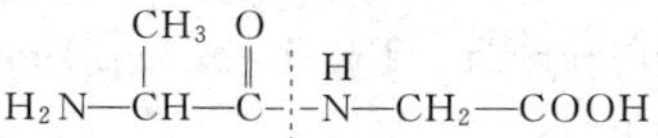　(b) 丙氨酰甘氨酸,简写为丙-甘(Ala-Gly)

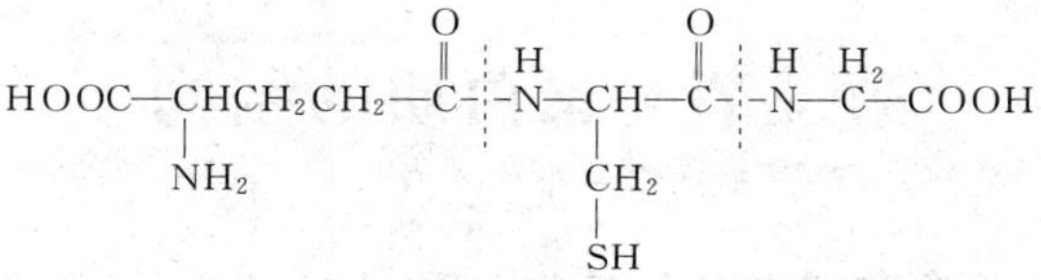

(c) 谷氨酰半胱氨酰甘氨酸,简写为谷-半胱-甘(Glu-Cys-Gly)

图2-7　肽的命名和书写

4. 天然存在的多肽

有一些肽在生物体内具有特殊功能。激素肽或神经肽都是活性肽，它们广泛分布于整个生物界。作为主要的化学信使，它们在沟通细胞内部、细胞与细胞间以及器官与器官之间的信息方面起着重要作用。肽的种类繁多，现选择介绍如下。

(1) 谷胱甘肽　谷胱甘肽是存在于动植物和微生物细胞中的一个重要三肽，简称GSH，由谷氨酸、甘氨酸、半胱氨酸组成，结构式如图2-8所示。它的分子中有一个肽键，是由谷氨酸的α-羧基与半胱氨酸的α-氨基缩合而成。半胱氨酸上的巯基为谷胱甘肽活性基团（故谷胱甘肽常简写为GSH），易与某些药物（如扑热息痛）、毒素（如自由基、碘乙酸、芥子气、铅、汞、砷等重金属）等结合，而具有消除其毒性的作用。故谷胱甘肽（尤其是肝细胞内的谷胱甘肽）能参与生物转化作用，从而把机体内有害的毒物转化为无害的物质，排泄出体外。谷胱甘肽还能帮助保持正常的免疫系统的功能。

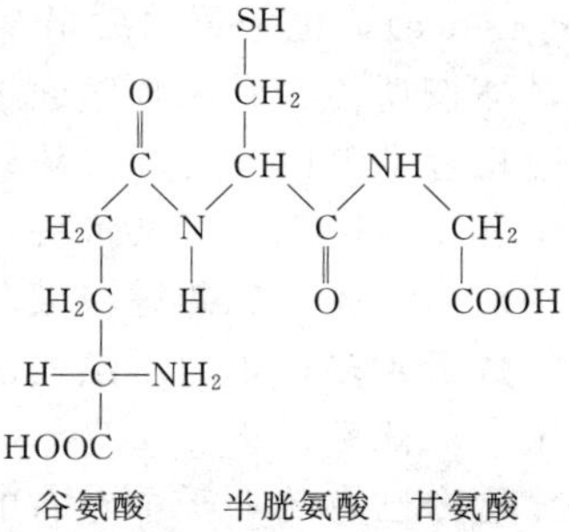

谷氨酸　半胱氨酸　甘氨酸

图2-8　谷胱甘肽的结构式

(2) 催产素和加压素　两者都是在下丘脑的神经细胞中合成的多肽激素，合成后与神经垂体运载蛋白相结合，经轴突运输到神经垂体，再释放入血液。它们都是九肽，在它们的分子中都有环状结构。

(3) 促肾上腺皮质激素 是由腺垂体分泌的一种由 39 个氨基酸组成的促肾上腺皮质激素（ACTH），它的活性部位为第 4～10 位的七肽片段，即 Met-Glu-His-Phe-Arg-Trp-Gly，促肾上腺皮质激素能刺激肾上腺皮质的生长和肾上腺皮质激素的合成和分泌。大脑、下丘脑等也分泌 ACTH，但是与腺垂体分泌的 ACTH 的作用不同，它们分别执行不同的生物学功能。例如，大脑分泌的 ACTH 参与意识行为的调控；腺垂体分泌的 ACTH 主要作用于肾上腺皮质。目前 ACTH 在临床上不仅被用于柯兴综合征的诊断，而且还可以用于风湿性关节炎等疾病的治疗。

5. 脑肽

脑啡肽（enkephalin），神经递质的一种，能改变神经元对经典神经递质的反应，起修饰经典神经递质的作用，故称为神经调质（neuromodulator），又被称为"脑内吗啡"。由我国中国科学院上海生化所合成。

6. 胰高血糖素

胰高血糖素（升糖素）是一种由胰脏胰岛 α-细胞分泌的激素，由 29 个氨基酸组成直链多肽，分子量为 3485Da。胰高血糖素的第一级结构是：NH_2-His-Ser-Gln-Gly-Thr-Phe-Thr-Ser-Asp-Tyr-Ser-Lys-Tyr-Leu-Asp-Ser-Arg-Arg-Ala-Gln-Asp-Phe-Val-Gln-Trp-Leu-Met-Asn-Thr-COOH。

第三节 蛋白质的结构

蛋白质分子是由氨基酸首尾相连缩合而成的共价多肽链，但是天然蛋白质分子并不是走向随机的松散多肽链。每一种天然蛋白质都有自己特有的空间结构或称三维结构，这种三维结构通常被称为蛋白质的构象，即蛋白质的结构。为了研究方便，人为地将蛋白质共价结构和空间结构划分为不同的层次进行描述。

一、蛋白质的一级结构

蛋白质的一级结构（primary structure）就是蛋白质多肽链中氨基酸残基的排列顺序（sequence），也是蛋白质最基本的结构。它是由基因上遗传密码的排列顺序所决定的。各种氨基酸按遗传密码的顺序通过肽键连接起来，成为多肽链，故肽键是蛋白质结构中的主键，同时也包括链内或键间二硫键的数目和位置等。蛋白质分子的一级结构是由共价键形成的，肽键和二硫键都属于共价键。二硫键在蛋白质分子中起着稳定肽链空间结构的作用，往往与生物活力有关。二硫键被破坏后，蛋白质或多肽的生物活力就会丧失。蛋白质结构中，二硫键的数目越多，蛋白质结构的稳定性就越强。在生物体内起保护作用的皮、角、毛发的蛋白质中，二硫键最多。

迄今已有约一千种左右的蛋白质的一级结构被研究确定，如胰岛素、胰核糖核酸酶、胰蛋白酶等。胰岛素（insulin）（结构如图 2-9 所示）由 51 个氨基酸残基组成，分为 A、B 两条链。A 链有 21 个氨基酸残基，B 链有 30 个氨基酸残基。A、B 两条链之间通过两个二硫键联结在一起，A 链另有一个链内二硫键。

二、蛋白质的空间结构

蛋白质的空间结构通常称为蛋白质的构象或高级结构，是指蛋白质分子中所有原子在三维空

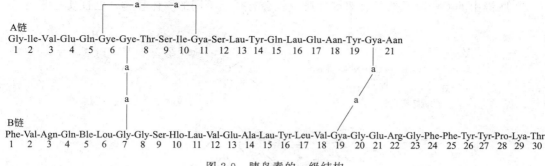

图 2-9　胰岛素的一级结构

间的分布和肽链的走向，蛋白质的空间结构就是指蛋白质的二级结构、三级结构和四级结构。

1. 维持蛋白质空间结构的作用力

维持蛋白质空间构象的作用力主要为次级键或副键，主要有以下几种：

（1）氢键　蛋白质分子中形成氢键的有两种情况，一是主链的肽键之间形成的，另一是侧链与侧链间或侧链与主链间形成的。

（2）疏水作用　蛋白质分子的侧链有一些极性很小的基团，这些基团和水的亲和力小，而疏水性较强，也有一种自然的趋势避开水相，当蛋白质长链卷曲成特定的构象时，它们要互相接触，与水疏远，而自相黏附形成分子内胶束，藏于分子内部，这种非极性侧链互相接近的趋势说明存在着一种力，这种力称为疏水力或疏水作用。这些非极性侧链不参与水分子形成的连续氢键结构，为极性基团与水的强烈氢键结构所稳定，可以看成是反氢键，对蛋白质分子的空间结构的稳定也起着重要的作用。

（3）盐键　盐键又称为离子键，它是正负电荷之间的静电相互吸引作用所形成的化学键。

（4）范德华引力　由于次级键的作用，使肽链和链中的某些部分联系在一起，而成特定的空间结构。

2. 蛋白质的二级结构

蛋白质的二级结构（secondary structure）是指多肽链中主链原子的局部空间排布即构象，不涉及侧链部分的构象。常见的二级结构有 α-螺旋、β-折叠、β-转角和无规则卷曲。例如动物的各种纤维蛋白，它们的分子围绕一个纵轴缠绕成螺旋状，称为 α-螺旋。相邻的螺旋以氢键相连，以保持构象的稳定。指甲、毛发以及有蹄类的蹄、角等的成分都是呈 α-螺旋的纤维蛋白，又称 α-角蛋白。β-折叠片是并列的，是比 α-螺旋更为伸展的肽链，互相以氢键连接起来而成为片层状，如蚕丝、蛛丝中的 β-角蛋白。

（1）肽键平面［或称酰胺平面（amide plane）］　肽键是构成蛋白质分子的基本化学键，肽键的四个原子与相邻的两个 α-碳原子共处于一个平面内，这六个原子组成的基团称为肽键平面或肽单位，结构如图 2-10 所示。多肽链是由许多重复的肽键平面连接而成，这些肽键平面构成肽链的主链骨架。

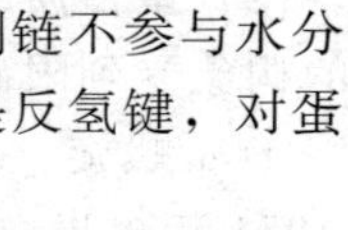

Pauling 等对一些简单的肽及氨基酸的酰胺等进行了 X 射线衍射分析，从一个肽键的周围来看，得知：

图 2-10　肽单位

① 肽键具有部分双键性质，不能自由旋转。肽键中的 C—N 键长 0.132nm，比相邻的 N—C 单键（0.147nm）短，而较一般的 C═N 双键（0.128nm）长，可见，肽键中—C—N—键的性质介于单、双键之间，具有部分双键的性质，因而不能旋转，这就将固定在一个平面之内。

② 肽单位是一个刚性平面结构，即肽单位的六个原子都位于一个平面，结构如图 2-11 所示。

③ 肽键中的 C—N 既然具有双键性质，就会有顺反不同的立体异构，已证实处于反位。

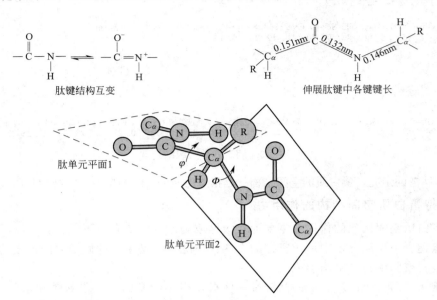

图 2-11 肽单位的平面结构

(2) 蛋白质二级结构的主要形式 由于肽平面对多肽链构象的限制，使蛋白质的二级结构的构象受到限制，主要有 α-螺旋、β-折叠、β-转角和无规则卷曲等形式。

① α-螺旋 α-螺旋是一种最常见的二级结构，其最先由 Linus Pauling 和 Robert Corey 于 1951 年提出，结构如图 2-12 所示，其主要内容是：

a. 肽链骨架围绕一个轴以螺旋的方式伸展。

b. 螺旋形成是自发的，肽链骨架上由 n 位氨基酸残基上的—C=O 与 $n+4$ 位残基上的—NH 之间形成的氢键起着稳定的作用；被氢键封闭的环含有 13 个原子，因此 α-螺旋也称

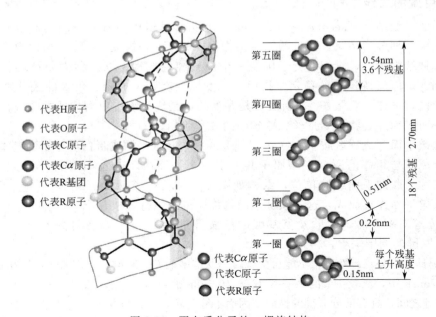

图 2-12 蛋白质分子的 α-螺旋结构

为 3.6/13 螺旋；主链上所有的肽键基本上都参与了氢键的形成，因此 α-螺旋相当稳定。

c. 每隔 3.6 个残基，螺旋上升一圈；每一个氨基酸残基环绕螺旋轴 100°，螺距为 0.54nm，每个氨基酸残基沿轴上升 0.15nm；螺旋的半径是 0.23nm；φ 角和 Ψ 角分别为 −57°和 −48°。

d. α-螺旋有左手和右手之分，但蛋白质中的 α-螺旋主要是右手螺旋。

e. 氨基酸残基的 R 基团位于螺旋的外侧，并不参与螺旋的形成，但其大小、形状和带电状态却能影响螺旋的形成和稳定。

在角蛋白中几乎全是 α-螺旋，在球状蛋白中，一般也都含有 α-螺旋的区段，膜蛋白分子中，镶嵌在膜内的部分也是 α-螺旋结构。α-螺旋在 DNA 结合基序（DNA binding motifs）中有非常重要的作用，如在锌指结构、亮氨酸拉链、螺旋-转角-螺旋等基序中都含有 α-螺旋。这是因为 α-螺旋的直径为 1.2nm，正好和 B-DNA 大沟的直径相等，所以能够和 B 型 DNA 紧密结合。

② β-折叠　β-折叠结构（β-sheet）又称为 β-折叠片层（β-pleated sheet）结构和 β-结构等，是蛋白质中常见的二级结构，是由伸展的多肽链组成的。折叠片的构象是由相邻肽链主链上的—NH 和 C═O 之间形成的氢键所维持的。氢键几乎都垂直伸展的肽链，这些肽链可以是平行排列（走向都是由 N 到 C 方向）；或者是反平行排列（肽链反向排列），后者更为稳定。其结构如图 2-13 所示。

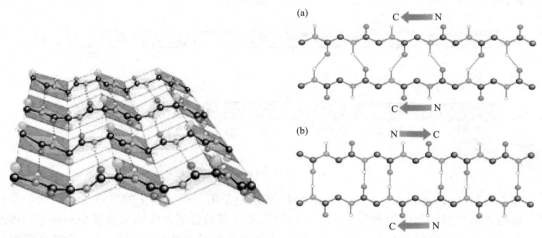

图 2-13　β-折叠

β-折叠结构的形成一般需要两条或两条以上的肽段共同参与，即两条或多条几乎完全伸展的多肽链侧向聚集在一起，相邻肽链主链上的氨基和羧基之间形成有规则的氢键，维持这种结构的稳定。β-折叠结构的特点如下：

a. 在 β-折叠结构中，多肽链几乎是完全伸展的。相邻的两个氨基酸之间的轴心距为 0.35nm。侧链 R 交替地分布在片层的上方和下方，以避免相邻侧链 R 之间的空间障碍。

b. 在 β-折叠结构中，相邻肽链主链上的 C═O 与 N—H 之间形成氢键，氢键与肽链的长轴近于垂直。所有的肽键都参与了链间氢键的形成，因此维持了 β-折叠结构的稳定。

c. 相邻肽链的走向可以是平行和反平行两种。在平行的 β-折叠结构中，相邻肽链的走向相同，氢键不平行。在反平行的 β-折叠结构中，相邻肽链的走向相反，但氢键近于平行。从能量角度考虑，反平行式更为稳定。

β-折叠结构也是蛋白质构象中经常存在的一种结构方式。如蚕丝丝心蛋白几乎全部由堆积起来的反平行 β-折叠结构组成。球状蛋白质中也广泛存在这种结构，如溶菌酶、核糖核酸酶、木瓜蛋白酶等球状蛋白质中都含有β-折叠结构。

③ β-转角　这是近年来在球状蛋白质中广泛存在的一种结构，蛋白质分子的多肽链经常出现的180°回折，在这种肽链的回折角上就是β-转角。其结构特征为：

　　a. 主链骨架本身以大约180°回折。
　　b. 回折部分通常由4个氨基酸残基构成。
　　c. 构象依靠第一残基的—CO基与第四残基的—NH基之间形成氢键来维系。也有一些是由第一个氨基酸的羧基与第三个氨基酸的氨基形成氢键。

④ 无规则卷曲　即蛋白质肽链中没有规律的那部分肽段构象。其结构比较松散，与α-螺旋、β-折叠、β-转角比较起来没有确定的规律，但是对于一些蛋白质分子无规卷曲特定构象是不能被破坏的，否则影响整体分子构象和活性。

3. 蛋白质的三级结构

蛋白质的三级结构指一条多肽链在二级结构或者超二级结构甚至结构域的基础上，进一步盘绕、折叠，依靠次级键的维系固定所形成的特定空间结构称为蛋白质的三级结构。

三级结构主要是靠氨基酸侧链之间的疏水相互作用、氢键、范德华力和静电作用维持的。大分子蛋白质的三级结构常可分割成一个或数个球状或纤维状的区域，折叠得较为紧密，各行其功能，称为结构域（结构如图2-14所示）。

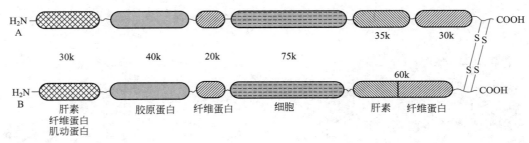

图2-14　结构域

肌红蛋白（myoglobin，Mb）（如图2-15所示）是第一个被确定的具有三级结构的蛋白质，是哺乳动物肌细胞储存和分配氧的主要蛋白质，其结合氧并能使氧很容易地在肌肉内扩散。肌红蛋白是一个相对比较小的蛋白质，是由153个氨基酸残基组成的一条多肽链组成的，含有一个血红素辅基（heme prosthetic group）。

课堂互动

　　为什么哺乳动物抹香鲸可以在水下潜水1.5h？

肌红蛋白的三级结构是由一簇8个α-螺旋组成的，螺旋之间通过一些片段连接。肌红蛋白中的四分之三氨基酸残基都处于α-螺旋中。尽管肌红蛋白中的高螺旋含量不是球蛋白结构中的普遍现象，但肌红蛋白的一些结构还是给出了球蛋白的典型结构特征。肌红蛋白的内部几乎都是由疏水氨基酸残基组成，如缬氨酸、亮氨酸、异亮氨酸、苯丙氨酸和蛋氨酸，而表面既含有亲水的氨基酸残基、也含有疏水的氨基酸残基，通常水分子被排除在球蛋白内部，大多数可离子化的残基都位于表面。血红素辅基处于一个由蛋白质部分形成的疏水的裂隙内，血红素中的铁原子是氧结合部位。无氧的肌红蛋白称之为脱氧肌红蛋白，而载氧的分子称之为氧合肌红蛋白，可逆结合氧的过程称之为氧合作用。

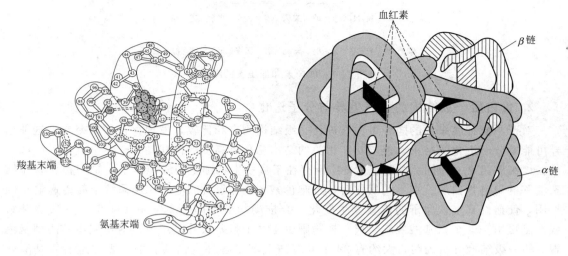

图 2-15 肌红蛋白（Mb）的结构　　　　图 2-16 血红蛋白（Hb）结构

4. 蛋白质的四级结构

在体内有许多蛋白质含有 2 条或 2 条以上的多肽链才能全面地执行功能。每一条多肽链都有其完整的三级结构，称为亚基（subunit），亚基与亚基之间呈特定的三维空间分布，并以非共价键相连接，这种蛋白质分子中各亚基的空间排布及亚基接触部位的布局和相互作用，称为蛋白质的四级结构（quaternary structure）。

有些蛋白质具有四级结构，例如血红蛋白 Hb 是由 4 个单体构成的四聚体（图 2-16）。不同的 Hb 分子的珠蛋白的多肽链的组成不同。成年人 Hb（HbA）由 2 条 α 链和 2 条 β 链组成，为 $\alpha_2\beta_2$ 结构。胎儿 Hb（HbF）是 2 条 α 链和 2 条 γ 链，为 $\alpha_2\gamma_2$ 结构。出生后不久 HbF 即为 HbA 所取代。每条 α 链含 141 个氨基酸残基，每条 β 链含 146 个氨基酸残基。

有些蛋白质分子只有一级、二级、三级结构，并无四级结构，如肌红蛋白、细胞色素 c、核糖核酸酶、溶菌酶等。另一些蛋白质，则一级、二级、三级、四级结构同时存在，如血红蛋白、过氧化氢酶、谷氨酸脱氢酶等。

第四节　蛋白质的结构与功能的关系

一、蛋白质一级结构与功能的关系

1. 一级结构不同，蛋白质的生物学功能不同

不同蛋白质的功能不同的根本原因是它们的一级结构不同，有时仅是微小差异就可以表现出不同的生物学功能。如垂体后叶分泌的 2 个九肽激素（催产素和加压素）（结构如图 2-17 所示），其中只有两个氨基酸不同，而其余七个氨基酸是相同的，因此催产素和加压素的生理功能有相似之处，即催产素兼有加压素样作用，而加压素也兼有催产素样作用。催产素和加压素尽管具有相似的功能，但毕竟结构不完全相同，因此生物学活性又有很大的差异。催产素对子宫平滑肌的收缩作用远较加压素强，但催产素对血管平滑肌的收缩作用仅为加压素的 1‰ 左右。

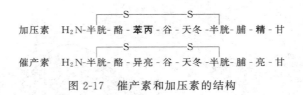

图 2-17 催产素和加压素的结构

2. 蛋白质一级结构的种属差异与分子进化

对于不同种属来源的同种蛋白质进行一级结构测定和比较，发现存在种属差异，这种差异可能是分子进化的结果，但与功能相关的结构总是有高度的保守性。

以细胞色素 c 为例。细胞色素 c 广泛存在于真核生物细胞的线粒体中，是一种含有血红素辅基的单链蛋白质。在生物氧化时，细胞色素 c 在呼吸链的电子传递系统中起传递电子的作用，使血红素上铁原子的价数发生变化。脊椎动物的细胞色素 c 由 104 个氨基酸残基组成；昆虫由 108 个氨基酸残基组成；植物则由 112 个氨基酸残基组成。对不同生物的细胞色素 c 的一级结构分析表明，大约有 28 个氨基酸残基是各种生物共有的，表明这些氨基酸残基是细胞色素 c 的生物功能所必需的。

3. 蛋白质的一级结构变化与分子病

蛋白质的氨基酸序列改变可以引起疾病，人类有很多种分子病已被查明是某种蛋白质缺乏或异常。由于遗传物质（DNA）的改变，导致其编码蛋白质分子的氨基酸序列异常，而引起其生物学功能改变的遗传性疾病称为分子病。如镰刀形红细胞性贫血，如图 2-18 所示。

正常	DNA	…TGT	GGG	CTT	CTT	TTT…
	mRNA	…ACA	CCC	GAA	GAA	AAA…
	HbA β 链 N 端	…苏	脯	谷	谷	赖…
异常	DNA	…TGT	GGG	CAT	CTT	TTT…
	mRNA	…ACA	CCC	GUA	GAA	AAA…
	HbS β 链 N 端	…苏	脯	缬	谷	赖…

图 2-18 镰刀形红细胞性贫血

二、蛋白质空间结构与功能的关系

高级结构是表现功能的形式，蛋白质一级结构决定空间构象，只有具有高级结构的蛋白质才能表现出生物学功能。

1. 蛋白质前体的活化

核糖核酸酶是由 124 个氨基酸残基组成的单链蛋白质，分子中有 4 个二硫键及许多氢键维系其空间结构。用 8mol 的尿素和 β-巯基乙醇处理核糖核酸酶，该酶空间结构被破坏，酶活性消失，如图 2-19 所示。

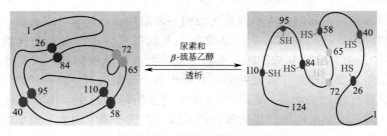

图 2-19 核糖核酸酶的结构变化与功能的关系

2. 蛋白质的变构

血红蛋白（Hb）是由 $\alpha_2\beta_2$ 组成的四聚体。每个亚基的三级结构与肌红蛋白（Mb）相似，中间有一个疏水"口袋"，亚铁血红素位于"口袋"中间，血红素上的 Fe^{2+} 能够与氧进行可逆结合。当第一个 O_2 与 Hb 结合成氧合血红蛋白（HbO_2）后，发生构象改变，犹如松开了整个 Hb 分子构象的"扳机"，导致第二、第三和第四个 O_2 很快地结合。这种带 O_2 的 Hb 亚基协助不带 O_2 亚基结合氧的现象，称为协同效应。O_2 与 Hb 结合后引起 Hb 构象变化，进而引起蛋白质分子功能改变的现象，称为别（变）构效应。小分子的 O_2 称为别（变）构剂或协同效应剂，Hb 则称为别（变）构蛋白。因蛋白质空间构象异常变化——相应蛋白质的有害折叠、折叠不能，或错误折叠导致错误定位引起的疾病，称为蛋白质构象病。其中朊病毒病就是蛋白质构象病中的一种。

3. 蛋白质的构象改变与疾病

蛋白质的空间三维结构称为蛋白质的构象，特定的构象是蛋白质发挥其功能的结构基础，由于蛋白质的空间构象改变而产生的异常的疾病称为构象病，如朊病毒所致的疯牛病。

朊病毒有正常型（PrP^c）和致病型（PrP^{sc}）两种构象，二者的空间结构不同，PrP^c 主要由 α-螺旋组成，PrP^{sc} 主要由 β-折叠组成，PrP^{sc} 一旦形成，可催化更多的 PrP^c 形成 PrP^{sc}，因而会导致神经退化和病变，引起人和动物的神经退行性病变，如老年性痴呆、牛脑海绵状病等。

> **知识拓展**
>
> **亚硝酸盐为什么可以导致中毒？**
>
> 亚硝酸盐中毒量为 0.2~0.5g，致死量为 3g。其可以将血红蛋白的二价铁氧化为三价铁，使血红蛋白成为高铁血红蛋白，失去携带氧的能力，造成机体缺氧。

第五节 蛋白质的性质

蛋白质由氨基酸组成，因此蛋白质的性质有些与氨基酸相似，但也有其特殊的性质。

一、两性离解和等电点

蛋白质分子的表面带有很多可解离基团，如羧基、氨基、酚羟基、咪唑基、胍基等。此外，在肽链两端还有游离的 α-氨基和 α-羧基，因此蛋白质是两性电解质，可以与酸或碱相互作用。溶液中蛋白质的带电状况与其所处环境的 pH 有关。当溶液在某一特定的 pH 条件下，蛋白质分子所带的正电荷数与负电荷数相等，即净电荷数为零，此时蛋白质分子在电场中不移动，这时溶液的 pH 称为该蛋白质的等电点，此时蛋白质的溶解度最小。由于不同蛋白质的氨基酸组成不同，所以蛋白质都有其特定的等电点，在同一 pH 条件下所带净电荷数不同。如果蛋白质中碱性氨基酸较多，则等电点偏碱，如果酸性氨基酸较多，则等电点偏酸。酸碱氨基酸比例相近的蛋白质，其等电点大多为中性偏酸，约在 5.0 左右。

1. 两性解离

蛋白质可以在酸性环境中与酸中和成盐，而游离成正离子，即蛋白质分子带正电，在电场中向阴极移动；在碱性环境中与碱中和成盐而游离成负离子，即蛋白质分子带负电，在电场中向阳极移动。以"P"代表蛋白质分子，以—NH₂ 和—COOH 分别代表其碱性和酸性解离基团，随 pH 变化，蛋白质的解离反应可简示如下：

$$P\begin{matrix}NH_3^+\\COOH\end{matrix} \underset{H^+}{\overset{OH^-}{\rightleftharpoons}} P\begin{matrix}NH_3^+\\COO^-\end{matrix} \underset{H^+}{\overset{OH^-}{\rightleftharpoons}} P\begin{matrix}NH_2\\COO^-\end{matrix}$$

蛋白质的阳离子　　　蛋白质的兼性　　　蛋白质的阴离子
（pH＞pI）　　　　离子（等电点）　　　（pH＜pI）
移向阳极　　　　　　（pH＝pI）　　　　移向阴极
　　　　　　　　　　　不移动

蛋白质的两性解离

2. 等电点沉淀和电泳

（1）等电点沉淀　蛋白质在等电点时，以两性离子的形式存在，其总电荷数为零，这样的蛋白质颗粒在溶液中因为没有相同电荷而相互排斥的影响，所以极易借静电引力迅速结合成较大的聚集体，因而易发生沉淀析出。这一性质常在蛋白质分离、提纯时应用。在等电点时，除了蛋白质的溶解度最小外，其导电性、黏度、渗透压以及膨胀性均为最小。

（2）电泳　蛋白质颗粒在溶液中解离成带电的颗粒，在直流电场中向其所带电荷相反的电极移动。这种大分子化合物在电场中定向移动的现象称为电泳。蛋白质电泳的方向、速度主要决定于其所带电荷的正负性、电荷数以及分子颗粒的大小。

蛋白质混合液中，各种蛋白质的分子量不同，因而在电场中移动的方向和速度也各不相同。根据这一原理，就可以从混合液中将各种蛋白质分离开来。因此电泳法通常用于实验室、生产或临床诊断来分析分离蛋白质混合物或作为蛋白质纯度鉴定的手段。

如将蛋白质溶液点在浸了缓冲液的支持物上进行电泳，不同组分形成带状区域，称为区带电泳。其中用滤纸作支持物的称纸上电泳（如图 2-20 所示）。这种方法比较简便，为一般实验室所采用。近年来，用醋酸纤维薄膜作支持物进行电泳，速度快，分析效果好，定量比较准确，已逐渐取代纸上电泳。

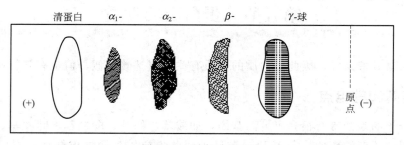

图 2-20　蛋白质的电泳

二、胶体性质

由于蛋白质的分子量很大，又由于其分子表面有许多极性基团，亲水性极强，易溶于水成为稳定的亲水胶体溶液。故它在水中能够形成胶体溶液。蛋白质溶液具有胶体溶液的典型性质，如丁达尔现象、布朗运动等。由于胶体溶液中的蛋白质不能通过半透膜，因此可以应用透析法将非蛋白的小分子杂质除去。

由于水膜和电荷的存在，把蛋白质颗粒相互隔开，使颗粒之间不会因碰撞而聚成大颗粒，这样蛋白质的溶液就比较稳定，不易沉淀。如果改变溶液的条件，将影响蛋白质的溶解性质，在适当的条件下，蛋白质能够从溶液中沉淀出来。

三、蛋白质的沉淀及常用沉淀方法

1. 蛋白质的沉淀

蛋白质胶体溶液的稳定性决定于其颗粒表面的水化膜和电荷，当这两个因素遭到破坏后，蛋白质溶液就失去稳定性，并发生凝聚作用，沉淀析出，这种作用称为蛋白质的沉淀作用。蛋白质的沉淀作用，在理论上和实际应用中均有一定的意义，一般为达到两种不同的目的：第一，为了分离制备有活性的天然蛋白质制品。第二，为了从制品中除去杂蛋白，或者制备失去活性的蛋白质制品。

蛋白质的沉淀作用有两种类型：

(1) **可逆沉淀** 蛋白质结构和性质都没有发生变化，在适当的条件下，可以重新溶解形成溶液，所以这种沉淀又称为非变性沉淀。一般是在温和条件下，通过改变溶液的pH或电荷状况，使蛋白质从胶体溶液中沉淀分离（可逆沉淀是分离和纯化蛋白质的基本方法，如等电点沉淀法、盐析法和有机溶剂沉淀法等）。

(2) **不可逆沉淀** 在蛋白质的沉淀过程中，产生的蛋白质沉淀不可能再重新溶解于水，强烈沉淀条件下，不仅破坏了蛋白质胶体溶液的稳定性，而且也破坏了蛋白质的结构和性质。由于沉淀过程发生了蛋白质的结构和性质的变化，所以又称为变性沉淀。

2. 生产上常用的几种沉淀蛋白质方法

(1) **用中性盐沉淀蛋白质** 分离提取蛋白质常用硫酸铵[$(NH_4)_2SO_4$]、硫酸钠（Na_2SO_4）、氯化钠（$NaCl$）、硫酸镁（$MgSO_4$）等中性盐来沉淀蛋白质，这种沉淀蛋白质的方法叫盐析法。

有的蛋白质溶液中同时含有几类不同的蛋白质，由于不同类的蛋白质产生沉淀所需要的盐的浓度不一样，因而可以用不同的盐浓度把几类混合在一起的蛋白质分段沉淀析出而加以分离，这种方法称为分段盐析。

(2) **用水溶性有机溶剂沉淀蛋白质** 甲醇（CH_3OH）、乙醇（CH_3CH_2OH）、丙酮（CH_3COCH_3）等有机溶剂是良好的蛋白质沉淀剂。因其与水的亲和力比蛋白质强，故能迅速而有效地破坏蛋白质胶体的水膜，从而使蛋白质溶液的稳定性大大降低。但一般都要与等电点法配合，即pH调至等电点，然后再加有机溶剂破坏水膜，则蛋白质沉淀效果更好。

在对蛋白质的影响方面，与盐析法不同，有机溶剂长时间作用于蛋白质会引起变性。因此，用这种方法进行操作时需要注意：

① 低温操作 提取液和有机溶剂都需要事先冷却。向提取液中加入有机溶剂时，要边加边搅拌，防止局部过热，引起变性。

② 有机溶剂与蛋白质接触时间不能过长 在沉淀完全的前提下，时间越短越好，要及时分离沉淀，除去有机溶剂。

有机溶剂沉淀蛋白质在生产实践和科学实验中应用很广，例如食品级的酶制剂的生产、中草药注射液和胰岛素的制备大都用有机溶剂分离沉淀蛋白质。

> **课堂互动**
>
> 已知血清中清蛋白和球蛋白的中性盐沉淀所需的中性盐的浓度不同，如何利用所学的中性盐沉淀法从血清中制备清蛋白和球蛋白？

(3) **用重金属盐沉淀蛋白质** 重金属盐中的硝酸银（$AgNO_3$）、氯化汞（$HgCl_2$）、醋酸铅［Pb(CH₃COO)₂］、三氯化铁（FeCl₃）是蛋白质的沉淀剂。其沉淀作用的反应式如下：

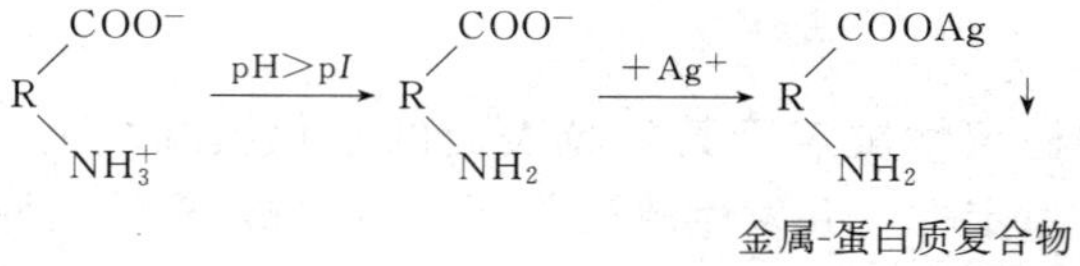

$$\underset{NH_3^+}{\overset{COO^-}{R}} \xrightarrow{pH>pI} \underset{NH_2}{\overset{COO^-}{R}} \xrightarrow{+Ag^+} \underset{NH_2}{\overset{COOAg}{R}} \downarrow$$

金属-蛋白质复合物

重金属盐沉淀蛋白质

(4) 用生物碱试剂沉淀蛋白质 单宁酸、苦味酸、磷钨酸、磷钼酸、鞣酸、三氯乙酸及水杨磺酸等，亦是蛋白质的沉淀剂。这是因为这些酸的带负电荷基团与蛋白质带正电荷基团结合而发生不可逆沉淀反应的缘故。生化检验工作中，常用此类试剂沉淀蛋白质。

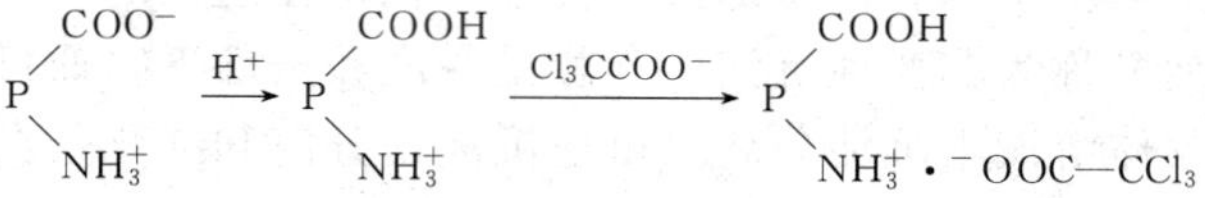

$$\underset{NH_3^+}{\overset{COO^-}{P}} \xrightarrow{H^+} \underset{NH_3^+}{\overset{COOH}{P}} \xrightarrow{Cl_3CCOO^-} \underset{NH_3^+ \cdot {}^-OOC-CCl_3}{\overset{COOH}{P}}$$

生物碱试剂沉淀蛋白质

(5) 热凝固沉淀蛋白质 蛋白质受热变性后，在有少量盐类存在或将 pH 调至等电点，则很容易发生凝固沉淀。原因可能是由于变性蛋白质的空间结构解体，疏水基团外露，水膜破坏，同时由于等电点破坏了带电状态等而发生絮结沉淀。

四、蛋白质的变性

蛋白质的性质与它们的结构密切相关。某些物理或化学因素能够破坏蛋白质的结构状态，引起蛋白质理化性质发生改变并导致其生理活性丧失。这种现象称为蛋白质的变性。

变性蛋白质通常都是固体状态物质，不溶于水和其他溶剂，也不可能恢复原有蛋白质所具有的性质。所以，蛋白质的变性通常都伴随着不可逆沉淀。引起变性的主要因素是热、紫外线、激烈的搅拌以及强酸和强碱等。

1. 蛋白质的变性

天然蛋白质分子由于受各种物理和化学因素的影响，有序的空间结构被破坏，致使蛋白质的理化性质和生物学性质都有所改变，但并不导致蛋白质一级结构的破坏。这种现象称为蛋白质的变性作用。变性的蛋白质叫做变性蛋白质，变性蛋白质的分子量不变。

2. 变性因素

物理因素，如加热、紫外线照射、X 射线照射、超声波、高压、剧烈摇荡、搅拌、表面起泡等；化学因素，如强酸、强碱、尿素、重金属盐、三氯乙酸、乙醇、胍、表面活性剂、生物碱试剂等，都可引起蛋白质的变性。

3. 变性的原因

蛋白质分子的副键破坏，致使其空间结构发生变化；蛋白质的结构发生扭转，使疏水基团暴露在分子表面；活泼基团，如 $-COOH$、$-OH$、$-NH_2$ 等与某些化学试剂发生反应。

4. 变性蛋白质的特性

变性蛋白质与天然蛋白质有明显的不同，主要表现在：

(1) 理化性质发生了变化 如旋光性改变，溶解度降低，黏度增加，光吸收性质增强，结晶性破坏，渗透压降低，易发生凝集、沉淀。由于侧链基团外露，颜色反应增强。

(2) 生化性质发生了变化 变性蛋白质比天然蛋白质易被蛋白酶水解。因此，蛋白质煮熟食用比生吃易消化。

（3）生物活性丧失 这是蛋白质变性的最重要的明显标志之一。例如酶变性失去催化作用、血红蛋白失去运输氧的功能、胰岛素失去调节血糖的生理功能、抗原失去免疫功能等。

> **知识链接**
> 临床分析化验血清中非蛋白成分，常用加三氯乙酸或钨酸使血液中蛋白质沉淀变性而除掉。急救重金属盐中毒的患者时常给予大量乳品或蛋清，就是利用乳品或蛋清中的蛋白质在消化道中与重金属离子结合成不溶解的变性蛋白质从而阻止重金属离子被吸收入体内。

5. 变性的可逆性

蛋白质变性随其性质和程度的不同，有可逆的，有不可逆的，如胰蛋白酶加热及血红蛋白加酸等变性作用，在轻度时为可逆变性。

一般变性后的蛋白质即凝固而沉淀，在凝固之前，常呈絮状而悬浮，称为絮结作用，只絮结而未凝固的蛋白质一般都有可逆性，但已凝固的蛋白质，则不易恢复其原来的性质，即发生不可逆变性。

五、蛋白质的紫外吸收

大部分蛋白质均含有带芳香环的苯丙氨酸、酪氨酸和色氨酸。这三种氨基酸在280nm附近有最大吸收值。因此，大多数蛋白质在280nm附近显示强的吸收，并且蛋白质的OD_{280}与其浓度呈正比关系，利用这个性质，可以对蛋白质定量测定。

六、蛋白质的颜色反应

蛋白质的颜色反应，可以用来定性、定量测定蛋白质。

1. 双缩脲反应

这是肽和蛋白质所特有的，而为氨基酸所没有的一种颜色反应。蛋白质溶液中加入NaOH或KOH及少量的硫酸铜溶液，会显现从浅红色到蓝紫色的一系列颜色反应。这是由于蛋白质分子中肽键结构的反应，肽键越多产生的颜色越红。所谓双缩脲是指2分子脲（即尿素）加热到180℃放出1个分子氨（NH_3）后得到的产物，此化合物也具有同样的颜色反应，蛋白质分子中含有许多和双缩脲结构相似的肽键，所以称蛋白质的反应为双缩脲反应。

2. 黄色反应

加浓硝酸于蛋白质溶液中即有白色沉淀生成，再加热则变黄，遇碱则使颜色加深而呈橙黄，这是由于蛋白质中含有酪氨酸、苯丙氨酸及色氨酸，这些氨基酸具有苯基，而苯基与浓硝酸起硝化作用，产生黄色的硝基取代物，遇到碱又形成盐，后者呈橙黄色的缘故。皮肤接触到硝酸变成黄色，也是这个道理。

3. 乙醛酸反应

蛋白质溶液中加入乙醛酸，混合后，缓慢地加入浓硫酸，硫酸沉在底部，液体分为两层，在两层界面处出现紫色环，这是蛋白质中的色氨酸与乙醛酸反应引起的颜色反应，故此法可用于检查蛋白质中是否含有色氨酸。

4. 米伦反应

含有酪氨酸的蛋白质溶液，加入米伦试剂（硝酸汞、亚硝酸汞、硝酸及亚硝酸的混合液）后加热即显砖红色反应，此系米伦试剂与蛋白质中酪氨酸的酚基发生反应之故。

5. 其他颜色反应

① 坂口反应：反应呈红色，是蛋白质中 Arg 的胍基的反应。
② 福林反应：反应呈蓝色，是蛋白质中 Tyr 的酚基与磷钼酸和磷钨酸的反应。
③ 茚三酮反应　在 pH 为 5～7 时，蛋白质与茚三酮溶液加热可产生蓝紫色，凡具有氨基、能放出氨的化合物几乎都有此反应。因此，此性质可以用于氨基酸和蛋白质的定性和定量分析。

第六节　蛋白质的分离纯化

酶和某些激素类等蛋白质类药物一般都由天然原料制备。从原料中提取蛋白质时，一般先将原料捣碎，然后用适当的溶剂浸提出有效成分，有效成分浸提出来后还含有大量的杂质，因此必须进行下一步的分离和纯化才能获得所需的蛋白质。分离纯化蛋白质常用的方法有盐析法、透析法、沉淀法、电泳法和色谱法等。在整个分离纯化过程中，必须始终注意防止所需蛋白质成分的变性。一般需在低温下操作。常用方法及原理介绍如下。

一、根据蛋白质溶解度不同进行分离的方法

1. 蛋白质的盐析

中性盐对蛋白质的溶解度有显著影响，一般在低盐浓度下随着盐浓度升高，蛋白质的溶解度增加，此称为盐溶；当盐浓度继续升高时，蛋白质的溶解度不同程度下降并先后析出，这种现象称为盐析，将大量盐加到蛋白质溶液中，高浓度的盐离子（如硫酸铵的 SO_4^{2-} 和 NH_4^+）有很强的水化力，可夺取蛋白质分子的水化层，使之"失水"，于是蛋白质胶粒凝结并沉淀析出。盐析时若溶液 pH 在蛋白质等电点则效果更好。由于各种蛋白质分子颗粒大小、亲水程度不同，故盐析所需的盐浓度也不一样，因此调节混合蛋白质溶液中的中性盐浓度可使各种蛋白质分段沉淀。

影响盐析的因素有：①温度。除对温度敏感的蛋白质在低温（4℃）操作外，一般可在室温下进行。一般温度低蛋白质溶解度降低。但有的蛋白质（如血红蛋白、肌红蛋白、清蛋白）在较高的温度（25℃）比在 0℃ 时溶解度低，更容易盐析。②pH 值。大多数蛋白质在等电点时在浓盐溶液中的溶解度最低。③蛋白质浓度。蛋白质浓度高时，欲分离的蛋白质常常夹杂着其他蛋白质一起沉淀出来（共沉现象）。因此，在盐析前血清要加等量生理盐水稀释，使蛋白质含量在 2.5%～3.0%。蛋白质盐析常用的中性盐主要有硫酸铵、硫酸镁、硫酸钠、氯化钠、磷酸钠等。其中应用最多的是硫酸铵，它的优点是温度系数小而溶解度大（25℃时饱和溶液为 4.1mol/L，即 767g/L；0℃时饱和溶解度为 3.9mol/L，即 676g/L），在这一溶解度范围内，许多蛋白质和酶都可以盐析出来；另外，硫酸铵分段盐析效果也比其他盐好，不易引起蛋白质变性。硫酸铵溶液的 pH 值常在 4.5～5.5 之间，当用其他 pH 值进行盐析时，需用硫酸或氨水调节。蛋白质在用盐析沉淀分离后，需要将蛋白质中的盐除去，常用的办法是透析，即把蛋白质溶液装入透析袋内（常用的是玻璃纸），用缓冲液进行透析，并不断地更换缓冲液，因透析所需时间较长，所以最好在低温下进行。此外，也可用

葡萄糖凝胶 G-25 或 G-50 过柱的办法除盐，所用的时间就比较短。

2. 等电点沉淀法

蛋白质在静电状态时颗粒之间的静电斥力最小，因而溶解度也最小，各种蛋白质的等电点有差别，可利用调节溶液的 pH 达到某一蛋白质的等电点使之沉淀，但此法很少单独使用，可与盐析法结合使用。

3. 低温有机溶剂沉淀法

用与水可混溶的有机溶剂甲醇、乙醇或丙酮，可使多数蛋白质溶解度降低并析出，此法分辨力比盐析高，但蛋白质较易变性，应在低温下进行。

二、根据蛋白质分子大小的差别进行分离的方法

1. 透析与超滤

透析法是利用半透膜将分子大小不同的蛋白质分开。超滤法是利用高压力或离心力，强使水和其他小的溶质分子通过半透膜，而蛋白质留在膜上，可选择不同孔径的滤膜截留不同分子量的蛋白质。

2. 凝胶过滤法

凝胶过滤法也称分子排阻色谱或分子筛色谱法，这是根据分子大小分离蛋白质混合物最有效的方法之一。柱中最常用的填充材料是葡萄糖凝胶（Sephadex gel）和琼脂糖凝胶（Agarose gel）。

三、根据蛋白质带电性质进行分离

利用蛋白质在不同 pH 环境中带电性质和电荷数量不同，可将其分开。

1. 电泳法

各种蛋白质在同一 pH 条件下，因分子量和电荷数量不同而在电场中的迁移率不同从而得以分开。值得重视的是等电聚焦电泳，这是利用一种两性电解质作为载体，电泳时两性电解质形成一个由正极到负极逐渐增加的 pH 梯度，当带一定电荷的蛋白质在其中泳动时，到达各自等电点的 pH 位置就停止，此法可用于分析和制备各种蛋白质。

2. 离子交换色谱法

离子交换剂有阳离子交换剂（如羧甲基纤维素；CM-纤维素）和阴离子交换剂（二乙氨基乙基纤维素；羧甲基纤维素），当被分离的蛋白质溶液流经离子交换色谱柱时，带有与离子交换剂相反电荷的蛋白质被吸附在离子交换剂上，随后用改变 pH 或离子强度的办法将吸附的蛋白质洗脱下来。

3. 根据配体特异性的分离方法——亲和色谱法

亲和色谱法（aflinity chromatography）是分离蛋白质的一种极为有效的方法，它经常只需经过一步处理即可使某种待提纯的蛋白质从很复杂的蛋白质混合物中分离出来，而且纯度很高。这种方法的根据是某些蛋白质与另一种被称为配体（ligand）的分子能特异而非共价地结合。

蛋白质在组织或细胞中是以复杂的混合物形式存在，每种类型的细胞都含有上千种不同的蛋白质，因此蛋白质的分离（separation）、提纯（purification）和鉴定（characterization）是生物化学中的重要的一部分，至今还没有单独或一套现成的方法能够把任何一种蛋白质从复杂的混合蛋白质中提取出来，因此往往采取几种方法联合使用。

目标检测

一、名词解释
蛋白质、肽键、构象

二、选择题
1. 测得某一蛋白质样品的氮含量为 0.40g，此样品约含蛋白质为多少？（   ）
   A. 2.00g   B. 2.50g   C. 6.40g
   D. 3.00g   E. 6.25g
2. 下列含有两个羧基的氨基酸是（   ）。
   A. 精氨酸   B. 赖氨酸   C. 甘氨酸
   D. 色氨酸   E. 谷氨酸
3. 维持蛋白质二级结构的主要化学键是（   ）。
   A. 盐键   B. 疏水键   C. 肽键
   D. 氢键   E. 二硫键
4. 关于蛋白质分子三级结构的描述，其中错误的是（   ）。
   A. 天然蛋白质分子均有这种结构   B. 具有三级结构的多肽链都具有生物学活性
   C. 三级结构的稳定性主要是次级键维系 D. 亲水基团聚集在三级结构的表面
   E. 决定盘曲折叠的因素是氨基酸残基
5. 具有四级结构的蛋白质特征是（   ）。
   A. 分子中必定含有辅基
   B. 在两条或两条以上具有三级结构多肽链的基础上，肽链进一步折叠、盘曲形成
   C. 每条多肽链都具有独立的生物学活性
   D. 依赖肽键维系四级结构的稳定性
   E. 由两条或两条以上具有三级结构的多肽链组成

三、简答题
1. 羊毛和蚕丝的主要成分都是蛋白质，但为什么洗羊毛衫时，羊毛衫会拉长，而洗涤蚕丝制品时不会拉长？
2. 哪些因素可引起蛋白质变性？变性后蛋白质的性质有哪些改变？
3. 指出下面 pH 条件下，各蛋白质在电场中向哪个方向移动，即正极、负极，还是保持原点？
   (1) 胃蛋白酶（pI 为 1.0），在 pH5.0；
   (2) 血清清蛋白（pI 为 4.9），在 pH6.0；
   (3) α-脂蛋白（pI 为 5.8），在 pH5.0 和 pH9.0。
4. 某样品液中蛋白质组分为 A（30kDa）、B（20kDa）、C（60kDa），分析说明用 Sephadex G-100 凝胶过滤分离此样品时，各组分被洗脱出来的先后次序。
5. 以血红蛋白的变构效应为例说明蛋白质结构的改变对其生物学功能的影响。

四、案例分析题
制药企业的工业生产中常用硫酸铵分离血清中的球蛋白和清蛋白（白蛋白），二者分离时所需的硫酸铵饱和度不同。试根据你学过的蛋白质的相关知识分析这个提取过程中应用了蛋白质的哪些性质，并设计一个分离血清中球蛋白和清蛋白的方案。

第三章 核酸化学

【学习目标】
1. 掌握核酸的化学本质及 DNA 和 RNA 在组分、结构和功能方面的差异。
2. 掌握核酸的结构及其性质、功能。
3. 了解核酸的分离、纯化和测定方法。

【案例导学】
  腺苷脱氨酶缺乏症是一种严重的免疫缺陷症，腺苷脱氨酶的缺乏可使 T 淋巴细胞因代谢产物的累积而死亡，从而导致严重的联合性免疫缺陷症（SCID）。Giblett 于 1972 年首先报道了腺苷脱氨酶缺乏症，本病为常染色体隐性遗传，病因是由于 ADA 缺陷，导致核苷酸代谢产物 dATP 的蓄积，使早期 T 细胞和 B 细胞发育停滞于 pro-T/pro-B 阶段，从而导致 T 细胞和 B 细胞缺陷而引发了此病。临床研究发现，基因治疗对于这种病具有很好的效果，表明核酸作为药物在疾病的治疗中具有巨大的应用前景，如小核酸药物、核酸疫苗和基因治疗等药物。
  本章将介绍核酸的相关知识。

第一节 核酸概述

一、核酸的发现及发展

  核酸是一种重要的生物大分子，一切生物体无论大小都含有核酸，它是存在于细胞中的一种酸性物质。核酸是单核苷酸的多聚体，对蛋白质的生物合成、生物体的遗传特征、生命信息的储存和传递皆有重要的意义。
  核酸的发现已有 100 多年的历史，但人们对它真正有所认识不过是近 60 年的事情。1869 年，瑞士化学家米歇尔（F. Miesher，1844—1895）首先从脓细胞中分离出细胞核，再从细胞核中分离出一种可溶于稀碱而不溶于稀酸并且含磷很高的酸性化合物，当时曾叫它"核素"。1872 年又从鲑鱼的精子细胞核中发现了大量类似的酸性物质，随后有人在多种组织细胞中也发现了这类物质的存在。因为这类物质都是从细胞核中提取出来的，而且都具有酸性，因此称为核酸。又过了多年以后，才有人从动物组织和酵母细胞中分离出含蛋白质的核酸，并且发现核酸存在于一切生物体中，甚至连最简单的生物体病毒中都含有核酸。

20世纪20年代，德国生理学家柯塞尔（A. Kossel，1853—1927）和他的学生琼斯（W. Johnew，1865—1935）、列文（P. A. Levene，1896—1940）经过一系列的实验，才研究清楚核酸的化学成分及其最简单的基本结构，证实它是由四种不同的碱基，即腺嘌呤（A）、鸟嘌呤（G）、胸腺嘧啶（T）和胞嘧啶（C）及核糖、磷酸等组成。其最简单的结构单体是由碱基-核糖-磷酸构成的核苷酸。1929年又确定了核酸有两种，一种是脱氧核糖核酸（DNA），另一种是核糖核酸（RNA）。核酸的分子量比较大，一般由几千到几十万个原子组成，分子量可达十几万甚至几百万以上，是一种生物大分子。

1953年，Watson 和 Crick 提出了 DNA 的双螺旋结构，巧妙地解释了遗传的奥秘，并将遗传学的研究从宏观的观察进入到分子水平。由于核酸生物学功能的发现，进一步促进了核酸化学的发展，尤其是20世纪50年代以来，用于核酸分析的各种先进技术不断地创造和使用，用于核酸提取和分离的方法不断地革新和完善，从而为研究核酸的结构和功能奠定了基础。人们对核酸分子中各个核苷酸之间的连接方式已有所认识，DNA 分子的双螺旋结构学说已经提出，有关核酸的代谢、核酸在遗传中以及在蛋白质生物合成中的作用机理，也都有了比较深入的认识。近年来，遗传工程学的突起，在揭示生命本质的同时，亦可用人工方法改变生物的性状和品种，甚至在人工合成生命等方面都显示了核酸的广阔发展前景。

二、核酸的分类

通过对核酸组成成分的进一步研究发现，组成核酸的戊糖有 D-核糖和 D-2-脱氧核糖两种，据此可将核酸分为核糖核酸（ribonucleic acid，RNA）和脱氧核糖核酸（deoxyribonucleic acid，DNA）两种，其分类如图 3-1 所示。

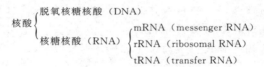

图 3-1　核酸的分类

DNA 主要存在于细胞核和线粒体内，它是生物遗传的主要物质基础，承担着生物体内遗传信息的储存和发布。约 90% 的 RNA 存在于细胞质中，而在细胞核内的含量约占 10%，直接参与体内蛋白质的合成。DNA 和 RNA 组成的不同如表 3-1 所示。

表 3-1　RNA 与 DNA 组成的不同

水解产物类别	RNA	DNA
酸	磷酸	磷酸
戊糖	D-核糖	D-2-脱氧核糖
嘌呤碱	腺嘌呤、鸟嘌呤	腺嘌呤、鸟嘌呤
嘧啶碱	胞嘧啶、尿嘧啶	胞嘧啶、胸腺嘧啶

其中，根据 RNA 在蛋白质合成过程中所起的作用不同又可将其分为以下三类：

（1）核蛋白体 RNA（ribosomal RNA，rRNA），又称核糖体 RNA，细胞内 RNA 的绝大部分（80%～90%）都是核蛋白体组织。它是蛋白质合成时多肽链的"装配机"，参与蛋白质合成的各种成分最终必须在核蛋白体上将氨基酸按特定顺序合成多肽链。

（2）信使 RNA（messenger RNA，mRNA），它是合成蛋白质的模板，在蛋白质合成时，控制氨基酸的排列顺序。

（3）转运 RNA（transfer RNA，tRNA），在蛋白质的合成过程中，tRNA 是搬运氨基酸的工具。氨基酸由各自特异的 tRNA "搬运" 到核蛋白体，才能 "组装" 成多肽链。

第二节　核酸的组成

核酸分子中所含主要元素有 C、H、O、N、P 等，其中含磷量为 9%～10%，由于各种核酸分子中的含磷量比较接近恒定，故常用定磷法来测定组织中核酸的含量。

核酸也称多核苷酸（polynucleotide），是由数十个甚至千万个单核苷酸（nucleotide）组成的。核酸完全水解可以得到磷酸、嘌呤碱和嘧啶碱（简称碱基）、核糖和脱氧核糖，如图 3-2 所示。

```
核酸──→核苷酸 ┌ 磷酸
              └ 核苷 ┌ 戊糖（核糖和脱氧核糖）
                    └ 有机碱（嘌呤碱和嘧啶碱）
```

图 3-2　核酸的组成

> **课堂互动**
> 1. 核苷酸是如何组成核酸的？
> 2. 根据所含戊糖的不同，如何对核酸进行分类？
> 3. 核酸中有几种化学键？

一、核糖和脱氧核糖

戊糖分为 D-核糖（D-ribose，R）和 D-2-脱氧核糖（D-2-deoxyribose，dR）两类，二者的结构式如图 3-3 所示，其不同的是 D-核糖的 C2 所连的羟基脱去氧就是 D-2-脱氧核糖。RNA 链中戊糖是 D-核糖，DNA 链中戊糖是 D-2-脱氧核糖。

β-D-核糖　　　　β-2-D-脱氧核糖

图 3-3　组成核酸的戊糖

二、嘌呤碱和嘧啶碱

1. 嘌呤碱

核酸中常见的嘌呤碱有两类，即腺嘌呤（A）和鸟嘌呤（G），这两类碱基的结构及缩写符号如图 3-4 所示。

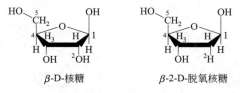

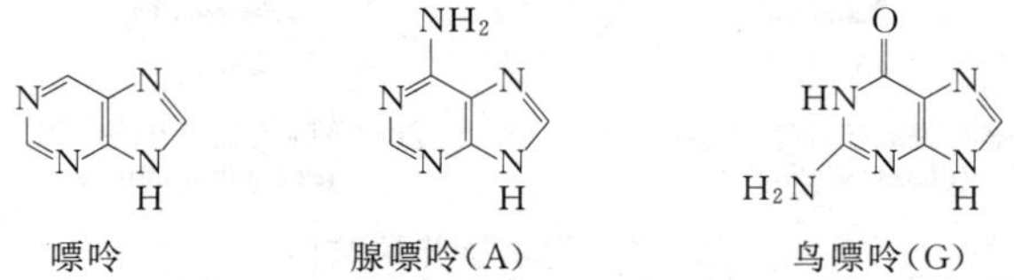

嘌呤　　　　腺嘌呤(A)　　　　鸟嘌呤(G)

图 3-4　嘌呤碱基的结构

2. 嘧啶碱

嘧啶碱是嘧啶的衍生物，核酸中的嘧啶碱主要有胞嘧啶、尿嘧啶和胸腺嘧啶三种。RNA 和 DNA 所含的嘧啶碱不同，两者都含有胞嘧啶，RNA 中含有尿嘧啶而不含胸腺嘧啶，DNA 中恰相反。嘧啶碱的结构及缩写符号如图 3-5 所示。

嘧啶　胞嘧啶(C)　尿嘧啶(U)　胸腺嘧啶(T)

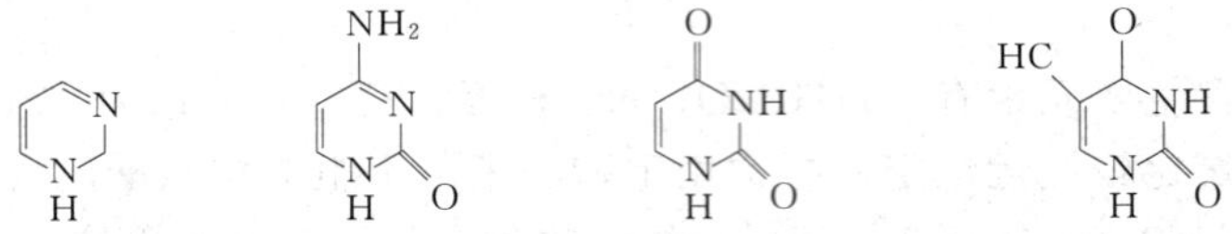

图 3-5 嘧啶碱基的结构

除上述五类基本碱基外，核酸中还有一些含量甚少的碱基，称为稀有碱基，如 2-甲基腺嘌呤、7-甲基鸟嘌呤、5,6-二氢尿嘧啶等。稀有碱基种类极多，大多数都是甲基化碱基，在各类型的核酸中分布不均一，在 tRNA 中含有较多的稀有碱基。甲基化发生在核酸合成以后，对核酸的生物学功能具有重要意义。核酸中甲基化碱基含量一般不超过 5%，但 tRNA 中可高达 10%。

三、核苷

核苷（nucleoside）是由戊糖和碱基缩合而成。核糖上的 C1 与嘌呤碱 N9 位或嘧啶碱 N1 相连。在核苷的结构式中，戊糖上的碳原子的编号总是以带撇数字表示，以区别于碱基上原子的编号。

核苷命名时，如果是核糖，词尾用“苷”字，前面加上碱基名称即可。如腺嘌呤核苷，简称腺苷。如果是脱氧核糖，则在核苷前加上“脱氧”二字，如胞嘧啶脱氧核苷，简称为脱氧胞苷。氮苷与氧苷一样对碱稳定，但在强酸溶液中可发生水解，生成相应的碱基和戊糖。

在 DNA 中常见的 4 种脱氧核糖核苷的结构式及名称如图 3-6 所示。

腺嘌呤脱氧核苷(脱氧腺苷)
(deoxyadenosine)

鸟嘌呤脱氧核苷(脱氧鸟苷)
(deoxyguanosine)

胞嘧啶脱氧核苷(脱氧胞苷)
(deoxycytidine)

胸腺嘧啶脱氧核苷(脱氧胸苷)
(deoxythymidine)

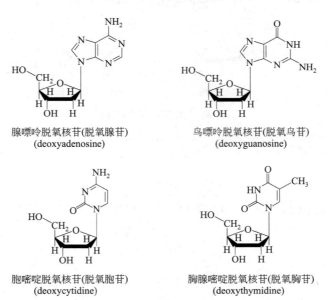

图 3-6 脱氧核苷的结构

RNA 中常见的 4 种核苷的结构式及名称如图 3-7 所示。

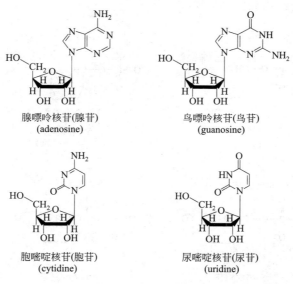

图 3-7 核苷的结构

四、核苷酸

1. 核苷酸的结构

核苷酸是核苷中的戊糖羟基被磷酸酯化而形成的，单核苷酸是核酸的结构单元分子。核苷酸共有核糖核苷酸和脱氧核糖核苷酸两大类，分别组成 RNA 和 DNA，二者基本化学结构相同，只是所含戊糖（脱氧核糖或核糖）和碱基（嘌呤或嘧啶）不同，表 3-2 列举了常见的核苷酸。

表 3-2 常见核糖核苷酸与脱氧核糖核苷酸一览表

中文名称		英文名称	
全称	简称	全称	缩写
核糖核苷酸			
腺嘌呤核苷酸	腺苷酸	adenosine monophosphate	AMP
鸟嘌呤核苷酸	鸟苷酸	guanosine monophosphate	GMP
次黄嘌呤核苷酸	肌苷酸	inosine monophosphate	IMP
尿嘧啶核苷酸	尿苷酸	uridine monophosphate	UMP
胞嘧啶核苷酸	胞苷酸	cytidine monophosphate	CMP
脱氧核糖核苷酸			
脱氧腺嘌呤核苷酸	脱氧腺苷酸	deoxyadenosine monophosphate	dAMP
脱氧鸟嘌呤核苷酸	脱氧鸟苷酸	deoxyguanosine monophosphate	dGMP
脱氧胞嘧啶核苷酸	脱氧胞苷酸	deoxycytidine monophosphate	dCMP
脱氧胸腺嘧啶核苷酸	脱氧胸腺苷酸	deoxythymidine monophosphate	dTMP

核糖核苷的糖环上有三个羟基，可形成三种核苷酸：$2'$-核糖核苷酸、$3'$-核糖核苷酸和 $5'$-核糖核苷酸，脱氧核糖只有 $3'$ 和 $5'$ 两种。自然界存在的核苷酸主要为核糖核苷或脱氧核糖核苷的 C5 上的羟基和一分子磷酸缩合形成酯键化合物，称它为 $5'$-核糖核苷酸或 $5'$-脱氧核糖核苷酸。生物体内游离存在的 $5'$-核苷酸，当用碱水解 RNA 可得到 $2'$-和 $3'$-核糖核苷酸的混合物。核糖核苷酸是 RNA 的结构单位，脱氧核糖核苷酸是 DNA 的结构单位。RNA 是分子中含 A、G、C、U 四种碱基的核苷酸，DNA 是分子中含有 A、G、C、T 四种碱基的

脱氧核苷酸。核苷酸的结构如图 3-8 所示。

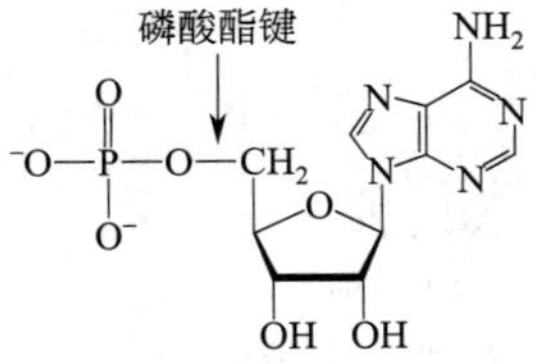

5′-磷酸腺苷
(AMP,腺苷酸)

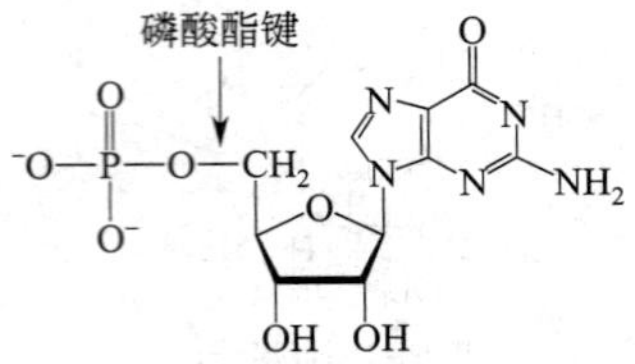

5′-磷酸鸟苷
(GMP,鸟苷酸)

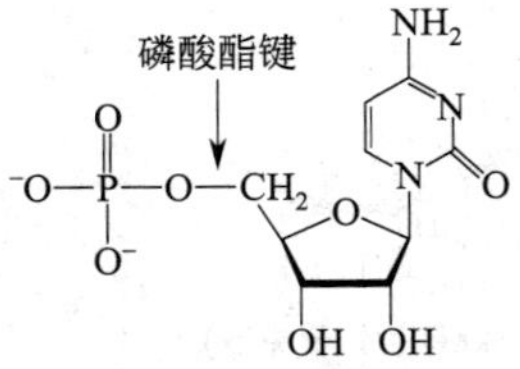

5′-磷酸胞苷
(CMP,胞苷酸)

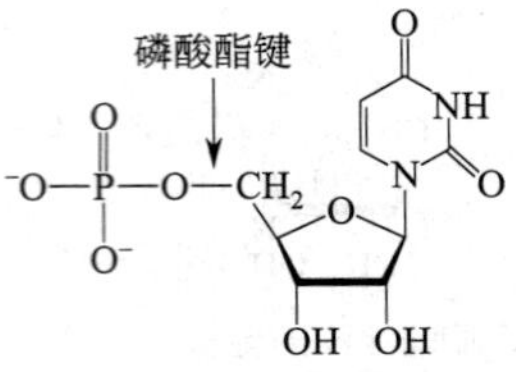

5′-磷酸尿苷
(UMP,尿苷酸)

图 3-8　核苷酸的结构

2. 核苷酸的衍生物

在生物体内，核苷酸除了作为核酸的基本组成单位外，还可以形成核酸的各种衍生物，自由存在于细胞内，具有各种重要的生理功能。

(1) 多磷酸核苷　在生物体内的 AMP 可与 1 分子的磷酸合成腺苷二磷酸（ADP），ADP 再与 2 分子的磷酸合成腺苷三磷酸（ATP），如图 3-9 所示。

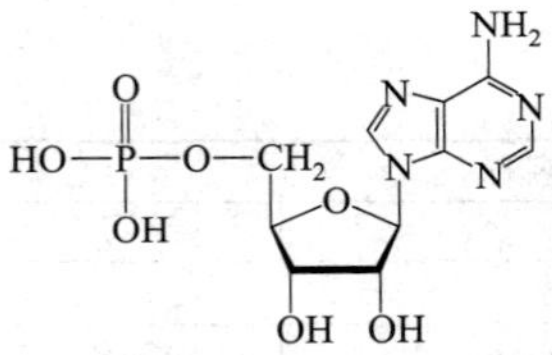

腺苷一磷酸(AMP)

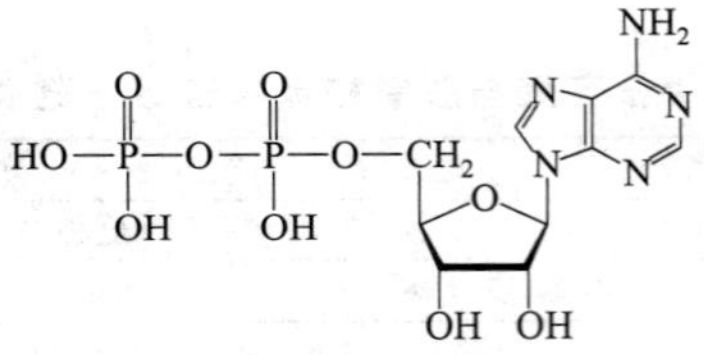

腺苷二磷酸(ADP)

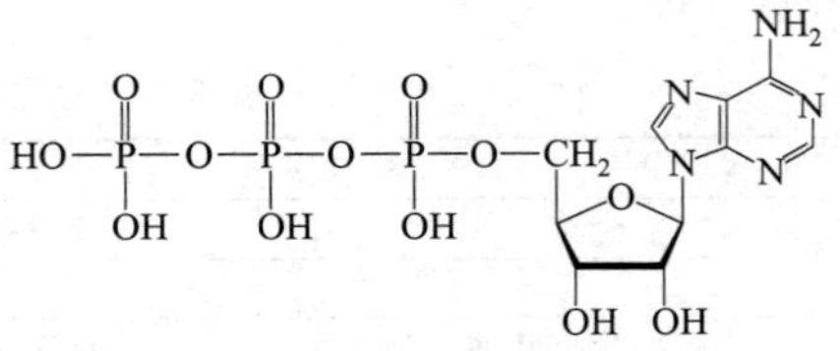

腺苷三磷酸(ATP)

图 3-9　多磷酸核苷的结构

其他的单核苷酸可以和腺苷酸一样磷酸化，产生相应的二磷酸或三磷酸化合物。同样，生物体内各种 5′-核苷酸和 5′-脱氧核苷酸还可以在 5′位上进一步磷酸化，形成二磷酸核苷（NDP 和 dNDP）和三磷酸核苷（NTP 和 dNTP）（见表 3-3）。将这种含有两个或两个以上磷酸基团的核苷酸，称为多磷酸核苷。其中 NTP 是合成 RNA 的原料，dNTP 是合成 DNA 的原料。

表 3-3　常见的多磷酸核苷

碱基	核糖核苷酸			脱氧核糖核苷酸		
	NMP	NDP	NTP	dNMP	dNDP	dNTP
A	AMP	ADP	ATP	dAMP	dADP	dATP
G	GMP	GDP	GTP	dGMP	dGDP	dGTP
C	CMP	CDP	CTP	dCMP	dCDP	dCTP
U	UMP	UDP	UTP	—	—	—
T	—	—	—	dTMP	dTDP	dTTP

(2) 多磷酸核苷酸 有些生物体细胞内含有游离的多磷酸核苷酸，具有重要的生理功能。其中，腺嘌呤核糖核苷三磷酸 ATP（adenosine triphosphate）是人体内各种生命活动主要的直接供能者。5′-NDP 是核苷的焦磷酸酯，5′-NTP 是核苷的三磷酸酯。最常见的是 5′-ADP 和 5′-ATP。ATP 是体内最重要的高能化合物，分子中含有三个磷酸酯键，其中 α-磷酸酯键为低能磷酸酯键，而 β-、γ-磷酸酯键都是高能磷酸酯键。高能磷酸键不稳定，在 1mol/L HCl 中，100℃水解 7min 即可脱落，而 α-磷酸则稳定得多。利用这一特性可测定 ATP 和 ADP 中不稳定磷的含量。每 1mol 高能磷酸化合物水解时可释放出的自由能大约为 20.93kJ。

鸟嘌呤核糖核苷三磷酸 GTP 是生物体内游离存在的另一种重要的核苷酸衍生物。它具有 ATP 类似的结构，也是一种高能化合物。GTP 主要是作为蛋白质合成中的磷酰基供体。在许多情况下，ATP 和 GTP 可以相互转换。

$$GTP + ADP \longrightarrow GDP + ATP$$

(3) 环化核苷酸 在组织细胞中还发现了含量甚微的两种环化核苷酸。磷酸同时与核苷上两个羟基形成酯键，就形成了环化核苷酸，如图 3-10 所示。

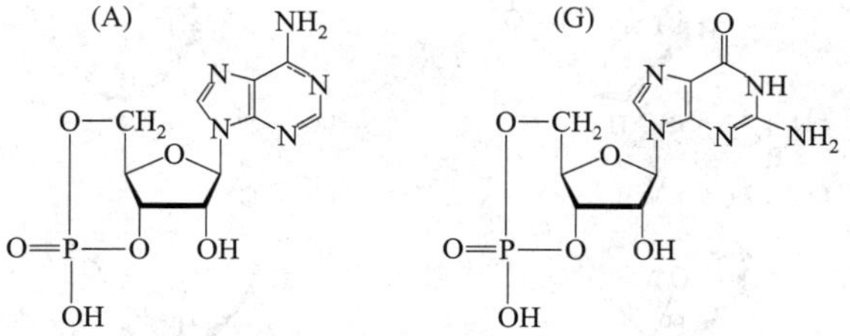

图 3-10 环化核苷酸的结构

3′,5′-环化腺苷酸（cAMP）和 3′,5′-环化鸟苷酸（cGMP）具有重要的生理活性，是一些激素作用的第二信使，在细胞信号转导过程中起重要调控作用，也可被磷酸二酯酶催化水解，生成相应的 5′-核苷酸。

(4) 辅酶类核苷酸 体内代谢反应中的一些辅酶，也是含核苷酸衍生物的生物活性物质。例如烟酰胺腺嘌呤二核苷酸（NAD$^+$）、烟酰胺腺嘌呤二核苷酸磷酸（NADP$^+$）、辅酶 Ⅱ、黄素腺嘌呤二核苷酸（FAD）、辅酶 A（HSCoA）等，其分子中都含有腺苷酸（AMP）。这些辅酶类核苷酸均参与物质代谢中氢和某些化学基团的传递。

五、核苷酸的连接方式

组成 DNA 的脱氧核糖核苷酸主要为四种，即 dAMP、dGMP、dCMP、dTMP，组成 RNA 的核糖核苷酸主要有 AMP、GMP、CMP、UMP 四种。对两种核酸的组成可简写如下：

DNA＝(碱基-脱氧核糖-磷酸)，RNA＝(碱基-核糖-磷酸)

在生物体内有些核酸分子中除了四种主要核苷酸外，也有少量碱基甲基化的核苷酸，对这些甲基化碱基通称为稀有碱基，如 5-甲基胞嘧啶、6-甲基腺嘌呤、7-甲基鸟嘌呤等。

核酸是由众多的核苷酸聚合而成的多聚核苷酸（polynucleotide），相邻两个核苷酸之间的连接键，即 3′,5′-磷酸二酯键。这种连接可理解为核苷酸糖基上的 3′位羟基与相邻 5′-

核苷酸的磷酸残基之间，以及核苷酸糖基上的 5′位羟基与相邻 3-核苷酸的磷酸残基之间形成的两个酯键。多个核苷酸残基以这种方式连接而成的链式分子就是核酸。无论是 DNA 还是 RNA，其基本结构都是如此，故又称 DNA 链或 RNA 链。核酸的多核苷酸链是有方向性的，其一端为 5′-端（有或无磷酸基），另一端为 3′-端（有或无磷酸基）。书写核酸的一级结构时，习惯上从左到右即从 5′→3′。DNA 和 RNA 的部分多核苷酸链结构如图 3-11 所示。

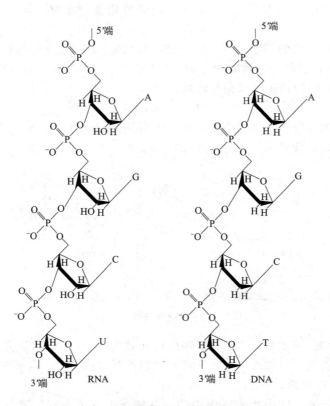

图 3-11　DNA 和 RNA 的链状结构片段

根据核酸的书写规则，DNA 和 RNA 的书写应从 5′-端到 3′-端。以上表示方法直观易懂，但书写麻烦。为了简化繁琐的结构式，常用 P 表示磷酸、用竖线表示戊糖基、表示碱基的相应英文字母置于竖线之上，用斜线表示磷酸和糖基酯键。以上 RNA、DNA 的部分结构如图 3-12 所示。

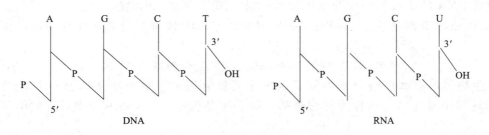

图 3-12　DNA 和 RNA 的链状结构片段缩写方式

还可用更简单的字符表示，如上面 RNA 和 DNA 的片段可表示为：
RNA　5′-pApGpCpU-OH-3′或 5′-AGCU-3′
DNA　5′-pApGpCpT-OH-3′或 5′-AGCT-3′

第三节　核酸的结构

一、脱氧核糖核酸(DNA)的结构

1. DNA 的一级结构

上已提及，组成 DNA 分子的脱氧核糖核苷酸主要有四种，即脱氧腺苷酸（dAMP）、脱氧鸟苷酸（dGMP）、脱氧胞苷酸（dCMP）和脱氧胸苷酸（dTMP）。DNA 分子的一级结构就是这四种脱氧核糖核苷酸的排列顺序，或称四种碱基的排列顺序。DNA 分子中碱基的排列顺序决定了其遗传信息。组成 DNA 的脱氧核糖核苷酸虽然只有四种，但是各种核苷酸的数量、比例和排列顺序不同，并且 DNA 分子中核苷酸的数目巨大，因此可以形成各种特异性的 DNA 片段，从而造就了自然界丰富多彩的物种以及个体之间的千差万别。因为 DNA 分子是有方向性的，所以在书写 DNA 序列时，要注明它的 5′-端和 3′-端，这样才能真正表达 DNA 分子中的遗传信息。

2. DNA 的二级结构

(1) DNA 的碱基组成特点——Chargaff 规则　在 DNA 分子中主要有 A、T、G、C 四种碱基组成，20 世纪 50 年代初 E. Chargaff 小组将各种来源的 DNA 进行完全水解，利用紫外分光光度法并结合纸色谱等技术定量分析了多种生物 DNA 的各种碱基的组成后发现，DNA 碱基组成有一定的规律，即 Chargaff 规则：

① 同一生物的不同组织的 DNA 碱基组成相同。

② 各种生物的 DNA 分子中，总的嘌呤碱摩尔含量等于总的嘧啶碱的摩尔含量，即

A+G=T+C。鸟嘌呤［G］=胞嘧啶［C］，腺嘌呤［A］=胸腺嘧啶［T］。

③ 一种生物来源的 DNA 碱基组成一般不受年龄、生长状况、营养状况和环境等条件的影响。也就是说，每种生物的 DNA 具有各自特异的碱基组成，与生物的遗传特性有关。

④ 不同生物来源的 DNA 的碱基组成不同，表现在 A+T/G+C 比值的不同，即不同生物种属的 DNA 具有各自特异的碱基组成，如人、牛和大肠杆菌的 DNA 碱基组成比例是不一样的。

DNA 碱基组成的这些规律称 Chargaff 规则，这些规则为研究 DNA 双螺旋结构提供了重要依据。

(2) DNA 纤维的 X 射线衍射图谱分析　Wilkins 小组用 X 射线衍射法研究 DNA 的晶体结构，结果发现 DNA 分子中的核苷酸是排列成螺旋状，并测定到该螺旋的螺距为 3.4nm，每个螺距内含有 10 个碱基对，每个碱基对形成一平面，而两平面之间的距离为 0.34nm。其后 Norweger 等又进行类似的研究发现，DNA 分子中核苷酸的戊糖环平面平行于 DNA 螺旋的中心轴，而碱基平面与此轴垂直，如图 3-13 所示。

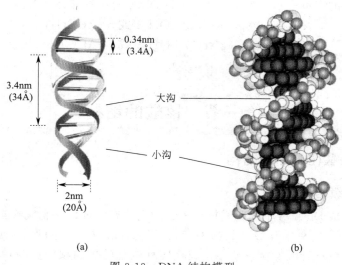

图 3-13 DNA 结构模型
1Å=0.1nm

(3) DNA 双螺旋结构的多样性 由于形成 DNA 分子中的磷酸脱氧核糖的骨架中相关化学键、糖苷键可以发生旋转，使碱基和脱氧核糖间有顺式和反式的位置关系。因此，受 X 射线晶体结构衍射分析的环境条件（如离子、温度、湿度）的影响，DNA 分子折叠、伸展产生 Z 型、A 型、B 型不同形式的双螺旋结构，如图 3-14 所示。其中 Watson-Crick 的结构模型为 B-DNA，也是溶液和活体中常见的形式。

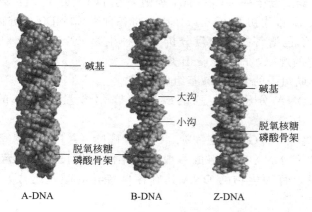

图 3-14 不同类型的 DNA 双螺旋结构

DNA 纤维在 92%的相对湿度下可形成 B-DNA。DNA 钠盐、钾盐或钙盐在 75%的相对湿度下可形成 A 型结构，它也是右手螺旋，碱基平面倾斜 20°，螺旋变粗变短，螺距 2～3nm。B 型所处条件的湿度低于 75%时，可转变为 A 型。A 型结构生物学意义在于它与双链 RNA 及 DNA-RNA 杂合体在溶液中的构象极其相似。由于 2′-羟基的存在，RNA 不易采取 B 型构象，所以在转录时，DNA 要采取 A 型构象。

在 66%相对湿度的 DNA 锂盐纤维中发现有 C 型结构。可以认为 C 型构象在浓盐溶液和乙二醇溶液中发生。此时堆积力降低，氢键结合能量相对增加。C 型结构也是右手螺旋，存在于染色质和某些病毒中。此外还有 D 型及被称为 T 和 P 的两种亚稳态结构。富含 A-T 对的 DNA 区域有较大的结构多样性。DNA 还有左手螺旋，即 Z-DNA 左手螺旋，只有小沟。Z-DNA 作为特殊的结构标志，与基因表达的调控有关。

(4) DNA 双螺旋结构模型（double helix model） 1953 年，Watson 和 Crick 根据 Wilkins 的 DNA 纤维的 X 射线衍射图谱分析和 Chargaff 碱基组成规律，建立了 DNA 的双螺旋结构模型，如图 3-15 所示。该模型揭示了遗传信息是如何储存在 DNA 分子中，以及遗传性状何以在世代间得以保持。两条单链 DNA 通过碱基互补配对的原则，所形成的双螺旋结构称为 DNA 的二级结构。

DNA 双螺旋模型要点如下：

① DNA 分子由两条相互平行但走向相反的脱氧多核苷酸链组成，以右手螺旋方式绕同一公共轴盘。螺旋直径为 2nm，形成大沟及小沟。大沟一侧暴露出嘌呤的 C6、N7 和嘧啶的 C4、C5 及其取代基团；小沟一侧暴露出嘌呤的 C2 和嘧啶的 C2 及其取代基团。因此，从两个沟可以辨认碱基对的结构特征，从各种酶和蛋白质因子可以识别 DNA 的特征序列。

② 核糖和磷酸位于链的外侧。嘌呤碱和嘧啶碱层叠于螺旋内侧，碱基平面与纵轴垂直，顺轴方向每隔 0.34nm 有一个核苷酸，两个核苷酸之间的夹角为 36°，螺旋一圈螺距 3.4nm，一圈螺旋含 10 个碱基对。

③ 两条核苷酸链依靠彼此碱基之间形成的氢键相连而结合在一起。A 与 T 相配对，形成两个氢键；G 与 C 相配对，形成三个氢键。所以 GC 之间的连接较为稳定。上述碱基之间配对的原则称为碱基互补原则，如图 3-16 所示。

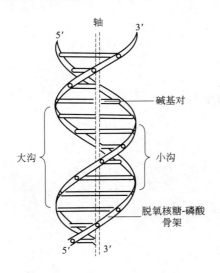

图 3-15　DNA 双螺旋结构示意图

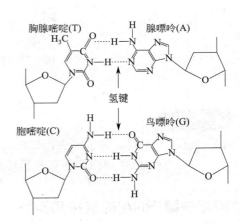

图 3-16　碱基互补原则

④ 氢键维持双链横向稳定性，碱基堆积力维持双链纵向稳定性。

根据碱基互补原则，当一条多核苷酸链的序列被确定以后，即可推知另一条互补链的序列。碱基互补原则具有极重要的生物学意义，DNA 复制、转录、反转录等的分子基础都是碱基互补配对原则。DNA 双螺旋是核酸二级结构的非常重要的形式，双螺旋结构理论支配了近代核酸结构功能的研究和发展，是生命科学史上的杰出贡献，在分子生物学发展史上具有划时代的意义，为分子生物学和分子遗传学的发展奠定了基础。

3. DNA 的三级结构

DNA 的三级结构的基本形式是超螺旋（superhelix 或 supercoil），如图 3-17 所示，即螺旋的螺旋。三级结构决定于二级结构，当 B-DNA 以每 10 个碱基一圈盘绕时能量最低，处于伸展状态；当盘绕过多或不足时，就会出现张力，形成超螺旋。盘绕过多时形成正（右手）超螺旋（positive supercoil），其盘绕方向与 DNA 双螺旋方向相同；盘绕不足时为负超螺旋（negative supercoil），其盘绕方向与 DNA 双螺旋方向相反。

超螺旋的形成与双螺旋的张力有关，只有双链闭合环状 DNA 和两端固定的线形 DNA 才能形成超螺旋，有切口的 DNA 不能形成超螺旋。无论是真核生物（线粒体、叶绿体 DNA）的双链线形 DNA，还是原核生物的双链环形 DNA，在生物体内都以环状的负超螺旋形式存在，密度一般为 100～200bp 一圈，DNA 形成负超螺旋是结构与功能的需要。除了正常形成的双螺旋构型外，DNA 三级结构还存在其他的构型，如松弛环形、超螺旋形和解链环形等。

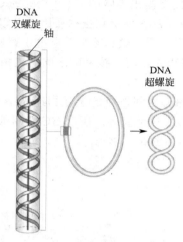

图 3-17　DNA 的超螺旋结构

> **课堂互动**
> 1. DNA 的二级结构为什么如此稳定？
> 2. 生物体是如何实现代代相传的？

二、核糖核酸(RNA)的结构和类型

1. RNA 的结构

RNA 的一级结构是指多聚核糖核苷酸链中核糖核苷酸的排列顺序。其核苷酸残基数目在数十至数千之间，分子量一般在数百至数百万之间。大多数天然 RNA 分子是一条单链，可以发生某些部分弯曲折叠，而使互补碱基区形成局部双螺旋区，即 RNA 的二级结构。在 RNA 的局部双螺旋区，腺嘌呤（A）与尿嘧啶（U）、鸟嘌呤（G）与胞嘧啶（C）之间进行配对，无法配对的区域以环状形式突起。这种短的双螺旋区域和环状突起称为发夹结构。RNA 在二级结构的基础上进一步弯曲折叠就形成各自特有的三级结构。

2. RNA 的类型

RNA 按功能分为三类：转运 RNA（tRNA）、信使 RNA（mRNA）和核糖体 RNA（rRNA）。

任何生物体都存在三种主要的 RNA，即 mRNA、tRNA、rRNA。mRNA 负责接受 DNA 分子的遗传密码信息（即蛋白质中氨基酸的排列顺序），并以自身为模板合成蛋白质。tRNA 在蛋白质生物合成过程中负责接受、转运和掺入氨基酸。rRNA 是构成核糖体的重要成分，而核糖体是蛋白质生物合成的场所。

绝大多数 RNA 分子是在细胞核内合成的。核内存在着各种前体 RNA，都是由细胞核 DNA 转录产生的，它们的分子量往往很大，必须经过剪切、装配和修饰等一系列加工过程才能产生成熟的 RNA 进入细胞质中行使生物学功能。上述三种存在于细胞质中发挥作用的 RNA 都称为"成熟 RNA"。

(1) 信使 RNA 信使 RNA（mRNA）的作用就好像一种信使，将存在于细胞核内的基因的遗传信息转移到细胞质中，作为模板指导蛋白质的合成。mRNA 的分子大小差别很大，在不同的细胞及组织中，mRNA 的种类也大相径庭，这主要是由转录出 mRNA 的相应基因的长短和种类决定的。在各种 RNA 分子中，mRNA 的半衰期最短，从几分钟到数小时不等。原核生物和真核生物的 mRNA 在结构上存在很大的差别，这里主要介绍真核生物 mRNA 的结构特征。

真核生物的 mRNA 并不是细胞核内 DNA 转录的直接产物，它的前身称为不均一核 RNA（heterogenous nuclear RNA，hnRNA）。hnRNA 分子比 mRNA 要大得多，在核内经过一系列的剪接、修饰和加工，成为成熟的 mRNA 并转移到细胞质中。成熟的 mRNA 由翻译区和非翻译区构成，它们具有独特的结构特征，如图 3-18 所示。

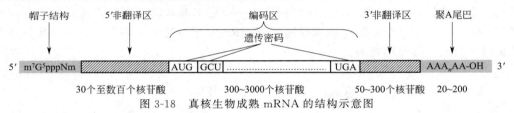

图 3-18 真核生物成熟 mRNA 的结构示意图

绝大多数真核细胞 mRNA 在 5'-端有一个含有 7-甲基鸟苷的特殊结构：$7^mG\text{-}5\text{-}ppp5'\text{-}N^m\text{-}3'\text{-}P$，称为帽子结构。帽子结构与蛋白质合成的正确起始有关，它能被核糖体识别并结合，有利于 mRNA 最初翻译的准确性，同时可以增强 mRNA 的稳定性，防止被 5'-磷酸外切酶降解。

大多数真核 mRNA 的 3'-端有一段长约 20～250 个核苷酸的多聚腺苷酸（polyA），称为多聚 A 尾巴（polyA tail）。它是在转录后经多聚腺苷酸聚合酶的催化作用而添加上去的，并随着 mRNA 存在时间的延续而逐渐变短。polyA 的功能还未完全了解，目前认为它与 mRNA 从细胞核向细胞质的转移有关，并可防止 mRNA 被 3'-核酸外切酶降解，维持其在细胞内的稳定性。

mRNA 的功能是作为蛋白质合成的直接模板。以碱基排列顺序的方式储存在 DNA 上的遗传信息，按照碱基互补原则，抄录到 mRNA 上并从核内转移到核外，然后通过遗传密码，将碱基顺序翻译成特定的氨基酸排列顺序，合成具有一定功能的蛋白质。由此可见，遗传密码是沟通碱基序列和氨基酸顺序的桥梁，它是指 mRNA 分子上的每三个核苷酸为一组，可以决定多肽链上某一个氨基酸，又称为三联体密码。

(2) 转运 RNA 转运 RNA 约占细胞中 RNA 总量的 10%～15%，是分子量最小的一类核酸，由 74～95 个核苷酸构成。tRNA 的功能是转运氨基酸，按照 mRNA 上的遗传密码的顺序将特定的氨基酸运到核糖体进行蛋白质的合成。细胞内 tRNA 的种类很多，对于蛋白质合成所需的 20 种氨基酸，每种氨基酸都至少有一种 tRNA 与其相对应。虽然各种 tRNA 的核苷酸顺序不尽相同，但它们具有以下一些共同的特征。

① tRNA 分子中含有 10%～20% 的稀有碱基，包括双氢尿嘧啶（DHU）、假尿嘧啶（ψ，pseudouridine）和甲基化的嘌呤（mA，mG）等。这些稀有碱基多分布在 tRNA 分子的非配对区。它们可以影响 tRNA 的结构及稳定性，但对 tRNA 发挥其功能并不是必需的。

② tRNA 分子的一级结构中存在一些能局部互补配对的核苷酸序列，可以形成局部双链，使 tRNA 的二级结构呈三叶草形，局部配对的双链构成叶柄，中间不能配对的区域部分则膨出形成环状，好像三叶草的三片小叶，如图 3-19 所示。三叶草形结构由 DHU 环、反密码环、额外环、Tψ 环和氨基酸臂等五部分组成。DHU 环和 Tψ 环是根据其含有的稀有碱基而命名。反密码环中间的三个碱基称为反密码子，可识别 mRNA 上相应的三联体密码并与之互补配对。例如，负责转运色氨酸的 tRNA（tRNA Trp）的反密码子 5'-CCA-3' 与 mRNA 上相应的三联体密码 5'-UGG-3' 反向互补。tRNA 的特异性取决于它的反密码子，借助此反密码子，在蛋白质的生物合成过程中，与反密码子互补的 mRNA 三联体密码才能识别氨基酸。氨基酸臂由碱基配对形成的茎和 3'-末端未配对序列组成，3'-末端序列总是 CCA（5'→3'），氨基酸就是与腺苷酸残基(A)C 3'-OH 形成酯键而连接在 tRNA 上。不同的 tRNA 的核苷酸数目不等，是因为它们的额外环的大小不同，这也是 tRNA 分类的重要指标。

③ tRNA 的三级结构呈"倒 L"形，如图 3-19 所示。在倒 L 形结构中，氨基酸臂和 Tψ 臂组成一个双螺旋，DHU 臂和反密码臂形成另一个近似联系的双螺旋，这两个双螺旋构成倒"L"的形状。连接氨基酸的 3'-末端远离与 mRNA 配对的反密码子，这个结构特点与它们在蛋白质合成中的作用相关。

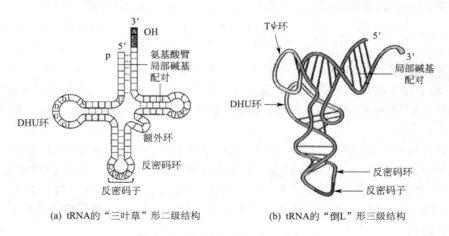

(a) tRNA 的"三叶草"形二级结构　　(b) tRNA 的"倒L"形三级结构

图 3-19　tRNA 的空间结构示意图

(3) 核糖体 RNA　核糖体 RNA（rRNA）是细胞内含量最多的 RNA，约占 RNA 总量的 75%～80%。rRNA 与蛋白质共同构成核糖体或称为核蛋白体，是细胞内蛋白质生物合成的场所。原核生物与真核生物的核糖体均由大亚基和小亚基构成，平时两个亚基分别游离存在于细胞质中，在进行蛋白质合成时聚合成为核糖体，蛋白质合成结束后又重新解聚。

真核生物的核糖体的沉降速度为 80S（S：Svedberg unit，是反映大分子物质在超速离心时沉降速度的一个单位，可间接反映分子量的大小），由 40S 小亚基和 60S 大亚基构成，小亚基由 18Sr RNA 和三十多种蛋白质构成，5S、5.8S 和 28S 三种 rRNA 加上 40 余种蛋白质构成大亚基。

原核生物的核糖体（70S）由 5S、16S、23S 三种 RNA 和几十种核糖体蛋白构成。其中 5S rRNA、23S rRNA 和三十多种蛋白质构成大亚基（50S），16S rRNA 与二十多种蛋白质构成小亚基（30S），如表 3-4 所示。

表 3-4　原核生物及真核生物核糖体的组成

核糖体	亚单位	rRNA	蛋白质
原核生物(70S)	小亚基(30S)	16S　rRNA	21 种
	大亚基(50S)	5S　rRNA 23S　rRNA	31 种
真核生物(80S)	小亚基(40S)	18S　rRNA	33 种
	大亚基(60S)	5S　rRNA 5.8S　rRNA 28S　rRNA	49 种

各种 rRNA 的碱基序列测定均已完成，rRNA 一级结构的一个特征就是甲基化残基的存在，主要的修饰位点在 β-D-核糖的 $C2'$-OH。二级结构的模型也已构建出来，rRNA 分子内部局部碱基互补，形成许多"茎-环"结构，如图 3-20 所示，为核糖体蛋白的结合与组装提供结构基础。rRNA 的功能还未完全清楚，但它们对于核糖体的组装是必需的，并参与 mRNA 与核糖体的结合及多肽链的合成过程。最近的研究表明，rRNA 还具有催化活性，可以加快肽键的形成。

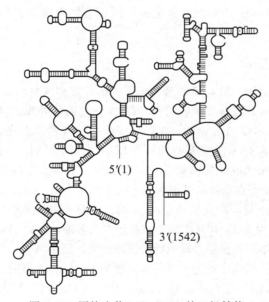

图 3-20　原核生物 16S rRNA 的二级结构

> **知识链接**
>
> 核酸诊断是用分子生物学的理论和技术，通过直接探查核酸的存在状态或缺陷，从核酸结构、复制、转录或翻译水平分析核酸的功能，从而对人体状态与疾病做出诊断的方法。它的目标分子是 DNA 或 RNA，反映核酸的结构和功能。

第四节　核酸的性质

一、一般的理化性质

核酸的含量依据种属和组织而定,如酵母含 0.1%,肌肉组织及细菌含 0.5%～1%,在胸腺及精细胞中,核酸含量达 15%～40%。提纯的 DNA 为白色纤维状固体,RNA 为白色粉末,两者都微溶于水,不溶于一般有机溶剂。核酸分子的大小可用三种单位之一描述,包括长度、碱基对数目、分子量(单位为 Da,dalton)。

核酸溶液的黏度比较大,特别是 DNA。因为 DNA 是线形高分子化合物,在水溶液中表现出极高的黏性。RNA 分子远远小于 DNA,所以黏度要小得多。核酸黏度降低或消失,即意味着变性或降解。DNA 分子的长度与直径之比达 107,极易在机械力的作用下发生断裂,所以在提取细胞的基因组 DNA 时,要避免剧烈的振荡。

溶液中的核酸分子在引力场中可以下沉,这是核酸的沉降特性。不同分子量和分子构象的核酸(线形、开环、闭环、超螺旋结构)在超速离心机的强大引力场中,沉降的速率存在很大的差异,所以可以用超速离心法纯化核酸,分离不同构象的核酸,或者测定核酸的沉降系数和分子量。

此外,核酸是两性电解质(含碱性基团、磷酸基团),因磷酸的酸性强,常表现酸性。由于核酸分子在一定酸度的缓冲液中带有电荷,因此可利用电泳进行分离和研究其特性。最常用的是凝胶电泳。

二、核酸的紫外吸收性质

嘌呤碱和嘧啶碱具有共轭双键,使碱基、核苷、核苷酸和核酸在 240～290nm 的紫外波段有一强烈的吸收峰,因此核酸具有紫外吸收特性。DNA 钠盐的紫外吸收在 260nm 附近有最大吸收值,其吸光率(absorbance)以 A_{260} 表示,A_{260} 是核酸的重要性质,在核酸的研究中很有用处。在 230nm 处为吸收低谷,RNA 钠盐的吸收曲线与 DNA 无明显区别。不同的核苷酸有不同的吸收特性。所以可以用紫外分光光度计加以定量及定性测定。实验室中最常用的是定量测定小量的 DNA 或 RNA。对待测样品是否是纯品可用紫外分光光度计读出 260nm 与 280nm 的 OD 值,因为蛋白质的最大吸收在 280nm 处,因此从 A_{260}/A_{280} 的比值即可判断样品的纯度。纯 DNA 的 A_{260}/A_{280} 应为 1.8,纯 RNA 应为 2.0。样品中如含有杂蛋白及苯酚,A_{260}/A_{280} 比值即明显降低。不纯的样品不能用紫外吸收法做定量测定。对于纯的核酸溶液,测定 A_{260},即可利用核酸的比吸光系数计算溶液中核酸的量,核酸的比吸光系数是指浓度为 $1\mu g/mL$ 的核酸水溶液在 260nm 处的吸光率,天然状态的双链 DNA 的比吸光系数为 0.020,变性 DNA 和 RNA 的比吸光系数为 0.022。通常以 1OD 值相当于 $50\mu g/mL$ 双螺旋 DNA,或 $40\mu g/mL$ 单螺旋 DNA(或 RNA),或 $20\mu g/mL$ 寡核苷酸计算。这个方法既快速,又相当准确,而且不会浪费样品。对于不纯的核酸可以用琼脂糖凝胶电泳分离出区带后,经啡啶溴红染色而粗略地估计其含量。

三、核酸的变性

1. 变性的概念

核酸的变性是指核酸双螺旋的氢键断裂(不涉及共价键的断裂)双螺旋解开,形成无规则线团，使生物活性丧失。核酸变性时，构成磷酸-戊糖骨架的 3′,5′-磷酸二酯键并未发生变化，3′,5′-磷酸二酯键断裂意味着核酸的降解。对于 DNA 来说，发生变性时，DNA 双螺旋解体，变成两条单链；而 RNA 分子内部形成的局部双链也被破坏，使 RNA 失去原有的空间结构。加热、强酸、强碱使 pH 改变或有机溶剂、变性剂、射线、机械力等因素的影响均能使 DNA 变性。

DNA 变性后，由于双螺旋解体，碱基堆积已不存在，藏于螺旋内部的碱基暴露出来，这样就使得变性后的 DNA 对 260nm 紫外光的吸光率比变性前明显升高（增加），这种现象称为增色效应（hyperchromic effect）。常用增色效应跟踪 DNA 的变性过程，了解 DNA 的变性程度。

2. 热变性和 T_m

热变性是核酸的重要性质。当将 DNA 的稀盐溶液加热到 80~100℃ 时，双螺旋结构发生解体，两条链彼此分开形成无规则线团的过程称为热变性。一系列物化性质也随之发生改变：黏度降低、浮力密度升高等，同时改变二级结构，有时可以失去部分或全部生物活性。

DNA 变性的特点是爆发式的。当病毒或细菌 DNA 分子的溶液被缓慢加热进行 DNA 变性时，溶液的紫外吸收值在到达某温度时会突然迅速增加，并在一个很窄的温度范围内达到最高值。其紫外吸收增加 40%，此时 DNA 变性发生并完成。DNA 热变性时，其紫外吸收值到达总增加值一半时的温度，称为 DNA 的变性温度。由于 DNA 变性过程犹如金属在熔点的熔解，所以 DNA 的变性温度亦称为该 DNA 的熔点或熔解温度（melting temperature），用 T_m 表示。DNA 的 T_m 值一般在 70~85℃ 之间，常在 0.15mol/L NaCl-0.015mol/L 柠檬酸三钠（SSC）溶液中进行测定。

DNA 的 T_m 值大小与下列因素有关：

(1) DNA 的均一性 均一性愈高的 DNA 样品，熔解过程愈是发生在一个很小的温度范围内。

(2) G≡C 的含量 G≡C 含量越高，T_m 值越高，二者成正比关系。这是因为 G≡C 对比 A=T 对更为稳定的缘故。所以测定 T_m 值可推算出 G≡C 对的含量。其经验公式为：

$$G≡C 含量(\%) = (T_m - 69.3) \times 2.44$$

(3) 介质中的离子强度 一般在离子强度较低的介质中，DNA 的熔解温度较低，熔解温度的范围较宽。而在较高的离子强度的介质中，情况则相反。所以 DNA 制品应保存在较高浓度的缓冲液或溶液中。常在 1mol/L NaCl 中保存。RNA 分子中有局部的双螺旋区，所以 RNA 也可发生变性，但 T_m 值较低，变性曲线也不那么陡。

> **知识拓展**
>
> 基因变异是指基因组 DNA 分子发生的突然的可遗传的变异。从分子水平上看，基因变异是指基因在结构上发生碱基对组成或排列顺序的改变。基因虽然十分稳定，能在细胞分裂时精确地复制自己，但这种稳定性是相对的。

四、核酸的复性

变性 DNA 在适当条件下，两条彼此分开的链重新缔合（reassociation）成为双螺旋结构的过程称为复性（renaturation）。DNA 复性后，许多物化性质又得到恢复，生物活性也可以得到部分恢复。复性过程基本上符合二级反应动力学，其中第一步是相对缓慢的，因为两条链必须依靠随机碰撞找到一段碱基配对部分，首先形成双螺旋。第二步则快得多，尚未配对的其他部分按碱基配对相结合，像拉锁链一样迅速形成双螺旋。

DNA 复性后，其溶液的 A_{260} 值减小，最多可减小至变性前的 A_{260} 值，这种现象称为减色效应（hypochromic effect）。引起减色效应的原因是碱基状态的改变，DNA 复性后其碱基又藏于双螺旋内部，碱基对又呈堆积状态，它们之间介电子的相互作用又得以恢复，这样就使碱基吸收紫外光的能力减弱。可用减色效应的大小来跟踪 DNA 的复性过程，衡量复性的程度。

> **课堂互动**
> 1. 如何通过温度的控制，使已经变性的核酸复性？
> 2. 如何衡量核酸复性的程度？

五、核酸分子杂交

根据变性和复性的原理，将不同来源的 DNA 变性，若这些异源 DNA 之间在某些区域有相同的序列，则退火条件下能形成 DNA-DNA 异源双链，或将变性的单链 DNA 与 RNA 经复性处理形成 DNA-RNA 杂合双链，这种过程称为分子杂交（molecular hybridization）。核酸的杂交在分子生物学和分子遗传学的研究中应用极广，许多重大的分子遗传学问题都是用分子杂交来解决的。

核酸杂交可以在液相或固相上进行。目前实验室中应用较广的是用硝酸纤维素膜作支持物进行的杂交。英国的分子生物学家 E. M. Southern 所发明的 Southern 印迹法（Southern blotting）就是将凝胶上的 DNA 片段转移到硝酸纤维素膜上后再进行杂交的。这里以 DNA-DNA 杂交为例，较详细地介绍 Southern 印迹法。

将 DNA 样品经限制性内切酶降解后，用琼脂糖凝胶电泳进行分离。将胶浸泡在碱（NaOH）中使 DNA 变性，并将变性 DNA 转移到硝酸纤维素膜上（硝酸纤维素膜只吸附变性 DNA），在 80℃ 烤 4~6h，使 DNA 牢固地吸附在纤维素膜上。然后与放射性同位素标记的变性后 DNA 探针进行杂交。杂交需在较高的盐浓度及适当的温度（一般为 68℃）下进行数小时或十余小时，再通过洗涤，除去未杂交上的标记物。将纤维素膜烘干后进行放射自显影。

应用类似的方法也可分析 RNA，即将 RNA 变性后转移到纤维素膜上再进行杂交，此方法称 Northern 印迹法（Northern blotting）。

目标检测

一、名词解释

核酸、核糖核酸、脱氧核糖核酸

二、选择题

1. 下列哪种碱基只存在于 RNA 而不存在于 DNA 中？（　　）。
   A. 腺嘌呤　　　　B. 鸟嘌呤　　　　C. 尿嘧啶　　　　D. 胸腺嘧啶
2. 核酸的基本组成单位是（　　）。

A. 戊糖和碱基　　B. 戊糖和磷酸　　C. 核苷酸　　D. 戊糖、碱基和磷酸

3. 下列关于双链DNA的碱基含量关系中，哪种是错误的？（　　）。

A. A+G=C+T　　B. A=T　　C. A+T=G+C　　D. C=G

4. 核酸中核苷酸之间的连接方式是（　　）。

A. $3',5'$-磷酸二酯键　　　　　　　　B. $2',3'$-磷酸二酯键

C. $2',5'$-磷酸二酯键　　　　　　　　D. 糖苷键

5. DNA双螺旋的稳定因素是（　　）。

A. 碱基间氢键　　　　　　　　B. 磷酸二酯键

C. 磷酸残基的离子键　　　　　　D. 疏水键

三、问答题

1. 核酸的化学结构是怎样的，它是如何分类的？
2. 核酸分子中的碱基及其配对规律是什么？什么是核酸的一级结构？
3. 什么是DNA的双螺旋结构？RNA的二级结构有哪些特点？
4. 核酸有哪些理化性质？
5. 什么是基因和遗传密码？

四、案例分析题

1888年秋天，英国首都伦敦东区接连发生5起妇女遭杀害案件，多数受害人被开膛，但真凶一直未能确定。2007年，迷恋研究此案的英国商人爱德华兹在一次拍卖会上买下一条带有血迹的披肩，据称为妇女凯瑟琳·埃多斯凶杀案现场物品。2014年9月7日，爱德华兹和法医学专家，借助先进的法医分析技术，成功破解困扰世人126年的谜：谁是英国连环杀手"开膛手杰克"。请根据你学过的核酸的相关知识分析此案是如何破解的？

第四章　酶化学

【学习目标】
1. 掌握酶的分子组成及酶的活性中心的概念。
2. 掌握影响酶促反应速率的因素、米氏方程及米氏常数的意义。
3. 掌握酶活力的表示和计算方法。
4. 熟悉酶催化作用的特点。
5. 熟悉酶原的概念、酶原激活的实质及同工酶的概念。
6. 了解酶的定义、分类和命名。
7. 了解酶的作用机制及酶具有高催化效率的原理。

【案例导学】
酶是具有重要生物功能的活性分子，参与了生命过程和疾病发生发展的过程。胃蛋白酶原（PG）是由胃黏膜分泌的蛋白酶的前体，可分为 PGⅠ和 PGⅡ两种亚型。PGⅠ来源于胃底腺的主细胞和颈黏液细胞，PGⅡ来源于全胃腺、十二指肠、前列腺和胰腺也产生少量 PGⅡ。合成后的 PG 大部分进入胃腔，在胃酸的作用下活化成胃蛋白酶，通常约 1%的 PG 可通过胃黏膜进入血液循环，血清 PG 的浓度反映其分泌水平，因此，血清胃蛋白酶原可以较为准确地显示胃黏膜的症状和功能。一般健康人含有的胃蛋白酶的量是恒定在一定范围内的，当患有胃癌时，组织细胞受到损伤或代谢异常就会引起胃蛋白酶含量的改变，因此，通过检查胃蛋白酶的变化就可以诊断胃癌发生发展的情况。

本章将介绍酶类的相关知识。

第一节　酶类概述

一、酶的概念

生命活动最重要的特征是新陈代谢，新陈代谢是由一系列复杂的化学反应完成的，这些化学反应是在极温和的条件下（37℃和近中性）迅速进行的。如果把这些反应和在实验室中所进行的同种反应比较，就会发现其中有些反应在实验室中需要高温、高压、强酸或强碱等剧烈条件才能进行，即使加入化学催化剂也难以达到体内的反应速度，甚至有些反应在实验室中还不能进行。例如，工业上由氮和氢合成氨，使用铁和其他催化剂时，反应温度高达

700～900K、压力为 10～90MPa，而在微生物中的固氮酶能在常温、常压的温和条件下完成相同的反应。

生物化学反应在体内如此顺利和迅速地进行，主要是因为生物体内存在一种特殊的催化剂——酶。酶（enzyme，E）是生物体内活细胞合成的具有催化能力的蛋白质，它又被称为生物催化剂。

酶的研究历史已有 150 多年。随着近些年生产实践和科学研究的发展，发现了一些新的生物催化剂，如核酶、脱氧核酶和抗体酶等，用新技术人工合成和改造的生物催化剂（如模拟酶和人工酶等）也相继问世，极大地丰富了原有生物催化剂的概念。新的生物催化剂的发现不是对以前酶定义的否定，而应该看成是对酶认识的补充，因为生物体内绝大多数化学反应仍是由本质为蛋白质的天然酶所催化。

二、酶的发现简史

人们对酶的认识起源于生产与社会实践。我国在 8000 年以前就开始利用生物体内的酶（粗酶制剂）制作食品、治疗疾病。约公元前 21 世纪夏禹时代，人们就会用微生物酿酒；公元前 12 世纪周代已能制作饴糖和酱；2000 多年前春秋战国时期已知道用神曲治疗消化不良的疾病。

1833 年，法国的培安和培洛里将磨碎麦芽的液体作用于淀粉，结果发现淀粉被分解，于是将这个分解淀粉的物质命名为 Diastase，也就是现在所谓的淀粉酶。后来，Diastase 在法国成为用来表示所有酶的名称。1836 年，德国马普生物研究所科学家施旺（T. Schwann，1810—1882）从胃液中提取出了消化蛋白质的物质，解开消化之谜。"酶"这个名称的使用，始于 19 世纪后半叶，是 1872 年由居尼所提出的。

1926 年，美国科学家萨姆纳（J. B. Sumner，1887—1955）从刀豆种子中提取出脲酶的结晶，并通过化学实验证实脲酶是一种蛋白质，他因此而获得 1946 年诺贝尔化学奖。20 世纪 30 年代，科学家们相继提取出多种酶的蛋白质结晶，并且指出酶是一类具有生物催化作用的蛋白质。目前，3000 多种酶已经获得结晶和三维结构解析，酶学理论不断深入发展。

从 20 世纪 30 年代发现酶是蛋白质之后的半个多世纪，人们一直认为所有的酶都是蛋白质。20 世纪 80 年代，美国科学家切赫（T. R. Cech，1947—）和奥尔特曼（S. Altman，1939—）发现少数 RNA 也具有生物催化作用。核酶（ribozyme）的发现是生物化学和分子遗传学领域的一项重大突破。

随着分子生物学理论和技术的快速发展，对细胞中各种微量酶的研究已成为可能。从基因入手，通过基因扩增、基因过表达可以获取大量的活性酶，这大大方便了酶的深入研究。基因敲除与表型观察相结合、蛋白质工程与酶活性测定相结合、基因重组与蛋白质三维结构解析相结合等，这些现代生命科学技术将酶研究推进到一个新阶段。

三、酶催化作用的特点

酶所催化的反应称为酶促反应，被酶催化的物质称为底物（substrate，S），反应后生成的物质称为产物（product，P）。酶具有一般催化剂的作用特点：能加快反应速率；不影响反应的平衡常数；反应前后自身不发生变化；催化本质是降低反应的活化能，催化过程和非催化过程自由能的变化如图 4-1 所示。

除此以外，作为生物催化剂，酶还有其自身的作用特点。

1. 高效性

虽然酶在细胞中的含量很低,但因其催化效率极高,能保证生化反应高速进行,维持细胞较高的生长速率。

一般而论,酶催化反应的反应速率比非催化反应高 $10^8 \sim 10^{20}$ 倍,比其他催化反应高 $10^7 \sim 10^{13}$ 倍。以过氧化氢为例,$2H_2O_2 \longrightarrow 2H_2O + O_2$,用 Fe^{2+} 催化,效率为 6×10^4 mol/(mol·s),即 1mol Fe^{2+} 每秒只能催化 6×10^4 mol H_2O_2 分解;而用过氧化氢酶催化,效率为 6×10^6 mol/(mol·s),两者相差 10^{10} 倍。

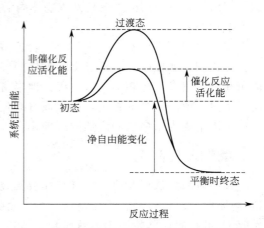

图 4-1 催化过程和非催化过程自由能的变化

2. 专一性

酶对所催化的反应类型、反应物有一定的选择性。酶只能催化某一反应的现象称为酶的专一性。

一般无机催化剂没有严格的专一性,例如无机酸或碱均能催化糖苷键、酯键、肽键水解,但催化这三类化学键水解的酶分别是糖苷酶、酯酶、蛋白酶,它们只对其中某一类底物起催化作用,将对应的底物水解。

酶对底物的专一性通常分为以下几种。

(1) 绝对专一性 有的酶只作用于一种底物产生一定的反应,称为绝对专一性,如脲酶,只能催化尿素水解成 NH_3 和 CO_2,而不能催化甲基尿素水解。

(2) 相对专一性 一种酶可作用于一类化合物或一种化学键,这种不太严格的专一性称为相对专一性。如脂肪酶不仅水解脂肪,也能水解简单的酯类;磷酸酶对一般的磷酸酯都有作用,无论是甘油的还是一元醇或酚的磷酸酯均可被其水解。

(3) 立体异构专一性 酶对底物的立体构型的特异要求,称为立体异构专一性或特异性。如 L-乳酸脱氢酶只催化 L-乳酸脱氢生成丙酮酸,对其旋光异构体 D-乳酸则无作用;柠檬酸循环中的延胡索酸酶只能催化延胡索酸(反式丁烯二酸)生成 L-苹果酸,而不能催化马来酸(顺式丁烯二酸)生成 D-苹果酸。

3. 高度不稳定性

酶的化学本质是蛋白质,凡使蛋白质变性的因素均能使酶变性而失活。因此,酶促反应要求在一定的 pH、温度和压力等比较温和的条件下进行,强酸、强碱、有机溶剂、重金属盐、高温、紫外线等任何使蛋白质变性的理化因素均能影响酶的活性,甚至使酶失去活性。

4. 可调节性

这是酶区别于化学催化剂的一个重要特性。酶的调控方式很多,包括反馈调节、别构调节、共价修饰调节、抑制调节及激素控制等。生物体内酶的调节是错综复杂而又十分重要的,是生物体维持正常生命活动必不可少的,生物体内化学反应绝大多数是在酶催化下进行的,一旦失去了调控,就会表现病态甚至死亡。通过改变酶活性可以影响代谢速度甚至代谢方向,这是生物体内代谢调节的重要方式。对于一个连续的酶促反应体系,欲改变代谢速度,通常不必改变代谢途径中所有酶的活性,只需调节其中一个或几个关键酶。

> **课堂互动**
>
> 1. 酶催化反应高效性的原因是什么?
> 2. α-淀粉酶只能水解淀粉中 α-1,4-糖苷键,不能水解纤维素中的 β-1,4-糖苷键,这属于何种专一性?
> 3. 酶的活性可调节性有哪些应用?

第二节 酶的命名和分类

生物体内酶的种类繁多,随着生物化学、分子生物学等学科的发展,发现的酶也越来越多。为了方便研究和使用,必须对酶进行科学命名和分类。

一、酶的命名

1. 习惯命名法

习惯命名法对酶的命名都是习惯沿用的,主要依据两个原则:

(1) 根据酶催化的底物命名,如催化淀粉水解的酶称为淀粉酶,催化蛋白质水解的酶称为蛋白酶。有时为了区别酶的来源还加上器官名,如胃蛋白酶。

(2) 根据酶促反应的性质类型命名,如氧化酶、氨基转移酶(简称转氨酶)。

有时将上述两种方法结合起来命名,如乳酸脱氢酶,是催化乳酸脱氢反应的酶类。习惯命名法缺乏系统性,容易出现一个酶有几种名称或不同的酶用同一个名称的现象,但习惯命名方法简单,使用时间长,迄今仍被人们使用。

2. 系统命名法

为适应酶学发展需要,避免命名重复,国际酶学委员会(enzyme commission,EC)于1961年制定了一套系统命名规则:一种酶用一个系统名称和一个酶分类号表示。其中,系统名称须明确标明底物及催化反应性质,多底物时底物之间以":"隔开,若底物之一是水时,可将水略去不写,具体参见表 4-1。

表 4-1 酶国际系统命名法举例

习惯命名	系统命名	催化的反应
乙醇脱氢酶	乙醇:NAD^+氧化还原酶	乙醇 + NAD^+ ⟶ 乙醛 + NADH + H^+
谷丙转氨酶	丙氨酸:α-酮戊二酸氨基转移酶	丙氨酸 + α-酮戊二酸 ⟶ 谷氨酸 + 丙酮酸
脂肪酶	脂肪:水解酶	脂肪 + H_2O ⟶ 脂肪酸 + 甘油

在国际科学文献中,为严格起见,一般使用酶的系统名称,但是因某些系统名称太长,为了方便起见,有时仍使用酶的习惯名称。在《酶学手册》或某些专著中列有酶的一览表,表中包括酶的编号、系统名称、习惯名称、反应式、酶的来源、酶的性质等各项内容,必要时可以查阅。

二、酶的分类

国际酶学委员会根据各种酶所催化反应的类型把酶分为 6 大类,即氧化还原酶类、转移酶类、水解酶类、裂合酶类、异构酶类和连接酶类,分别用 1、2、3、4、5、6 来表示。再根据底物中被作用的基团或键的特点将每一大类分为若干个亚类,每一个亚类又按顺序编成1、2、3、4等数字。每一个亚类可再分为亚亚类,仍用1、2、3、4、…编号。每一个酶的分类编号由4个数字组成,数字间由"."隔开。第1个数字指明该酶属于6个大类中的哪一类;第2个数字指出该酶属于哪一个亚类;第3个数字指出该酶属于哪一个亚亚类;第4个数字则表明该酶在亚亚类中的排号。

一般在酶的编号之前加上国际酶学委员会的英文缩写EC。例如,EC1.1.1表示氧化还原酶,作用于 \CHOH 基团,受体是 NAD^+ 或 $NADP^+$;EC1.1.2表示氧化还原酶,作用于 \CHOH 基团,受体是细胞色素;EC1.1.3表示氧化还原酶,作用于 \CHOH 基团,受体是分子氧。编号中第4个数字仅表示该酶在亚亚类中的位置。这种系统命名原则及系统编号是相当严格的,一种酶只可能有一个统一的名称和一个编号。一切新发现的酶,都能按此系统得到适当的编号。从酶的编号可了解到该酶的类型和反应性质。

1. 氧化还原酶是一类催化氧化还原反应的酶,可分为氧化酶和还原酶两类。

(1) 氧化酶类 氧化酶催化底物脱氢,并将氢进一步氧化成 H_2O_2 或 H_2O,一般有氧分子参加反应。

$$A \cdot 2H + O_2 \rightleftharpoons A + H_2O_2$$
$$4A \cdot 4H + O_2 \rightleftharpoons 4A + 2H_2O$$

例如,葡萄糖氧化酶(EC1.1.3.4)的每个酶分子中含有两分子FAD作为氢受体,催化葡萄糖氧化生成葡糖酸,并产生 H_2O_2。

(2) 脱氢酶类 从底物脱氢,将氢交给辅酶,再转移氢到另一化合物上(氢受体上)。

$$A \cdot 2H + B \rightleftharpoons A + B \cdot 2H$$

这类酶需要辅酶Ⅰ(NAD^+)或辅酶Ⅱ($NADP^+$)作为氢供体或氢受体起传递氢的作用。例如,乳酸脱氢酶(EC1.1.1.27)以 NAD^+ 为辅酶将乳酸氧化成丙酮酸。

2. 转移酶类催化化合物某些基团的转移。即将一种分子上的某一基团转移到另一种分子上的反应。

$$A \cdot X + B \rightleftharpoons A + B \cdot X$$

例如,谷丙转氨酶(EC2.6.1.2)属于转移酶类中的转氨基酶。该酶需要磷酸吡哆醛为辅基,使谷氨酸上的氨基转移到丙酮酸上,丙酮酸成为丙氨酸,而谷氨酸成为α-酮戊二酸。

3. 水解酶类催化水解反应,可用下面的通式表示:

$$A \cdot B + HOH \rightleftharpoons AOH + BH$$

例如,磷酸二酯酶(EC3.1.4.1)催化磷酸酯键水解。

4. 裂合酶类催化从底物移去一个基团而形成双键的反应或其逆反应,用下式表示:

$$A \cdot B \rightleftharpoons A + B$$

例如,醛缩酶(EC4.1.2.7)可催化1,6-二磷酸果糖成为磷酸二羟丙酮及3-磷酸甘油醛,是糖代谢过程中的一个关键酶。

5. 异构酶类催化各种同分异构体之间的相互转变,即分子内部基团的重新排列,简式如下:

$$A \rightleftharpoons B$$

例如,6-磷酸葡萄糖异构酶(EC5.3.1.9)可催化6-磷酸葡萄糖转变成6-磷酸果糖。

6. 连接酶类(合成酶类)催化有三磷酸腺苷(ATP)参加的合成反应,即由两种物质合成一种新物质的反应。例如，L-酪氨酰 tRNA 合成酶（EC6.1.1.1）催化 L-Tyr-tRNA 的合成，这类酶在蛋白质生物合成中起重要作用。简式如下：

$$A+B+ATP \rightleftharpoons A \cdot B+ADP+Pi$$
$$A+B+ATP \rightleftharpoons A \cdot B+AMP+PPi$$

式中，Pi 表示无机磷；PPi 表示焦磷酸。

> **知识拓展**
>
> 随着酶学研究的迅速发展，特别是酶的应用的推广，使酶学和工程学相互渗透和结合，发展成一门新的技术科学——酶工程。酶工程是工业上有目的地设计一定的反应器和反应条件，利用酶的催化功能，在常温常压下催化化学反应，生产人类需要的产品或服务于其他目的的一门应用技术。主要包括酶的基因定点突变、酶功能基团的化学修饰、酶和细胞的固定化技术、反应器、反应的检测和控制等。

第三节　酶的结构与功能的关系

酶是具有催化功能的蛋白质，其催化活性依赖于特定的空间构象。酶在体内有多种形式，就其多肽链组成而言，由一条多肽链构成的酶称为单体酶；由多个亚基以非共价键聚合成的酶称为寡聚酶；由代谢上相互联系的几种酶聚合形成多酶复合物，称多酶体系。一条多肽链上含有两种或两种以上催化活性的酶称为串联酶或多功能酶，这往往是基因融合的产物。串联酶和多酶体系的存在有利于提高物质代谢速度和调节效率。

一、酶的分子组成

酶的本质是蛋白质，根据酶的化学组成不同，可分为单纯酶和结合酶两类。

1. 单纯酶

仅由蛋白质构成，通常只有一条多肽链。其催化活性主要由蛋白质结构所决定。催化水解反应的酶，如淀粉酶、脂肪酶、蛋白酶、脲酶、核糖核酸酶等均属于单纯酶。

2. 结合酶

由蛋白质部分和非蛋白质部分组成，体内大多数酶属于结合酶。其蛋白质部分称为酶蛋白，非蛋白质部分称为辅助因子，二者结合形成的复合物称为全酶。单独的酶蛋白或辅助因子均无活性，只有全酶才具有催化活性。

$$\underset{(有活性)}{结合酶(全酶)} = \underset{(无活性)}{酶蛋白} + \underset{(无活性)}{辅助因子}$$

辅助因子有两类，一类是金属离子如 K^+、Na^+、Mg^{2+}、Zn^{2+}、Fe^{2+}（Fe^{3+}）、Cu^{2+}（Cu^+）等；另一类是小分子有机化合物，其分子中常含有 B 族维生素（参见表 4-2）。

表 4-2　小分子有机化合物在催化中的作用

转移的基团	辅酶或辅基	缩写	催化的反应所含的维生素
H^+、电子	尼克酰胺腺嘌呤二核苷酸,辅酶Ⅰ	NAD^+	尼克酰胺(维生素 PP)
H^+、电子	尼克酰胺腺嘌呤二核苷酸磷酸,辅酶Ⅱ	$NADP^+$	尼克酰胺(维生素 PP)
氢原子	黄素单核苷酸	FMN	核黄素(维生素 B_2)

续表

转移的基团	辅酶或辅基	缩写	催化的反应所含的维生素
氢原子	黄素腺嘌呤二核苷酸	FAD	核黄素（维生素 B_2）
醛基	焦磷酸硫胺素	TPP	硫胺素（维生素 B_1）
酰基	辅酶 A	CoA	泛酸
一碳单位	四氢叶酸	FH_4	叶酸

酶的辅助因子又可根据其与酶蛋白结合的牢固程度不同，分为辅酶或辅基。凡与酶蛋白结合疏松，能通过透析、超滤等方法去除的称为辅酶；与酶蛋白结合牢固，不能用上述方法去除的称为辅基。

作为辅助因子的金属离子有多种，在酶促反应中的作用主要有：①作为催化基团参与酶促反应，传递电子；②在酶与底物之间起桥梁作用，维持酶分子的构象；③中和阴离子，降低反应中的静电斥力。作为辅助因子的小分子有机化合物主要起载体的作用，在反应中传递质子、电子或一些基团。酶蛋白决定酶促反应的特异性，辅助因子决定反应的种类与性质。

二、酶的活性中心

酶分子中存在的各种化学基团并不一定都与酶的活性有关，其中与酶的活性密切相关的基团称为酶的必需基团，如组氨酸残基的咪唑基、丝氨酸残基的羟基、半胱氨酸残基的巯基以及谷氨酸残基的 γ-羧基等是常见的必需基团。必需基团在酶蛋白一级结构上可能相距甚远，但在空间结构上彼此靠近，组成具有特定空间结构的区域，能与底物特异结合并将底物转化为产物，这一区域称为酶的活性中心或活性部位。

酶活性中心的必需基团按功能差异分为两类：①结合基团，其作用是与底物相结合形成酶-底物复合物；②催化基团，其作用是影响底物中某些化学键的稳定性，并催化底物发生化学反应而转变为产物。活性中心内的必需基团有些可同时具有这两方面的功能。还有一些必需基团虽不直接参与活性中心的组成，但对维持酶活性中心特有的空间构象所必需，这些基团称为酶活性中心以外的必需基团（图 4-2）。

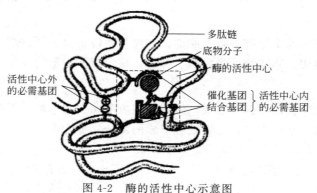

图 4-2 酶的活性中心示意图

酶的活性中心具有以下几个特点：①活性中心区域仅占整个酶分子的很小一部分。②酶的活性中心是一个具有三维空间构象的区域，在酶分子的表面形成一个裂隙，以便于容纳底物并与之结合。③酶活性中心可以使非共价键与底物结合形成酶-底物复合物。

> **课堂互动**
>
> 解释酶的活性部位、必需基团及二者关系。

三、酶原与酶原的激活

某些酶在细胞内合成或初分泌时没有活性,这些没有活性的酶的前身称为酶原。在一定条件下,使酶原转变为有活性酶的作用称为酶原激活。酶原激活的本质是切断酶原分子中特异肽键或去除部分肽段,即酶原在一定条件下被打断一个或几个特殊的肽键,从而使酶构象发生一定的变化,形成具有活性的三维结构的过程。这种调节控制作用方式的特点是:无活性状态转变成活性状态的过程是不可逆的。

例如,胰蛋白酶刚从胰脏细胞分泌出来时以无活性的酶原形式存在,当它进入小肠后,在 Ca^{2+} 的存在下,受小肠黏膜分泌的肠激酶作用,赖氨酸-异亮氨酸间的肽键被水解打断,失去一个六肽,使构象发生一定的变化,成为有活性的胰蛋白酶。这时肽链中的组氨酸(40)、天冬氨酸(84)、丝氨酸(177)和色氨酸(193)(括号中的序号是失去六肽后的顺序号)在空间上接近起来,形成了催化作用必需的活性中心,酶具有了催化活性。胰蛋白酶原激活过程如图 4-3 所示。

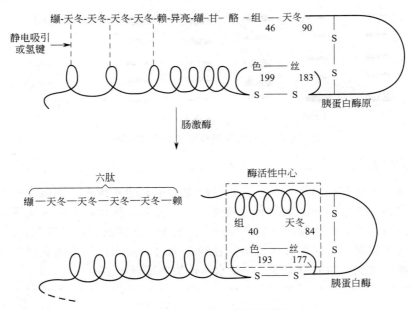

图 4-3 胰蛋白酶原激活示意图

酶原激活有重要的生理意义,一方面它保证合成酶的细胞本身不受蛋白酶的消化破坏,另一方面使它们在特定的生理条件和规定的部位受到激活并发挥其生理作用。如组织或血管内膜受损后激活凝血因子;胃黏膜细胞分泌的胃蛋白酶原和胰腺细胞分泌的糜蛋白酶原、胰蛋白酶原、弹性蛋白酶原等分别在胃和小肠激活成相应的活性酶,促进食物蛋白质的消化就是明显的例证。特定肽键的断裂所导致的酶原激活在生物体内广泛存在,是生物体的一种重要的调控酶活性的方式。如果酶原的激活过程发生异常,将导致一系列疾病的发生。出血性胰腺炎的发生就是由于蛋白酶原在未进小肠时就被激活,激活的蛋白酶水解自身的胰腺细胞,导致胰腺出血、肿胀。

四、同工酶

同工酶是指在同种生物体内,能催化相同的化学反应,但在蛋白质分子的结构、理化性质和免疫性能等方面都存在明显差异的一组酶。同工酶存在于同一种属或同一个体的不同组织或同一细胞的不同亚细胞结构中，在生长发育的不同时期和不同条件下，都有不同的同工酶分布。

近年来随着酶分离技术的进步，已陆续发现的同工酶有数百种，最典型的是乳酸脱氢酶（LDH）。乳酸脱氢酶是能催化丙酮酸生成乳酸的酶，几乎存在于所有组织中。LDH 有五种同工酶，都由四个亚基组成。LDH 的亚基可分为骨骼肌型（M 型）和心肌型（H 型）两种，M 亚基、H 亚基的氨基酸组成和顺序不同。两种亚基以不同比例组成五种四聚体，即 LDH_1（H_4）、LDH_2（H_3M_1）、LDH_3（H_2M_2）、LDH_4（H_1M_3）、LDH_5（M_4），可用电泳方法将其分离，如图 4-4 所示。不同组织的乳酸脱氢酶同工酶分布不同，存在明显的组织特异性，人心肌、肾和红细胞中以 LDH_1 和 LDH_2 为最多，骨骼肌和肝中以 LDH_4 和 LDH_5 为最多，而肺、脾、胰、甲状腺、肾上腺和淋巴结等组织中以 LDH_3 为最多。可以根据其组织特异性来协助诊断疾病，例如正常人血清中 $LDH_2 > LDH_1$，如有心肌酶释放入血则 $LDH_1 > LDH_2$，利用此指标可以观察诊断心肌疾病。

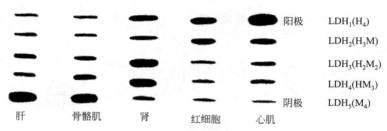

图 4-4 乳酸脱氢酶同工酶电泳图谱

> **知识拓展**
>
> 固定化酶指经物理或化学方法处理，使酶变成不易随水流失，即运动受到限制，而又能发挥催化作用的酶制剂。它具有下列优点：①可多次使用，多数情况下酶的稳定性提高；②反应后，酶与底物和产物易于分开，产物中无残留酶，易于纯化，产品质量高；③反应条件易于控制，可实现转化反应的连续化和自动控制；④酶的利用效率高，单位酶催化的底物量增加，用酶量减少；⑤比水溶性酶更适合于多酶反应。

第四节　酶的作用机制

一、酶的催化作用、过渡态、分子活化能

在一个反应体系中，任何反应物分子都有进行化学反应的可能，但并非全部反应物分子都进行反应。因为在反应体系中各个反应物分子所含的能量高低不同。只有那些含能达到或超过某一限度（称为"能垒"）的活化分子（处于过渡态的分子）才能在碰撞中发生化学反应。显然，活化分子越多反应速度越快。活泼态与常态之间的能量差，也就是分子由常态转变为活化状态（过渡态）所需的能量，称为活化能。

"过渡态"是反应物分子处于被激活的状态，是反应途径中分子具有最高能量的形式，是分子的不稳定态，不同于反应中间物，它只不过是一个短暂的分子瞬间，在这一瞬间分子

的某些化学键正在断裂和形成并达到能崩解生成产物或再返回生成反应物的程度。过渡态是一种变动的分子。

如乙酸乙酯的水解反应为

$$CH_3COOCH_2CH_3 \xrightarrow{H_2O} CH_3CH_2OH + CH_3COOH$$

反应的过渡态看起来像下列形式：

$$CH_3-\overset{\overset{O^-}{|}}{\underset{\underset{H\cdots\cdots H}{\overset{|}{O}}}{C}}\cdots O-CH_2-CH_3$$

式中，"⋯"表示正在形成和断裂的化学键。

使反应达到其一定的能垒的途径有二：①对反应体系加热或用光照射，从而使反应物分子获得所需的活化能；②使用适当的催化剂，降低反应的能垒，使反应沿着一个活化能垒较低的途径进行。酶和一般催化剂的作用一样，就是能降低底物分子所必须具有的活化能。例如过氧化氢分解为水及氧的反应，其分子活化能为每摩尔75348J；用胶态铂作催化剂时，则每摩尔过氧化氢分解所需要的活化能降低到48976J；用过氧化氢酶催化时，活化能可降至8372J。据热力学计算，活化能由每摩尔75348J降至8372J时，反应速度增加一亿倍以上。因此，酶的催化效率极高。

二、中间产物学说

酶如何使反应的活化能降低？目前比较圆满的解释是中间产物学说。根据中间产物学说，酶在催化底物转化为产物之前，首先与底物结合成一个不稳定的中间产物ES（也称为中间配合物），然后ES再分解成产物和原来的酶。

$$E+S \rightleftharpoons ES \longrightarrow E+P$$

中间产物学说是否正确决定于中间产物是否确实存在。由于中间产物很不稳定，易迅速分解成产物，因此不易把它从反应体系中分离出来。但是有不少间接证据表明中间产物确实存在。

例如，通过光谱法可以证实过氧化氢酶和其底物过氧化氢所形成的中间产物的存在。过氧化氢酶催化下列反应：

$$H_2O_2 + AH_2 \xrightarrow{\text{过氧化氢酶}} A + 2H_2O$$

式中，AH_2表示氢供体，如焦性没食子酸、抗坏血酸或其他可氧化的染料等。此酶为一铁卟啉蛋白，具有特征性吸收光谱，它在645nm、583nm、548nm、498nm处有4条吸收带。若向酶溶液中加入过氧化氢，光谱完全发生改变，只在561nm和530.5nm处显示2条新吸收带。发生这种现象的唯一解释就是酶与底物之间发生了某种作用。

$$\text{过氧化氢酶} + H_2O_2 \rightleftharpoons [\text{过氧化氢酶} \cdot H_2O_2]$$

此时若加入合适的氢供体，如焦性没食子酸，反应则进一步发生：

$$[\text{过氧化氢酶} \cdot H_2O_2] + AH_2 \rightleftharpoons \text{过氧化氢酶} + A + 2H_2O$$

同时，光谱又发生了改变，新的2条吸收带消失了，原来的4条吸收带又重新出现，说明中间产物已分解成产物和游离的酶。

除了间接证据之外，还有直接证据证明中间产物的存在。比如，用电子显微镜可以直接看到核酸和它的聚合酶形成的中间产物，甚至在某些情况下还可以把酶和底物的中间产物分离出来。

三、诱导契合学说

已经知道,酶在催化化学反应时要和底物形成中间产物,但是酶和底物如何结合成中间产物?又是如何完成其催化过程的呢?

因为酶对它所作用的底物有着严格的选择性,它只能催化具有一定化学结构或一些结构近似的化合物发生反应,于是有的学者认为酶和底物结合时,底物的结构必须和酶活性部位的结构非常吻合,就像锁和钥匙一样,这样才能紧密结合形成中间产物。这就是1890年由 Emil Fischer 提出的"锁与钥匙学说",如图4-5所示。

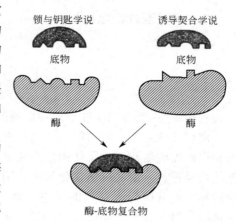

图4-5 酶和底物结合示意

但是后来发现,当底物与酶结合时,酶分子上的某些基团常发生明显的变化,另外对于可逆反应,酶常能够催化正、逆两个方向的反应,很难解释酶活性部位的结构与底物和产物的结构都非常吻合,因此"锁与钥匙学说"把酶的结构看成固定不变是不切实际的。于是,有的学者认为酶分子活性部位的结构原来并非是和底物的结构互相吻合的刚性结构,它具有一定的柔性,可发生一定程度的变化。当底物与酶接近时,底物可诱导酶蛋白的构象发生相应的变化,使活性部位上有关的各个基团达到正确的排列和定向,因而使酶和底物契合而结合成中间产物,并催化底物发生化学反应。这就是1958年由 D. E. Koshland 提出的"诱导契合学说"。后来,对羧肽酶等进行X射线衍射研究的结果也有力地支持了这个学说。可以说,诱导契合学说较好地解释了酶作用的专一性。

四、酶具有高催化效率的原理

1. "趋近"与"定向"效应

酶能使底物进入其活性中心并相互靠近,这就是底物的"趋近"效应。"趋近"效应使酶活性中心处的底物浓度远远高于溶液中浓度,据报道底物在活性中心处浓度比溶液中的可高一万倍。

酶还能使进入活性中心的底物分子的反应基团与酶的催化基团取得正确"定向",这就是底物的"定向"效应。图4-6中A、B分别代表两个底物,当它们进入活性中心后,从原来不易起反应的Ⅰ位,定向转位到最易起反应的Ⅲ位。

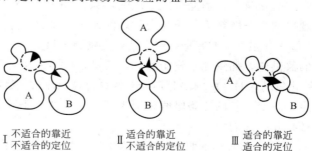

图4-6 底物的"趋近"与"定向"效应

"趋向"效应增加了底物的有效浓度,"定向"效应使分子间反应变为"类分子内"反应,从而增加了底物分子的有效碰撞,降低活化能阈,大大加快了反应速度。

2. 底物"变形"

酶与底物接触后,一方面,酶在底物诱导下其空间构象可发生变化,另一方面,底物也因某些敏感键受牵拉而发生"变形",如图4-7所示。酶的构象改变与底物的"变形"使两者更易契合。变形底物分子内部产生张力,受牵拉的化学键易断裂,使底物分子呈不稳定态,故降低了活化能阈。

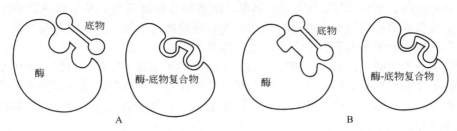

图 4-7　酶变构与底物"变形"示意
A—底物分子发生变形；B—底物分子和酶都发生变化

3. 酸碱催化作用

酸碱催化作用是有机反应中最普遍、最有效的催化作用。所谓酸碱是指分别能供给或接受质子（H^+）的物质,例如 $HA \rightleftharpoons H^+ + A^-$,HA 供给质子为酸,$A^-$ 能接受质子为碱。在酶蛋白中有很多可以作为酸碱的功能基团,如氨基、羧基、酚羟基、巯基及咪唑基等（表4-3）。其中以咪唑基最为重要,因为咪唑基的 pK 约为 $6.7 \sim 7.1$,即在正常体液条件下,有一半以酸形式存在,另一半以碱形式存在。也就是说咪唑基既可以作为质子供体,又能作为质子受体,两者的速度几乎相等又十分迅速,因此咪唑基是酶催化反应中最有效、最活泼的一个催化功能基团。

表 4-3　酶蛋白中作为广义酸碱的功能基团

基团	质子供体(广义酸)	质子受体(广义碱)
羧基	—COOH	—COO⁻
氨基	—NH₃⁺	—NH₂
酚羟基	⌬—OH	⌬—O⁻
巯基	—SH	—S⁻
咪唑基	HN⌬N⁺H	HN⌬N:

4. 共价催化

共价催化是指底物与酶形成一个反应活性很高的共价中间物,这个中间物很容易变成过渡态,从而降低反应的活化能。某些酶的活性中心一般含有咪唑基、巯基、羟基等基团,它们都有未共用电子对,可作为电子的供体,和底物中的某些基团以共价结合,从而降低反应"能阈",提高反应速度。下式表示出咪唑基、巯基、羟基的未共用电子对。

$$-CH_2 \atop HN \diagup N: \qquad -CH_2-\underset{H}{\overset{..}{S}}: \qquad -CH_2-\underset{H}{\overset{..}{O}}$$

上述几种方式在酶的催化作用中可互相结合以加速反应进行。但是，并不是所有的酶同时具有以上的催化机理，更可能的情况是其中的一种催化机理起作用。

第五节 酶促反应动力学

酶促反应动力学是研究酶促反应速度及各种因素对酶促反应速度影响规律的科学。影响因素主要有酶浓度、底物浓度、pH值、温度、激活剂和抑制剂等。酶促反应动力学的研究不仅有利于酶功能及酶作用机理的阐明，而且在疾病诊断与治疗、药物设计与开发、食品工业以及农业病虫害防治等方面具有重要的实践意义。

酶促反应动力学的核心是反应速度问题。对生物整体来说，仅仅知道组织细胞中进行着某个反应是不够的，更重要的是要进一步判断该反应在机体内进行的速率能否足够提供机体对反应产物的需要，毒性代谢产物是否以足够快的速率被代谢处理，从中推断机体内物质代谢的正常亦或异常。

测定酶促反应速度有两种方法：测定单位时间内底物的消耗量或测定单位时间内产物的生成量。在探讨各种因素对酶促反应速度的影响时，通常测定其初始速度来代表酶促反应速度，即底物转化量小于5%时的反应速度。因为此时的反应速度与酶活性成正比，并可避免反应产物及其他因素对反应速度的影响。在实际生产中要充分发挥酶的催化作用，以较低的成本生产出较高质量的产品，就必须准确把握酶促反应的条件。

一、底物浓度对酶促反应速度的影响

1. 酶促反应速度与底物浓度的关系

在酶浓度、pH、温度等条件固定不变的情况下，对许多单底物酶促反应，酶促反应速度v与底物浓度[S]的关系如图4-8所示。在底物浓度较低时，反应速度随底物浓度增加呈正比升高，为一级反应；随着底物浓度继续增加，反应速度不再按正比升高，呈现混合级反应；当底物浓度增高到一定值时，反应速度达到最大值V_{max}，此时，反应速度与底物浓度无关，为零级反应。

反应速度随底物浓度变化呈现双曲线型，说明酶促反应具有"底物饱和效应"，这是酶促反应的一个鲜明特征。中间产物学说可以解释"底物饱和效应"，在底物浓度低时，每一瞬时，只有一部分酶与底物形成中间产物ES，此时若增加底物浓度，则有更多的ES产生，因而反应速度亦随之增加。但当底物浓度很大时，每一瞬时，反应体系中的酶分子都已与底物结合生成ES，此时底物浓度虽再增加，但已无游离的酶与之结合，故无更多的ES生成，因而反应速度几乎不变。

1913年，L. Michaelis和M. Menten根据中间产物学说推导出"米氏方程"，用于定量描述底物浓度与酶促反应速度的关系。

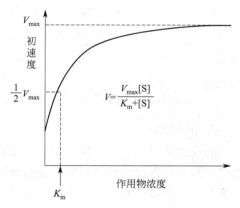

图4-8 酶促反应初速度与底物浓度的关系曲线

$$v = \frac{V_{\max}[S]}{K_m + [S]}$$

式中，$V_{\max}$ 为最大反应速度，是酶完全被底物饱和的情况下所能达到的速度；K_m 为米氏常数。$V_{\max}$ 和 K_m 是两个重要的酶学常数。

从米氏方程可以看出，v 是底物浓度 $[S]$ 的函数。当 $[S] \ll K_m$ 时，分母中的 $[S]$ 可以忽略，方程可改写为：$v = \frac{V_{\max}}{K_m}[S]$，此时 v 与 $[S]$ 成正比关系，酶促反应为一级反应；当 $[S] \gg K_m$ 时，式中的 K_m 可以忽略，方程可改写为：$v = V_{\max}$，此时 v 达到最大，反应速度与底物浓度无关，酶促反应为零级反应。该规律和实际测得的 v-$[S]$ 曲线所显示的酶促动力学特征是一致的。

2. 米氏常数的意义

从米氏方程可以推出 K_m 的物理意义：

当 $v = \frac{1}{2}V_{\max}$ 时，代入米氏方程得 $\frac{V_{\max}}{2} = \frac{V_{\max}[S]}{K_m + [S]}$

上式重排得 $K_m = [S]$

可见 K_m 的物理意义是指酶促反应达到最大速度一半时的底物浓度。K_m 的单位与底物浓度单位一致，为 mol/L（或 M）。

K_m 有多种应用：

(1) K_m 是酶的特征常数之一。在特定条件下，K_m 只与酶的性质有关，与酶的浓度无关。不同的酶，K_m 值不同，如脲酶为 25mmol/L、苹果酸酶为 0.05mmol/L，各种酶的 K_m 范围在 0.01～100mmol/L 之间。

(2) 判断酶与底物亲和力的大小。K_m 值小，表示用很低浓度的底物即可以达到最大反应速度的一半，说明酶与底物亲和力大。为方便起见，可用 $1/K_m$ 近似地表示亲和力，$1/K_m$ 越大，酶与底物的亲和力越大，酶促反应越易进行。

(3) 从 K_m 值判断酶的最适底物。如果一种酶有多种底物，K_m 值最小的底物为该酶的最适底物。例如，蔗糖酶以蔗糖或棉子糖为底物时，K_m 值分别为 28mmol/L 和 320mmol/L，表明蔗糖酶与蔗糖的亲和力远大于棉子糖，蔗糖是该酶的天然底物。

(4) 从 K_m 值判断反应和代谢方向。在一个可逆反应中，酶对正向和逆向反应底物的 K_m 值不同，K_m 越小，此方向的反应越容易进行。当同一底物被多种酶催化时，K_m 值小的酶决定代谢方向，如丙酮酸可以被乳酸脱氢酶、丙酮酸脱氢酶和丙酮酸脱羧酶 3 种酶催化，分别形成乳酸、乙酰辅酶 A 和乙醛，3 种酶的 K_m 值分别为 1.7×10^{-5} mol/L、1.3×10^{-3} mol/L 和 1.0×10^{-3} mol/L。当体内丙酮酸浓度明显低于 10^{-3} mol/L 时，乳酸脱氢酶优先催化丙酮酸产生乳酸。

(5) 求出要达到规定反应速度的底物浓度，或根据已知底物浓度求出反应速度。

例：已知 K_m，求使反应达到 $95\% V_{\max}$ 时的底物浓度为多少？

解：$95\% V_{\max} = \frac{V_{\max}[S]}{K_m + [S]}$

移项解出 $[S] = 19 K_m$

3. K_m 和 $V_{\max}$ 的求法

测定 K_m 和 $V_{\max}$ 的方法有多种，最常用的是 Lineweaver-Burk 双倒数作图法。在米氏方程两侧取倒数得：

$$\frac{1}{v} = \frac{K_m}{V_{max}}\frac{1}{[S]} + \frac{1}{V_{max}}$$

式中，K_m、V_{max} 均为常数，$1/v$ 是 $1/[S]$ 的函数，为线性关系。分别在不同底物浓度下测定酶促反应初速度，然后以 $1/v$ 为纵坐标、$1/[S]$ 为横坐标，即得一直线（图 4-9）。直线斜率为 K_m/V_{max}，纵轴截距为 $1/v_{max}$。将直线延长至横轴，x 值即 $-1/K_m$。测得此处 x 值，即可求出：$K_m = -1/x$。测得纵轴截距，还可以计算出 V_{max}。

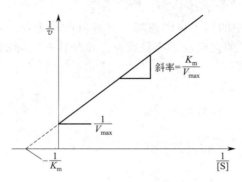

图 4-9 Lineweaver-Burk 双倒数作图法

知识链接

酒精过敏者喝酒后脸红，并伴随心跳加快，这与乙醛脱氢酶的 K_m 值有关。乙醇进入人体内在肝脏中代谢：首先在乙醇脱氢酶作用下生成乙醛，再由乙醛脱氢酶氧化成乙酸。大多数人有两种乙醛脱氢酶，线粒体形式的 K_m 低，细胞质形式的 K_m 高。酒精过敏者的线粒体乙醛脱氢酶因发生一个氨基酸的代换而缺乏活性，只有细胞质乙醛脱氢酶起作用。该酶 K_m 高，需要乙醛积累到一定浓度时才有催化作用，过敏症状就是由于乙醛的大量积累引发的。

二、酶浓度对酶促反应速度的影响

在酶催化的反应中，酶先要与底物形成中间复合物，当底物浓度大大超过酶浓度时，反应速度随酶浓度的增加而增加（当温度和 pH 值不变时），两者成正比例关系（图 4-10）。酶反应的这种性质是酶活力测定的基础之一，在分离提纯上常被应用。例如，要比较两种酶活力的大小，可用同样浓度的底物和相同体积的甲、乙两种酶制剂一起保温一定的时间，然后测定产物的量。如果甲的产物是 0.2mg、乙的产物是 0.6mg，这就说明乙制剂的活力比甲制剂的活力高 3 倍。

三、温度对酶促反应速度的影响

绝大多数化学反应的反应速度都和温度有关，酶催化的反应也不例外。如果在不同温度条件下进行某种酶反应，然后将测得的反应速度相对于温度作图，即可得到如图 4-11 所示的钟罩形曲线。从图上曲线可以看出，在较低的温度范围内，酶促反应速度随温度升高而增大，但超过一定温度后，反应速度反而下降，因此只有在某一温度下，反应速度才达到最大值，这个温度通常就称为酶促反应的最适温度。每种酶在一定条件下都有其最适温度。一般讲，动物细胞内的酶最适温度在 35～40℃，植物细胞中的酶最适温度稍高，通常在

40～50℃之间，微生物中的酶最适温度差别较大。

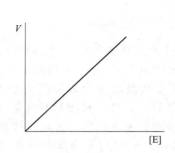

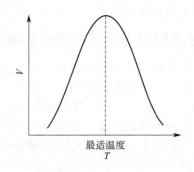

图 4-10　酶浓度对酶促反应速度的影响　　　图 4-11　温度对酶促反应速度的影响

温度对酶促反应速度的影响表现在两个方面。一方面是当温度升高时，与一般化学反应一样，反应速度加快。反应温度提高 10℃，其反应速度与原来反应速度之比称为反应的温度系数，用 Q_{10} 表示，对大多数酶来讲温度系数 Q_{10} 多为 2，也就是说温度每升高 10℃，酶反应速度为原反应速度的 2 倍。另一方面，由于酶是蛋白质，随着温度升高，酶蛋白逐渐变性而失活，引起酶反应速度下降。酶所表现的最适温度是这两种影响的综合结果。在酶反应的最初阶段，酶蛋白的变性尚未表现出来，因此反应速度随温度升高而增加，但高于最适温度时，酶蛋白变性逐渐突出，反应速度随温度升高的效应将逐渐为酶蛋白变性效应所抵消，反应速度迅速下降，因此表现出最适温度。注意最适温度与 K_m 不一样，它不是酶的特征物理常数，常受到其他测定条件如底物种类、作用时间、pH 和离子强度等因素影响而改变。

酶的最适温度随着酶促作用时间的长短而改变。由于温度使酶蛋白变性是随时间累加的，一般讲反应时间长，酶的最适温度低，反应时间短则最适温度就高，因此只有在规定的反应时间内才可确定酶的最适温度。

酶的固体状态比在溶液中对温度的耐受力要高，这一点已用于指导酶的保藏。酶的冰冻干粉置冰箱中可放置几个月，甚至更长时间，而酶溶液在冰箱中只能保存几周，甚至几天就会失活。

四、pH 对酶促反应速度的影响

大部分酶的活力受其环境 pH 的影响，在一定 pH 下，酶促反应具有最大速率，高于或低于此值，反应速率下降，通常称此 pH 为酶反应的最适 pH。胰蛋白酶是胰腺分泌的一种蛋白酶，pH 对胰蛋白酶活性的影响如图 4-12 所示。

最适 pH 有时因底物种类、浓度及缓冲溶液成分不同而不同，而且常与酶的等电点不一致，因此，酶的最适 pH 并不是一个常数，只是在一定条件下才有意义。酶的最适 pH 一般在 4.0～8.0 之间，动物酶最适 pH 在 6.5～8.0 之间，植物及微生物酶最适 pH 在 4.5～6.5 之间。但也有例外，如胃蛋白酶为 1.5、精氨酸酶（肝脏中）为 9.7。

pH 影响酶的催化活性的机理，主要因为 pH 能影响酶分子，特别是酶活性中心内某些化学基团的电离状

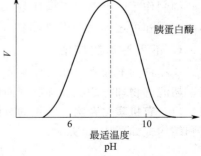

图 4-12　pH 对酶促反应速度的影响

态。若底物是电解质，pH 也可影响底物的电离状态。在最适 pH 时，恰能使酶分子和底物分子处于最合适电离状态，有利于二者结合和催化反应的进行。

五、激活剂对酶促反应速度的影响

凡是能提高酶活性的物质都称为激活剂，其中大部分是无机离子或简单的有机化合物。作为激活剂的金属离子如 K^+、Na^+、Ca^{2+}、Mg^{2+}、Zn^{2+} 及 Fe^{2+} 等，无机阴离子如 Cl^-、Br^-、I^-、CN^-、PO_4^{3-} 等都可作为激活剂。如 Mg^{2+} 是多数激酶及合成酶的激活剂，Cl^- 是唾液淀粉酶的激活剂。激活剂对酶的作用具有一定的选择性，即一种激活剂对某种酶起激活作用，而对另一种酶可能起抑制作用。如 Mg^{2+} 对脱羧酶有激活作用，而对肌球蛋白腺苷三磷酸酶却有抑制作用；Ca^{2+} 则相反，对前者有抑制作用，但对后者却起激活作用。有时离子之间有拮抗作用，如 Na^+ 抑制 K^+ 激活的酶、Ca^{2+} 能抑制 Mg^{2+} 激活的酶。有时金属离子之间也可相互替代，如 Mg^{2+} 作为激酶的激活剂可被 Mn^{2+} 代替。另外，激活离子对于同一种酶，可因浓度不同而起不同的作用。如对 $NADP^+$ 合成酶，当 Mg^{2+} 浓度为 $(5\sim10)\times10^{-3}$ mol/L 时起激活作用，但当浓度升高为 30×10^{-3} mol/L 时则酶活性下降；若用 Mn^{2+} 代替 Mg^{2+}，则在 1×10^{-3} mol/L 起激活作用，高于此浓度，酶活性下降，不再有激活作用。

有些小分子有机化合物可作为酶的激活剂，如半胱氨酸、还原型谷胱甘肽等还原剂对某些含巯基的酶有激活作用，使酶中二硫键还原成巯基，从而提高酶活性。木瓜蛋白酶和3-磷酸甘油醛脱氢酶都属于巯基酶，在它们的分离纯化过程中，往往需加上述还原剂，以保护巯基不被氧化。再如一些金属螯合剂如 EDTA 等能除去重金属离子对酶的抑制，也可视为酶的激活剂。

另外，酶原可被一些蛋白酶选择性水解肽键而被激活，这些蛋白酶也可看成为激活剂。

六、抑制剂对酶促反应速度的影响

酶是蛋白质，使酶蛋白变性而引起酶活力丧失的作用称为酶的失活作用。凡使酶活力下降，但并不引起酶蛋白变性的作用称为抑制作用。所以，抑制作用与失活作用是不同的。某些物质并不引起酶蛋白变性，但能使酶分子上的某些必需基团（主要是指酶活性中心上的一些基团）发生变化，因而引起酶活力下降，甚至丧失，致使酶促反应速度降低，能引起这种抑制作用的物质称为酶的抑制剂。

研究抑制剂对酶的作用是非常重要的，它有力地推动了对生物机体代谢途径、某些药物的作用机理、酶活性中心内功能基团的性质、维持酶分子构象的功能基团的性质、酶的底物专一性以及酶的作用机理等重要课题研究的进展。

抑制作用的类型，根据抑制剂与酶的作用方式及抑制作用是否可逆，可将其分为不可逆抑制作用和可逆抑制作用两大类。

1. 不可逆抑制作用

这类抑制剂通常以比较牢固的共价键与酶蛋白中的基团结合，而使酶失活，不能用透析、超滤等物理方法除去抑制剂而恢复酶活性。不可逆抑制剂主要有以下几类：

（1）**有机磷化合物** 常见的有丙氟磷（DFP）、敌敌畏、敌百虫、对硫磷等，它们的通式和结构式如图 4-13 所示。

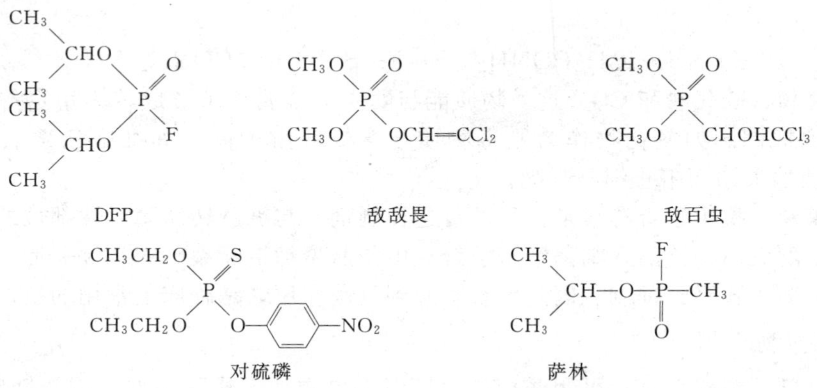

图 4-13 常见磷系农药分子结构

这些有机磷化合物能抑制某些蛋白酶及酯酶活力,与酶分子活性部位的丝氨酸羟基共价结合,从而使酶失活。这类化合物强烈地抑制对神经传导有关的胆碱酯酶活力,使乙酰胆碱不能分解为乙酸和胆碱,引起乙酰胆碱的积累,使一些以乙酰胆碱为传导介质的神经系统处于过度兴奋状态,引起神经中毒症状,因此这类有机磷化合物又称为神经毒剂。有机磷制剂与酶结合后虽不解离,但用解磷定(碘化醛肟甲基吡啶)或氯磷定(氯化醛肟甲基吡啶)能把酶上的磷酸根除去,使酶复活。在临床上它们作为有机磷中毒后的解毒药物,其解毒机理如图 4-14 所示。

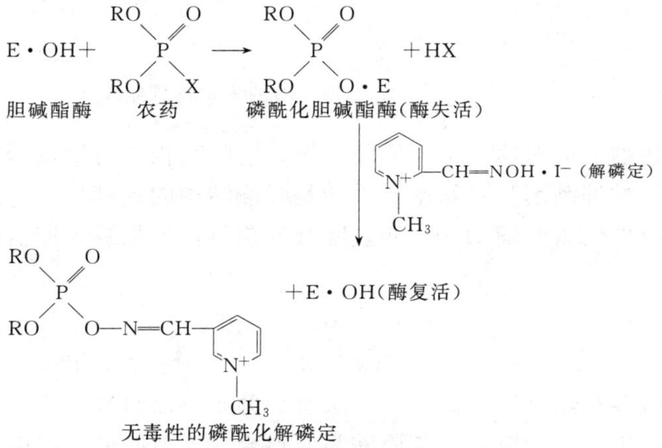

图 4-14 磷系农药解毒机理

(2) 有机汞、有机砷化合物 这类化合物与酶分子中的半胱氨酸残基的巯基作用,抑制含巯基的酶,如对氯汞苯甲酸,其作用如下:

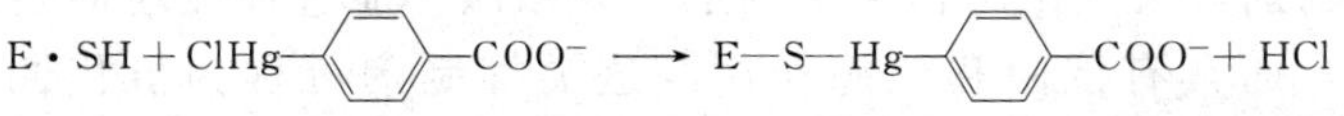

$$E·SH + ClHg-\text{C}_6\text{H}_4-COO^- \longrightarrow E-S-Hg-\text{C}_6\text{H}_4-COO^- + HCl$$

这类抑制可通过加入过量的巯基化合物如半胱氨酸或还原型谷胱甘肽(GSH)而解除。有机砷化合物如路易斯毒气($CHCl=CHAsCl_2$)与酶的巯基结合而使人畜中毒。

(3) 重金属盐 如 Ag^+、Cu^{2+}、Hg^{2+}、Pb^{2+}、Fe^{3+} 的重金属盐在高浓度时,能使酶蛋白变性失活。在低浓度时对某些酶的活性产生抑制作用,一般可以使用金属螯合剂如 EDTA、半胱氨酸等去除有害的重金属离子,恢复酶的活力。

(4) 烷化试剂 这类试剂往往含一个活泼的卤素原子,如碘乙酸、碘乙酰胺和 2,4-二硝基氟苯等,被作用的基团有巯基、氨基、羧基、咪唑基和硫醚基等。如与巯基酶的作用：

$$E \cdot SH + ICH_2CONH_2 \longrightarrow E-S-CH_2-CONH_2 + HI$$

（5）氰化物、硫化物和 CO 这类物质能与酶中的金属离子形成较为稳定的配合物，使酶的活性受到抑制。如氰化物作为剧毒物质与含铁卟啉的酶（如细胞色素氧化酶）中的 Fe^{2+} 配合，使酶失活而阻止细胞呼吸。

（6）青霉素 抗生素青霉素是一种不可逆抑制剂，与糖肽转肽酶活性部位的丝氨酸羟基共价结合，使酶失活。该酶在细菌细胞壁合成中使肽聚糖链断裂，一旦酶失活，细菌细胞壁合成受阻，细菌生长受到抑制。因此青霉素起到抗菌作用，是临床上常用的抗菌药。

2. 可逆抑制作用

酶与抑制剂非共价结合，可用透析、超滤等简单物理方法除去抑制剂，恢复酶的活性。根据抑制剂在酶分子上结合位置的不同，又分为竞争性抑制和非竞争性抑制。

（1）竞争性抑制 抑制剂 I 与底物 S 的化学结构相似，在酶促反应中，抑制剂与底物相互竞争酶的活性中心。当抑制剂与酶结合形成 EI 复合物后，酶则不能再与底物结合，从而抑制了酶的活性，这种抑制称为竞争性抑制（图 4-15）。

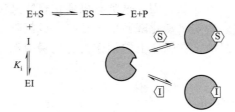

图 4-15 酶的竞争性抑制作用

磺胺类药物，以对氨基苯磺酰胺为例，它的结构与对氨基苯甲酸十分相似，它是对氨基苯甲酸的竞争性抑制剂。对氨基苯甲酸是叶酸结构的一部分，叶酸和二氢叶酸则是核酸的嘌呤核苷酸合成中的重要辅酶——四氢叶酸的前身，如果缺少四氢叶酸，细菌生长繁殖便会受到影响。

$$H_2N-\bigcirc-COO^- \qquad H_2N-\bigcirc-SO_2 \cdot NH_2$$
对氨基苯甲酸　　　　　对氨基苯磺酰胺

人体能直接利用食物中的叶酸，某些细菌则不能直接利用外源的叶酸，只能在二氢叶酸合成酶的作用下，利用对氨基苯甲酸为原料合成二氢叶酸。而磺胺类药物可与对氨基苯甲酸相互竞争，抑制二氢叶酸合成酶的活性，影响二氢叶酸的合成，导致细菌的生长繁殖受抑制，从而达到治病的效果。

一些竞争性抑制剂与天然代谢物在结构上十分相似，能选择性地抑制病菌或癌细胞在代谢过程中的某些酶，而具有抗菌和抗癌作用。这类抑制剂可称为抗代谢物或代谢类似物。$5'$-氟尿嘧啶是一种抗癌药物，它的结构与尿嘧啶十分相似，能抑制胸腺嘧啶合成酶的活性，阻碍胸腺嘧啶的合成代谢，使体内核酸不能正常合成，癌细胞的增殖受阻，起到抗癌作用。

可利用竞争性抑制的原理来设计药物，如抗癌药物阿拉伯糖胞苷、氨基叶酸等都是利用这一原理而设计出来的。

（2）非竞争性抑制 非竞争性抑制剂与酶结合位点不同于底物，抑制剂 I 和底物 S 可以分别随机与酶分子结合形成酶-底物-抑制剂三元复合物 ESI，因不能转变为产物，致使酶催化活性受到抑制（图 4-16）。

重金属如 Ag^+、Hg^{2+}、Pb^{2+} 等以及有机汞化合物能与酶分子中的—SH 络合，而抑制酶的活性。某些需要金属离子维持活性的酶也可被非竞争性抑制剂所抑制。如 F^-、CN^-、N_3^- 等金属络合剂可与金属酶中的金属离子络合使酶活性受到抑制。螯合剂 EDTA、邻氮二菲可从金属酶上除去金属来抑制酶的活性。

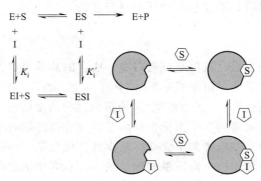

图 4-16　酶的非竞争性抑制作用

课堂互动

如何优化酶促反应的条件？有两种以上不同的酶参加催化反应时如何确定反应条件？

第六节　酶活力测定

一、酶活力的概念

酶催化一定化学反应的能力称为酶活力。酶活力通常以在一定条件下酶所催化的某一化学反应的速度来表示，即酶所催化的反应速度愈大，酶的活力就愈高，反应速度愈小，酶的活力愈低。所以测定酶的活力就是测定酶促反应的速度。由于酶催化某一反应的速度受多种因素影响，一般规定在某一条件下（恒温、使用缓冲溶液）用反应的初速度来表示酶活力。

酶促反应的速度可用单位时间内，单位体积中底物的减少量或产物的增加量来表示。在简单的酶反应中，底物减少与产物增加的速度是相等的，但一般以测定产物为好，因为测定反应速度时，实验设计规定的底物浓度往往是过量的，反应时底物减少的量只占总量的一个极小部分，测定时不易准确；而产物则从无到有，只要方法足够灵敏，就可以准确测定。

二、酶的活力单位

酶活力的高低是用酶活力单位（U）来表示的。为了便于比较和统一活力标准，1961年国际酶学委员会曾作过统一规定：在标准条件下，1min 转化 1μmol 底物的酶量定义为一个酶活力单位，亦即国际单位（1U）。如果底物有一个以上可被作用的键，则一个活力单位是指 1min 内使 1μmol 有关基团转化的酶量。上述"标准条件"是指温度 25℃以及被测酶的最适条件，特别是最适 pH 及最适底物浓度。

1972 年，国际酶学委员会又推荐一个新的酶活力国际单位，即催量（Kat）。1Kat 单位定义为：在最适条件下，1s 可使 1mol 底物转化的酶量；同理，可使 1μmol 底物转化的酶量为 1μKat 单位。

被人们普遍采纳的习惯用法使用较方便，例如 α-淀粉酶的活力单位规定为：在 60℃、pH6.2 的条件下，1h 可催化 1g 可溶性淀粉液化所需要的酶量为一个活力单位，或是每小时催化 1mL 2％的可溶性淀粉液化所需要的酶量为一个活力单位。不过这些表示法不够严格，同一种酶有几种不同的单位，不便于对酶活力进行比较。

三、酶的比活力

比活力是指每毫克酶蛋白（或每毫克蛋白氮）所含的酶活力单位数（有时也用每克酶制剂或每毫升酶制剂含多少活力单位来表示），即：

$$比活力 = 活力单位数/酶蛋白(氮)质量(mg)$$

比活力是表示酶制剂纯度的一个指标，在酶学研究和提纯酶时常用到。在纯化酶时不仅在于得到一定量的酶，而且要求得到不含或尽量少含其他杂蛋白的酶制品。在一步步纯化的过程中，除了要测定一定体积或一定质量的酶制剂中含有多少活力单位外，往往还需要测定酶制剂的纯度如何。对于同一种酶来说，比活力越大，表明酶纯度越高。

四、酶活力的定量测定方法

1. 化学分析法

根据酶的最适温度和最适 pH，从加进底物和酶液后即开始反应，每隔一定时间，分几次取出一定容积的反应液，停止作用，然后分析底物的消耗量和产物的生成量。这是酶活力测定的经典方法，至今仍常采用。几乎所有的酶都可以根据这一原理设计测定其活力的具体方法。此法的优点是不需要特殊仪器，应用范围广，但一般工作量大，有时实验条件不易准确控制。

2. 分光光度计量法

利用底物和产物光吸收性质的不同，在整个反应过程中可不断测定其吸收光谱的变化。此法无须停止反应，便可直接测定反应混合物中底物的减少或产物的增加。这一类方法最大的优点是迅速、简便、特异性强，并可方便地测得反应进行的过程，特别是对于反应速度较快的酶，能够得到准确的结果。近年来出现的"自动扫描分光光度计"对于酶活力和酶反应研究工作中的测定更是快速、准确和自动化。

3. 量气法

当酶促反应中底物或产物之一为气体时，可以测量反应系统中气相的体积或压力的改变，从而计算气体释放或吸收的量，根据气体变化和时间的关系，即可求得酶反应速度。

4. pH 值测量法

使酶反应在较稀的缓冲液中进行，然后用 pH 计测定反应进行过程中溶液 pH 值的改变。该方法比较简单，但在反应过程中，酶活力也随 pH 值的改变而改变，因此不能用于酶活力的准确测定。

5. 氧和过氧化氢的极谱测定

用阴极极化的铂电极进行氧的极谱测定，可以记录在氧化酶作用过程中溶解于溶液内的氧浓度的降低。另外，可用阳极极化的铂电极测定过氧化氢从而测定过氧化氢酶的活力。

除上述方法外，还有其他方法也可用于酶活力的测定，如测定旋光度、荧光、黏度以及同位素技术等。

目标检测

一、名词解释

全酶、辅酶、辅基、同工酶、酶活力

二、选择题

1. 酶的竞争性抑制作用的动力学效应是（　　）。
   A. V_{max} 增加，K_m 不变　　　　　　B. V_{max} 不变，K_m 减少
   C. V_{max} 降低，K_m 不变　　　　　　D. V_{max} 不变，K_m 增加
2. 胰蛋白酶原经肠激酶作用后切下六肽，使其形成有活性的酶，这一步骤是（　　）。
   A. 诱导契合　　　　　　　　　　　B. 酶原激活
   C. 反馈调节　　　　　　　　　　　D. 同促效应
3. 有关同工酶的描述，其中不正确的是（　　）。
   A. 来源可以不同　　　　　　　　　B. 理化性质相同
   C. 催化反应相同　　　　　　　　　D. 分子量可以不同
4. 辅酶与辅基的主要区别是（　　）。
   A. 与酶蛋白结合的牢固程度不同　　　B. 化学本质不同
   C. 分子大小不同　　　　　　　　　　D. 催化功能不同
5. 决定酶专一性的是（　　）。
   A. 辅酶　　　　B. 酶蛋白　　　　C. 金属离子　　　　D. 辅基

三、问答题

1. 酶作为生物催化剂具有哪些特点？
2. 举例说明酶原的激活过程及生物学意义。
3. 什么是竞争性抑制和非竞争性抑制？试用一两种药物举例说明不可逆抑制剂及可逆抑制剂对酶的抑制作用。
4. 举例说明酶活力的影响因素有哪些？
5. 酶的变构效应有什么实际意义？

四、案例分析题

2003年5月，武汉市××区一私营农药厂招收20名工人从事农药生产工作，22～23日，20名工人中有6名工人先后有不同程度的头晕、头痛、恶心、呕吐、多汗、胸闷、视力模糊、精神恍惚、四肢无力等中毒症状。厂方将这些不适工人先后送到当地卫生院进行诊治，卫生院按急性有机磷农药中毒给予阿托品、解磷定和对症辅助治疗，4h左右，6名中毒病人症状明显减轻。经当地卫生主管部门调查，该事故是一起因为甲胺磷农药生产车间空气中甲胺磷浓度过高而导致的中毒事故。

请根据你学过的酶的相关知识分析：

1. 有机磷中毒的生化机制是什么？
2. 解磷定是如何起治疗作用的？

第五章 维生素

【学习目标】
1. 掌握维生素的概念及分类。
2. 熟悉主要水溶性维生素的名称、生理功能和它们的辅酶形式。
3. 了解脂溶性维生素的生理功能。

【案例导学】
  1519年,葡萄牙航海家麦哲伦率领的远洋船队从南美洲东岸向太平洋进发。三个月后,有的船员牙床破了,有的船员流鼻血,有的船员浑身无力,待船到达目的地时,原来的200多人,只活下来35人,但人们对此找不出原因。1734年,在开往格陵兰的海船上,有一个船员得了严重的坏血病,当时这种病无法医治,其他船员只好把他抛弃在一个荒岛上。待他苏醒过来,用野草充饥,几天后他的坏血病竟不治而愈了。诸如此类的坏血病,曾夺去了几十万英国水手的生命。1747年,英国海军军医林德总结了前人的经验,建议海军和远征船队的船员在远航时要多吃些柠檬,他的建议被采纳,从此也未曾发生过坏血病。那么,柠檬中到底是何种物质对坏血病有抵抗作用呢?
  本章将介绍维生素的相关知识。

  维生素是维持机体正常生命活动所必需的一类微量小分子有机化合物,必须从食物中获得。维生素的日需求量较少,既不是构成各种组织的原料,也不是体内能量的来源,却是机体进行生命活动必不可少的重要物质,多以辅酶或辅基的形式参与机体的新陈代谢。当机体维生素摄入过少或过多,都会对身体产生不良影响。维生素缺乏会导致维生素缺乏症,如坏血病、软骨病、夜盲症、脚气病等;维生素过多会干扰正常代谢,引起维生素过多症,如长期摄入过量维生素A则会引起中毒。
  维生素在动植物组织中广泛存在,绝大多数维生素可直接来源于食物,少量可来自于肠道菌合成。人体肠道菌能合成某些维生素,如维生素K、维生素B_{12}、泛酸和叶酸等,可补充机体不足。维生素的命名习惯一般按发现先后顺序以A、B、C、D、E等命名。最初发现以为是一种,后来证明是多种维生素混合存在时,便在英文字母右下方注1、2、3、4等数字加以区别,如维生素B_1、维生素B_2、维生素B_6等。按生理功能命名,如维生素C又叫抗坏血酸。按化学结构命名,如维生素B_2又叫核黄素。因此,同一种维生素会出现两个以上的名字。
  维生素的种类很多,它们的化学结构差别很大,通常根据溶解性质将其分为水溶性维生素和脂溶性维生素两大类。
  脂溶性维生素有维生素A、维生素D、维生素E和维生素K等。水溶性维生素有维生素 C 和 B 族维生素等。

> **知识拓展**
>
> **维生素的发现**
>
> 维生素是人们在医药实践和科学实验过程中发现的。中国唐代时期医学家孙思邈用动物肝脏防治夜盲症，用谷皮汤熬粥防治脚气病。1906 年，英国的 Hopkins 用纯化的饲料饲养大鼠，大鼠不能存活，添加微量牛奶后，大鼠就能正常生长。1913 年，美国的生物化学家 Mendal 和 Osborni、McCollum 和 Davis 发现了维生素 A 和 B 族维生素，随后，其他维生素也被陆续发现。

第一节　脂溶性维生素

维生素 A、维生素 D、维生素 E、维生素 K 等不溶于水，而溶于脂肪和脂溶剂，因此，统称为脂溶性维生素。脂溶性维生素可在体内，尤其是肝脏内储存，故无需每天摄取。在肠道吸收时，与脂类吸收有关，排泄效率低，故摄入过多时，可在体内蓄积，产生有害作用，甚至发生中毒。脂溶性维生素以独立发挥生理功能为主，不以辅酶或辅基形式存在。

一、维生素 A

维生素 A 又称为视黄醇，是一个具有脂环的不饱和一元醇类。维生素 A 包括维生素 A_1 和维生素 A_2 两种。维生素 A_1 即通常所称的视黄醇，在体内可被氧化为视黄醛，主要存在于哺乳动物及咸水鱼的肝脏中。维生素 A_2 又称为 3-脱氢视黄醇，主要存在于淡水鱼的肝脏中。在动物乳制品及蛋黄中，维生素 A 含量丰富，胡萝卜、绿叶蔬菜及玉米中维生素 A 含量较多，可以通过 β-胡萝卜素裂解生成而得。日常生活中，维生素 A 摄取过多，会引起中毒，危害人体健康。

维生素 A 的结构与 β-胡萝卜素的结构相似。β-胡萝卜素本身不具生物活性，但在酶的作用下可裂解为 2 分子的视黄醛，再被还原形成具有生物活性的视黄醇。因此，β-胡萝卜素是维生素 A 的主要前体物质，故称为维生素 A 原。

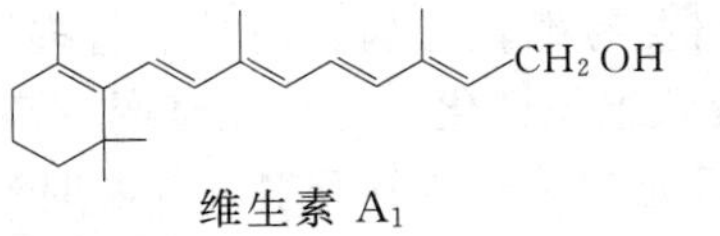

维生素 A_1

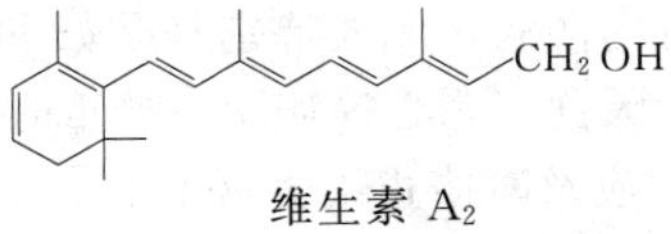

维生素 A_2

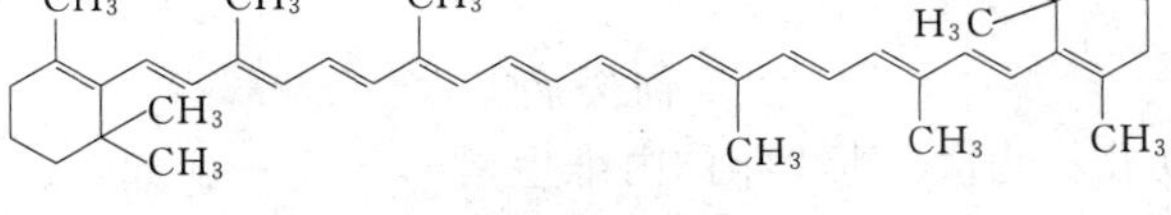

β-胡萝卜素

维生素 A 的生理功能主要有以下几方面：

(1) 维持正常视觉　眼睛对弱光的感光性主要取决于视紫红质。人在傍晚及暗处，对暗适应能力主要与视紫红质的浓度有关。维生素 A 可参与视网膜视紫红质的合成，维持正常的暗适应能力，维持正常视觉。维生素 A 缺乏，暗适应能力下降，则会引起夜盲症。

（2）**维持机体上皮组织健康** 维生素 A 可参与上皮细胞与黏膜细胞中糖蛋白的生物合成，以维持上皮细胞的正常结构和功能。当泪腺上皮组织分泌功能受阻，可使角膜、结膜干燥发炎，产生干眼病，所以维生素 A 又叫抗干眼病维生素。

（3）**刺激组织生长和分化** 维生素 A 能促进蛋白质的生物合成和骨细胞的分化，从而可促进机体的生长、骨骼的发育。

（4）**增强机体免疫** 维生素 A 可参与免疫球蛋白的合成，以此可增加机体抗感染免疫作用。

（5）**抗癌作用** 维生素 A 可促进上皮细胞的正常分化，并控制其细胞恶变，从而具有一定的防癌作用。

二、维生素 D

维生素 D 是固醇类衍生物，主要存在于肝脏、奶及蛋黄中，尤以鱼肝油中含量最为丰富。维生素 D 可以防治佝偻病、软骨病和手足抽搐症等，所以维生素 D 又称为抗佝偻病维生素。

维生素 D 种类较多，最重要的是麦角钙化醇（维生素 D_2）和胆钙化醇（维生素 D_3），两者结构十分相似。麦角固醇是维生素 D_2 的前体物质，在植物油和酵母中含量丰富，经紫外光照射后可转化为维生素 D_2，故称麦角固醇为维生素 D_2 原。在人和动物体内，胆固醇脱氢生成 7-脱氢胆固醇，经日光或紫外光照射后可生成维生素 D_3，这也是人体维生素 D 的主要来源，并能足够维持生物体生命活动所需。因 7-脱氢胆固醇为维生素 D_3 的前体物质，故又称为维生素 D_3 原。由此可见，适当的日光照射可弥补机体维生素 D 的不足。

维生素 D_2　　　　　　　维生素 D_3

维生素 D 的主要生理功能是促进小肠黏膜细胞对钙和磷的吸收，提高血钙、血磷浓度，有利于新骨骼的生成和钙化。当维生素 D 缺乏时，肠道内钙、磷吸收受阻，血钙和血磷浓度下降，会引起儿童佝偻病，成人特别是孕妇和哺乳妇女易患软骨病。但是，过多服用维生素 D，则会引起头痛、厌食、恶心等症状，严重时会出现软组织钙化、肾功能衰竭、高血压等。当维生素 D 中毒时，应及时停止维生素 D 摄入，避免日光和紫外线的照射，并及时治疗。

> **知识链接**
>
> **佝偻病**
>
> 佝偻病即由于婴幼儿、儿童、青少年体内维生素 D 不足，引起钙、磷代谢紊乱，而产生的一种以骨骼病变为特征的全身、慢性、营养性疾病。其主要特征是生长着的长骨干骺端软骨板和骨组织钙化不全，维生素 D 不足使成熟骨钙化不全。这一疾病的高危人群是 2 岁以内（尤其是 3～18 个月）的婴幼儿，可以通过摄入充足的维生素 D 得以预防。近年来，重度佝偻病的发病率逐年降低，但是北方佝偻病患病率高于南方，轻、中度佝偻病发病率仍较高。

三、维生素 E

维生素 E 与动物生育有关，故称为生育酚，主要存在于植物油中，尤以麦胚油、大豆油、玉米油和葵花籽油中含量最为丰富，在豆类及蔬菜中含量也较多。正常情况下，人体很少发生维生素 E 缺乏。早产儿缺乏维生素 E 会产生溶血性贫血，成人会导致红细胞寿命减短，会发生肌肉退化等现象。维生素 E 的结构式如下：

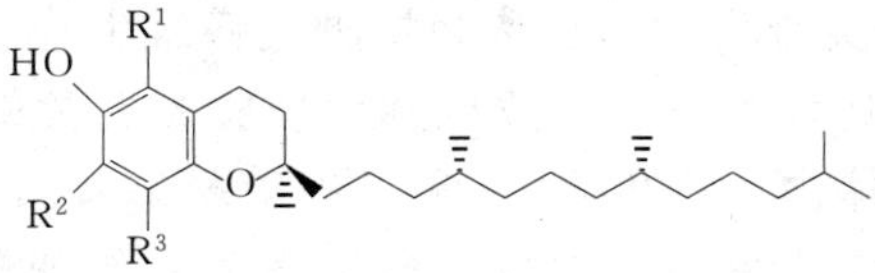

维生素 E

维生素 E 是一种很好的抗氧化剂，可以避免脂质中过氧化物的产生，可清除自由基，保护不饱和脂肪酸和生物大分子物质，保护生物膜的结构和功能；维生素 E 可促进血红素的合成，延长红细胞的寿命，防止红细胞被氧化破裂而造成溶血；维生素 E 与动物生殖密切相关，缺乏维生素 E 动物则不能生育。

四、维生素 K

维生素 K 具有促进凝血功能，故又称凝血维生素。天然维生素 K 主要有两种，即维生素 K_1 和维生素 K_2。维生素 K_1 在绿叶植物及动物肝脏中含量丰富。维生素 K_2 则是人体肠道细菌的代谢产物，因此，长期服用抗菌药物，可以减少肠道细菌合成维生素 K_2。维生素 K_1 与维生素 K_2 的结构式如下：

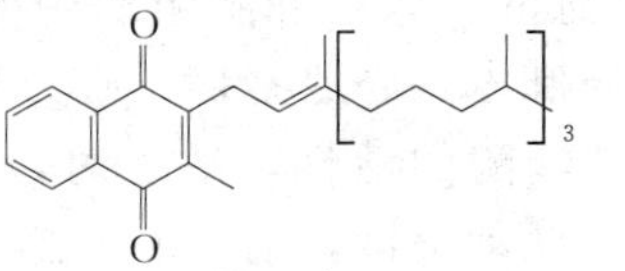

维生素 K_1 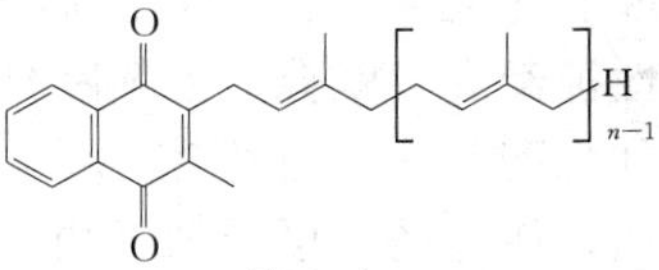   维生素 K_2

维生素 K 的生理功能有：促进肝脏合成凝血酶原，调节凝血因子 Ⅱ、Ⅶ、Ⅸ、Ⅹ 的合成，促进血液凝固；参与骨盐代谢，骨化组织中存在维生素 K 依赖的骨钙蛋白；作为电子传递链的一部分，参与氧化磷酸化过程。

缺乏维生素 K，凝血酶原合成受阻，导致凝血时间延长，常常会发生肌肉和肠道出血。

> **课堂互动**
>
> 1. 脂溶性维生素有哪些？
> 2. 维生素 A 的生理功能有哪些？
> 3. 缺乏维生素 D 会引起哪些病症？

第二节　水溶性维生素

B 族维生素、维生素 C 和硫辛酸均溶于水而不溶于有机溶剂，因此，统称为水溶性维生素。B 族维生素主要有维生素 B_1、维生素 B_2、维生素 B_3（泛酸）、维生素 B_5（PP）、维生素 B_6、维生素 B_7（生物素）、叶酸和维生素 B_{12} 等。

水溶性维生素具有以下特点：溶于水，不溶于脂肪及有机溶剂；进入人体的多余的水溶性维生素易从尿液排出，体内不能多储存，也不易出现中毒症状，但因储存很少必须经常从食物中摄取；绝大多数以辅酶或辅基形式参与酶的代谢反应；水溶性维生素在体内的营养水平多数都可以在血液和尿液中反映出来。

一、维生素 B_1 和焦磷酸硫胺素

维生素 B_1 又称为抗神经炎维生素，也称为抗脚气病维生素。维生素 B_1 的化学结构是由含硫的噻唑环和含氨基的嘧啶环组成的，故也称为硫胺素。常使用的维生素 B_1 都是化学合成的硫胺素盐酸盐。在生物体内，维生素 B_1 常以焦磷酸硫胺素（TPP）的形式存在。TPP可以作为脱羧酶、丙酮酸脱氢酶系和 α-酮戊二酸脱氢酶系的辅酶，参与许多 α-酮酸的脱羧反应。

维生素 B_1

维生素 B_1 主要存在于种子外皮及胚芽中，米糠、麦麸、黄豆、酵母、瘦肉等食物中含量最丰富。维生素 B_1 极易溶于水，故米不宜多淘洗以免造成维生素 B_1 的损失。

由于维生素 B_1 与糖代谢密切相关，所以当维生素 B_1 缺乏时，体内的 TPP 含量减少，糖代谢过程中丙酮酸氧化脱羧作用受到阻碍，会导致血液、尿液和脑组织中的丙酮酸含量增多，可引起多发性神经炎，就会产生烦躁易怒、四肢麻木、心肌萎缩、心力衰竭、下肢水肿等症状，临床上称为脚气病。维生素 B_1 可抑制胆碱酯酶的活性，缺乏时，该酶活性升高，乙酰胆碱水解加速，使神经传导受到影响，造成胃肠蠕动缓慢，消化液分泌减少，出现食欲不振、消化不良等症状。

二、维生素 B_2 和黄素辅酶

维生素 B_2 又称为核黄素，其化学结构中含有核糖醇和二甲基异咯嗪两部分。在生物体内，维生素 B_2 常以磷酸酯的形式存在，即黄素单核苷酸（FMN）和黄素腺嘌呤二核苷酸（FAD），它们具有氧化还原能力，是生物体内一些氧化还原酶（黄素蛋白）的辅基，一般与酶蛋白结合较紧，不易分开，在生物氧化过程中起到传递氢的作用，故 FMN 和 FAD 又称为黄素辅酶。FMN 是羟基乙酸氧化酶等的辅基，FAD 是琥珀酸脱氢酶、磷酸甘油脱氢酶等的辅基。

维生素 B_2

维生素 B_2 广泛存在于自然界中，小麦、青菜、大豆、蛋黄、胚和米糠等都含有丰富的

维生素 B_2。动物肝脏及酵母中含量较高，绿色植物及某些细菌和霉菌能合成核黄素，但在动物体内却不能合成，必须由食物提供。

维生素 B_2 在糖、脂肪、氨基酸代谢中都非常重要，可作为辅酶参与生物氧化，对维持皮肤、黏膜和视觉的正常机能均有一定作用。当人体缺乏维生素 B_2 时，会出现口舌炎、唇炎、眼角膜炎等症状。

三、泛酸（维生素 B_3）和辅酶 A

泛酸也称为维生素 B_3，是自然界中分布十分广泛的维生素，故又称为遍多酸。在生物体内，泛酸的主要活性形式是辅酶 A（CoA）。辅酶 A 在代谢过程中作为酰基载体，起传递酰基的作用，是各种酰化反应的辅酶；在糖代谢、脂代谢和氨基酸代谢的相互关系中是一个很重要的穿梭物质；当携带乙酰时，形成 $CH_3CO\sim CoA$，称为乙酰辅酶 A。

泛酸广泛存在于动植物细胞中，尤其是蜂王浆中含量较多，同时肠内细菌也能合成泛酸供人体使用，所以，人类暂未发现缺乏症。

临床上，辅酶 A 对厌食、乏力等症状有明显的疗效，故被广泛用于多种疾病的重要辅助药物，如白细胞减少症、功能性低热、脂肪肝、各种肝炎、冠心病等。

四、维生素 B_5 和辅酶Ⅰ、辅酶Ⅱ

维生素 B_5 又称维生素 PP，或称为抗癞皮病维生素，包括烟酸（又称尼克酸）和烟酰胺（又称尼克酰胺）两种物质。维生素 B_5 在体内主要是以烟酰胺形式存在，烟酰胺与核糖、磷酸、腺嘌呤组成脱氢酶辅酶，一个是烟酰胺腺嘌呤二核苷酸，简称 NAD^+ 或辅酶Ⅰ；另一个是烟酰胺腺嘌呤二核苷酸磷酸，简称 $NADP^+$ 或辅酶Ⅱ。

NAD^+ 和 $NADP^+$ 都是脱氢酶的辅酶，在代谢过程中起到传递氢的作用，它们与酶蛋白的结合比较松散，因此容易脱离酶蛋白而单独存在。NAD^+ 可作为醇脱氢酶、乳酸脱氢酶、苹果酸脱氢酶、3-磷酸甘油醛脱氢酶的辅酶；$NADP^+$ 可作为 6-磷酸葡萄糖脱氢酶、谷胱甘肽还原酶的辅酶。

维生素 B_5 广泛存在于酵母、绿色蔬菜、肉类、谷物和花生中，此外，在体内色氨酸也可以转变为维生素 B_5，故人体一般不会缺乏。一旦人体长期缺乏维生素 B_5，就会出现癞皮病，表现为皮炎、腹泻和痴呆。

五、维生素 B_6 和磷酸吡哆素

维生素 B_6 包括三种物质：吡哆醇、吡哆醛和吡哆胺，这三种物质在体内可以相互转化。在体内，维生素 B_6 主要以磷酸酯形式存在：磷酸吡哆醇、磷酸吡哆醛和磷酸吡哆胺。其中，磷酸吡哆醛和磷酸吡哆胺在氨基酸代谢中非常重要，是氨基酸转氨作用、脱羧作用及消旋作用的辅酶。

维生素 B_6 分布广泛，在酵母、蛋黄、肝脏、谷类等中含量丰富，肠道细菌也可合成。缺乏维生素 B_6 可产生呕吐、中枢神经兴奋、惊厥等症状。酗酒者和长期服用异酰胺的结核病患者最容易缺乏维生素 B_6。

六、生物素

生物素是酵母的生长素，又称为维生素 B_7，或维生素 H。

生物素是多种羧化酶的辅酶，如丙酮酸羧化酶、乙酰辅酶 A 羧化酶等，生物素与酶蛋

白结合催化体内 CO_2 的固定以及羧化反应，在糖代谢、脂代谢、氨基酸代谢过程中起到 CO_2 载体的作用。

生物素在自然界中存在广泛，肝脏和酵母中含量较为丰富。生鸡蛋蛋清中含一种抗生物素蛋白，能与生物素结合成一种无活性、人体不易吸收的结合蛋白，故长期食用生鸡蛋可引起生物素缺乏症，导致疲劳、食欲不振、四肢皮炎、肌肉疼痛等。此外，生物素对一些微生物如酵母菌、细菌的生长有强烈促进作用，所以发酵法生产抗生素时，培养基中常需加入生物素。

七、叶酸与叶酸辅酶

叶酸是自然界广泛存在的维生素，因为在叶绿体中含量丰富，故名叶酸，亦称为蝶酰谷氨酸。在体内，作为辅酶的是四氢叶酸，它是一碳基团转移酶的辅酶，起着传递一碳基团的作用，参与体内重要物质（如嘌呤、嘧啶、甲硫氨酸、胆碱等）的合成，在核酸和氨基酸代谢中有重要作用。

叶酸广泛存在于青菜、肝脏和酵母中，人类肠道细菌也能合成叶酸，一般不易缺乏。但当怀孕时，由于叶酸需求增多、或肠道吸收不好、或长期服用抗生素等情况下可能会导致叶酸缺乏。

叶酸对于正常红细胞的形成有促进作用。当叶酸缺乏时，DNA 合成受阻，会在体内形成巨红细胞。大部分巨红细胞在成熟前就被破坏而造成贫血，称为巨幼红细胞性贫血。如果孕妇缺乏叶酸，可导致无脑儿或脊椎裂。

八、维生素 B_{12} 与辅酶 B_{12}

维生素 B_{12} 又称抗恶性贫血维生素，因分子中含有金属元素钴，也称为钴胺素，是唯一含有金属元素的维生素。

维生素 B_{12} 在体内有两种活性形式：辅酶 B_{12} 和甲基钴胺素。辅酶 B_{12} 可以作为变位酶的辅酶参加一些异构化反应，而甲基钴胺素可参与生物合成的甲基化作用，因此，维生素 B_{12} 对神经功能有特殊的重要性。

在自然界中，只有动物性食品才富含维生素 B_{12}，尤其是动物肝脏，其次为肉、蛋、奶类，此外发酵豆制品如腐乳等食物中也含有。人体肠道细菌也可以合成部分维生素 B_{12}，所以人体一般不缺。但有严重吸收障碍疾患的病人和长期素食者易发生维生素 B_{12} 缺乏症。

维生素 B_{12} 也参与体内一碳基团代谢，因此与叶酸的作用有时相互关联。当机体缺乏维生素 B_{12} 时，不能产生正常红细胞，会导致恶性贫血，幼龄动物发育不良、神经系统受损、手足麻木等。

> **课堂互动**
> 1. 水溶性维生素有哪些？
> 2. 维生素 B_1 的生理功能有哪些？

九、维生素 C

维生素 C 能防治坏血病，故又称为抗坏血酸。它具有酸性和强还原性，为高度的水溶性维生素。在体内，维生素 C 以还原型和氧化型两种形式存在，可以通过氧化还原反应互相转变。

维生素 C 广泛分布在新鲜的蔬菜和水果中，柑橘、猕猴桃、石榴、梨等水果中含量尤其丰富。人体不能合成维生素 C，必须从食物中摄取。

维生素 C 的生化功能可以通过它本身的氧化和还原作用实现，在生物氧化过程中作为氢的载体。维生素 C 是脯氨酸羟基化酶的辅酶，在胶原蛋白中含有较多的羟脯氨酸，所以维生素 C 还可以促进胶原蛋白的合成。已知许多含巯基的酶，在体内需要有自由的巯基才能发挥其催化活性，而抗坏血酸能使这些酶分子中的巯基处于还原状态，从而维持其催化活性。维生素 C 是机体内很好的抗氧化剂，具有清除自由基的强大功能。

> **知识拓展**
>
> **维生素 C 可预防白内障**
>
> 白内障是常见的致盲性眼疾，随着年龄增长，眼睛晶状体由于蛋白质变性而浑浊，影响视力。尽管现在已经可以通过手术来治疗白内障，但有些中老年人的白内障发现或治疗晚，仍严重影响视力。
>
> 英国伦敦大学国王学院研究人员最新研究发现，饮食中多摄入维生素 C 可以帮助控制白内障病程。"尽管不能完全阻止白内障发生，但简单地通过饮食调整多摄入维生素 C，就能推迟白内障发病，或显著阻止病程恶化。"这可能与维生素 C 的抗氧化能力有关。眼睛晶状体周围的液体中正常情况下维生素 C 含量较高，这可以帮助预防氧化作用发生。如果饮食中摄入更多维生素 C，也许能帮助提高晶状体周围液体中的维生素 C 水平，提供额外的防氧化保护。

> **课堂互动**
>
> 缺乏维生素 C 会引起哪些病症？

十、硫辛酸

硫辛酸是一种含硫的脂肪酸，有氧化型和还原型两种存在形式，可以相互转化。硫辛酸是丙酮酸脱氢酶系和 α-酮戊二酸脱氢酶系的多酶复合体中的一种辅助因素，在此复合物中，硫辛酸起着转酰基的作用，同时在这个反应中硫辛酸被还原以后又重新被氧化。硫辛酸在糖代谢过程中有着非常重要的作用。

硫辛酸在动物的肝脏和酵母中含量丰富。

目标检测

一、名词解释

维生素、水溶性维生素、脂溶性维生素

二、选择题

1. 下列哪种维生素是辅酶 A 的前体？（　　）
   A. 核黄素　　　　B. 泛酸　　　　C. 钴胺素　　　　D. 吡哆胺

2. 维生素 B_1 在体内的活性形式是（　　）。
   A. TPP　　　　B. 硫胺酸　　　　C. 硫胺素焦磷酸酯　D. 辅酶 A

3. 缺乏维生素 D 会导致以下哪种病症发生？（   ）
   A. 佝偻病　　　　B. 呆小症　　　　C. 痛风症　　　　D. 夜盲症
4. 维生素 B_2 的活性形式是（   ）。
   A. 核黄素　　　　B. FMN 和 FAD　　C. NAD^+　　　D. $NADP^+$
5. 下列维生素中参与转氨基作用的是（   ）。
   A. 硫胺素　　　　B. 尼克酸　　　　C. 磷酸吡哆醛　　D. 核黄素

三、问答题

1. 说明当维生素 A 缺乏时为什么会患夜盲症。
2. 简述维生素 C 缺乏时的典型症状。
3. 叶酸缺乏时为什么会引起巨幼红细胞性贫血？
4. 维生素 B_6 为什么能治疗小儿惊厥及妊娠呕吐？
5. 人类缺乏维生素 PP 时的主要表现症状是什么？

四、案例分析题

下面 3 组数据是中国营养学专家对中国居民的维生素现状的调查结果，根据图中给出的信息，回答以下问题：

1. 从图中你可以获得关于维生素的哪些知识？
2. 结合实际谈谈在日常生活中如何补充维生素，避免缺乏症。

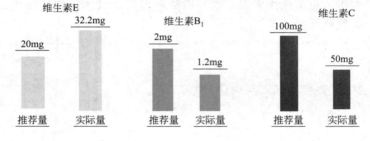

第六章 新陈代谢与生物氧化

【学习目标】
1. 掌握新陈代谢的定义与基本类型；生物氧化的定义与线粒体氧化体系；ATP形成的方式。
2. 熟悉能量代谢的过程；呼吸商的定义；呼吸链的组成与两条重要的呼吸链、电子传递链抑制剂。
3. 了解物质代谢的研究方法；了解非线粒体氧化体系。

【案例导学】
线粒体DNA（mtDNA）是细胞质线粒体的遗传物质，其外边没有蛋白质保护，也没有DNA损伤修复系统，因此容易受到氧自由基的损伤而发生突变。研究发现，当体细胞系的mtDNA突变时可以影响机体的氧化磷酸化功能，使ATP的生成减少而导致疾病的产生。如帕金森、Alzheimer病等老年退行性病变，以及扩张性心肌病和肥厚性心肌病等老年心血管疾病。
本章将介绍生物氧化及其在医药方面应用的生化机理。

第一节 新陈代谢

一、新陈代谢概述

1. 新陈代谢的定义

新陈代谢是生物体内全部有序化学变化的总称，其中的化学变化一般都是在酶的催化作用下进行，包括消化吸收、中间代谢和排泄三个阶段。新陈代谢是生物最基本的特征之一，是物质运动的一种形式。

生物体不停地与外界发生着复杂的联系。生物体的一切生命活动无一不是通过机体的新陈代谢来完成。以人体为例，人体内的水（指代谢水），每过一周就有一半被新的水分子所代替；人体内的蛋白质每80天就有一半被更新；其中肝脏、血浆内的蛋白质每10天就更新一半。新陈代谢一旦停止，生命也将终结。

2. 新陈代谢的功能

① 从外界环境获取营养物，获得物质和能量；

② 将外界摄取获得的物质转化为自身的组成成分；
③ 将结构元件装配成蛋白质、核酸和脂类等自身的大分子；
④ 分解有机营养物质；
⑤ 提供生物体生命活动的一切能量。

3. 新陈代谢的类型

生物在长期的进化过程中，不断地与它所处的环境发生相互作用，逐渐在新陈代谢方式上形成了不同的类型。按照自然界中生物体同化和异化过程的不同，新陈代谢的基本类型可以分为同化作用和异化作用两种。一方面，生物有机体把从环境中摄取的物质，经一系列的化学反应转变为自身物质，这一过程称为同化作用，即物质从外界到体内，从小分子到大分子。因此，同化作用是一个吸收能量的过程，如绿色植物利用光合作用，把环境中的水和二氧化碳等物质转化为淀粉、纤维素等物质。与此相反的是异化作用，即从体内到外界环境，物质由大分子转变为小分子的过程，这是个释放能量的过程，同时把生物体不需要或不能利用的物质排出体外。

同化和异化是矛盾的两个方面，既对立又统一，它们互相制约、互相联系、互相依赖，彼此都以其对立面为存在条件。异化作用为同化作用提供能量，同化作用又为异化作用提供了物质基础。如人体的新陈代谢，在不同年龄阶段程度是不同的。幼年和青少年时期需要更多的营养物质来促进身体的生长，同化作用在这一阶段占主导地位，新陈代谢旺盛；反之，到了老年阶段，人体机能逐渐衰退，新陈代谢日趋缓慢，此时异化作用和同化作用的主次关系也发生了变化。

> **知识拓展**
>
> **加速新陈代谢的方法**
>
> （1）喝水。水是人体燃烧热量的必备物质，没有水就会降低人体的新陈代谢水平。每天饮用1.5L的水，可以多燃烧近50cal（1cal＝4.186J）的热量。
>
> （2）早餐。早起的时候恰好是新陈代谢改变的时段。经常吃早餐的人，通常会比较精力充沛，不容易长赘肉。
>
> （3）运动。生命在于运动，我们可以适当变换运动的方式和种类，避免单一方式的枯燥感，用最快乐的方式燃烧更多的脂肪，加速新陈代谢。

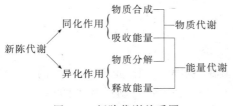

图 6-1 新陈代谢关系图

4. 物质代谢和能量代谢

新陈代谢包括物质代谢与能量代谢。物质代谢是指生物体与外界环境之间物质的交换和生物体内物质的转变过程，能量代谢是指生物体与外界环境之间能量的交换和生物体内能量的转变过程，二者是相互联系、相互偶联的（图 6-1）。例如，进食后能量摄入过多时，脂肪合成增加；而在饥饿时进行脂肪动员，释放出能量供机体使用。

（1）物质代谢　生物体内的旧物质分解和新物质的合成是同时进行的，生物体内一切物质的代谢变化统称为物质代谢，它包括合成代谢与分解代谢。合成代谢是指生物体内一切物质的合成作用，它属于同化作用的范畴，如氨基酸合成蛋白质、核苷酸合成核酸；分解代谢是指生物体内一切物质的分解作用，属于异化作用的范畴，如糖类物质经过三羧酸循环被彻底分解为二氧化碳和水。

> **知识链接**
>
> **中间代谢**
>
> 众所周知，新陈代谢分为三个阶段，即消化吸收、中间代谢和排泄废物。通常人们把消化吸收的营养物质和体内原有的物质在一切组织和细胞中进行的各种化学变化称为中间代谢。中间代谢多数是串联的，即上一个反应的产物就是下一步反应的底物，也有些是分支的，还有些组成一个循环，比如三羧酸循环，底物乙酰辅酶 A 经过这个循环彻底氧化分解成二氧化碳和水，并释放大量的能量。
>
> 中间代谢也称为胞内代谢，整个过程也分为分解代谢和合成代谢两个过程，其中分解代谢主要完成获取能量和构成机体所需要的"原材料"的工作，合成代谢主要完成利用储存的能量和"原材料"构成机体组成成分的任务。中间代谢的分解代谢与合成代谢的起始代谢物与最终产物往往是相同的，而方向却恰好相反。但是它们之间并非都是可逆反应，其中间步骤、反应发生的场所和催化各步反应的酶各不相同。比如糖酵解与糖异生途径，糖酵解是由葡萄糖出发生成丙酮酸与乳酸，糖异生则可由丙酮酸、乳酸出发合成葡萄糖，但是各自途径中的关键酶均不相同。

(2) 能量代谢

① 能量代谢的变化　在物质交换的过程中同时伴有能量的交换称为能量代谢。机体从外界环境中摄取营养物进行合成代谢的同时也从外界摄取能量，这部分能量主要来源于营养物质所含的化学能。当这些营养物质在机体内进行分解代谢时又将化学能释放出来，以供生命活动的需要。化学能除一部分用于合成机体内其他成分外，还用于各种生命活动。但化学能不能全部转化为可做功的能，必定有一部分不可避免地以热的形式释放，成为散发热（q）。用于做功的能量称为自由能（ΔF），转变的总能量称为反应热（ΔH）。根据能量守恒定律，反应热等于转变的自由能与散发热之和，即：

$$\Delta H = \Delta F + q$$

② 基础代谢　基础代谢是指人体所有器官维持生命所需要的最低能量。即人体在清醒又极端安静的状态下，不受肌肉活动、环境温度、食物及精神紧张等因素影响时维持心跳、呼吸等基本生命活动所需的最低的能量代谢情况。为了比较不同个体的能量代谢水平，可用机体每小时每平方米体表面积散发的热量 [$kJ/(h \cdot m^2)$]，即基础代谢率来表示。基础代谢率随着性别、年龄等不同生理情况会有变动，男子的基础代谢率平均高于女子的代谢率；幼儿的基础代谢率平均高于成人的代谢率；年龄越大，基础代谢率越低。正常人的基础代谢每天约为 5900～7500kJ。

③ 呼吸商与食物的卡价

a. 呼吸商　营养物质在体内氧化分解时需要消耗氧，同时释放出二氧化碳，二者的比值称为呼吸商。呼吸商是一个重要的代谢概念。各种营养物质因结构不同，其物质组成不同，碳氢氧含量比例也就不同，所以呼吸商不同。糖、蛋白质和脂肪的呼吸商分别是 1.0、0.8 和 0.7，正常人混合膳食的呼吸商平均为 0.85，通过呼吸商的测定可以预判不同生理和病理状态下能量消耗的情况。

b. 食物的卡价　人体所需要的能量来源于动物性和植物性食物中的糖类、脂类和蛋白质三种产能营养素。每克产能营养素在体内氧化所产生的能量值称为"食物的热价"或"食物的卡价"，亦称"能量系数"。在代谢研究中，人们常使用食物的卡价来衡量食物供能方面的情况。每克糖、脂肪和蛋白质的卡价分别为 4kcal、9kcal、4kcal，若换算成目前国际常用的热量计算单位焦耳（J），则每克糖、脂肪和蛋白质的卡价分别为 17kJ、38kJ 和 17kJ。

> **课堂互动**
>
> 生命在于"运动"还是"静止"？
>
> 我们常说生命在于运动，但是有些人却提出"生命在于静止"，比如乌龟长期保持停止状态，却可以活几百年。请从新陈代谢的角度谈谈你对这个问题的看法。

二、物质代谢的研究方法

体内新陈代谢的途径不止一种，而途径中的化学反应更是多且复杂，甚至很多代谢过程在微小细胞中同时进行，因此需要合适的研究方法对代谢过程进行追踪。

1. 同位素示踪法

同位素是指原子序数相同而原子量不同的同种元素。当化合物分子中的原子被相同元素的同位素所取代，而取代后的分子性质没有改变时，称为"同位素标记"。同位素标记是研究体内代谢水平的常用方法，将同位素标记的化合物引进代谢体系来观察其代谢过程与结果的方法就是同位素示踪法。同位素有稳定同位素和放射性同位素两种，二者都可作为示踪原子应用于代谢研究，但放射性同位素比稳定同位素应用更为方便，使用也较为广泛。例如研究氨基酸的脱羧反应，将 ^{14}C 标记在羧基上，只有这种定位标记的氨基酸才能在脱羧后产生 $^{14}CO_2$。氚标记的胸腺嘧啶核苷（^3H-TdR）和尿嘧啶核苷（^3H-UR）是两种常用的示踪剂，前者能有效地结合到 DNA 中，后者则能掺入到 RNA 中，它们的辐射分解速度随放射性的增高及保存时间的延长而增加，在不同温度和不同溶液中的稳定性也不同。

2. 酶抑制剂法及拮抗剂法

此法常用于体外代谢研究。基本上所有代谢反应都是酶促反应，因此可以通过使用某种酶的抑制剂或抗代谢物，阻断中间代谢的某一环节，根据反应被抑制的结果，推测某物质在体内的代谢情况。例如，糖酵解过程中，碘乙酸专一抑制磷酸丙糖脱氢酶的活性，导致磷酸丙糖在肌肉中大量堆积，说明磷酸丙糖的代谢受到碘乙酸的抑制。

3. 器官水平的代谢研究

切除某种动物的器官后给予某种物质，观察其代谢改变，可推知该器官的代谢功能。如在对排尿动物的尿素合成部位进行研究时，切除动物的肝脏后发现动物血液中氨基酸水平和血氨水平均升高，而尿中尿素含量下降，动物存活期很短，但切除动物的肾脏却无此现象，说明肝脏与尿素的合成有关。

4. 使用亚细胞成分

运用超离心、差速离心或密度梯度离心等离心技术将细胞内的各种细胞器，如细胞核、核糖体、微粒体、线粒体等进行分离，再使用其他方法来研究亚细胞成分的代谢特点与各种代谢过程在细胞内进行的部位。比如，利用该方法我们得知脂类物质的分解代谢是在线粒体中进行，脂肪酸的合成是在胞浆中进行，核糖体是合成蛋白质的主要场所等。

5. 利用正常机体的方法

向动物体内灌注、饲喂或注射大量某种代谢物，然后分析血液、组织或排泄物中的中间产物或终产物，可以帮助我们获得物质在体内代谢的信息。比如给予实验动物不同碳原子数的脂肪酸后，分析其排泄物成分，发现奇数碳的脂肪酸与偶数碳的脂肪酸代谢产物不同，这也是脂肪酸 β-氧化提出的基础。

第二节 生物氧化

一、生物氧化概述

1. 生物氧化的概念、特点及场所

生物体的生存与生长除需要各种有机物质和无机物质外，还必须获得大量的能量，以满足生物体内各种复杂化学反应的需要。生物体所需要的能量主要来自于体内糖、脂肪及蛋白质等营养物质的氧化分解。物质在生物体内的氧化分解就称为生物氧化，主要指糖、脂肪及蛋白质等物质在生物体内氧化分解最终生成二氧化碳和水，并释放出能量的过程（图 6-2）。

在化学本质上，生物氧化与体外氧化是相同的，但是二者所进行的方式却大相径庭。生物氧化具有其自身的特点，如生物氧化是在细胞内进行，反应条件温和，且几乎都需要酶的催化；生物氧化产生的能量是逐渐释放的，且能量一般以高能磷酸化合物三磷酸腺苷（ATP）的形式存在。

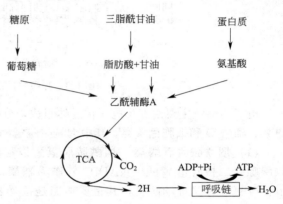

图 6-2 糖、脂类和蛋白质体内氧化过程示意图

生物氧化发生的场所有两个：一个是细胞内的线粒体内，一个是细胞内的线粒体外。线粒体内的氧化伴有 ATP 的生成，主要表现为细胞内二氧化碳的释放与氧的消耗，常称为细胞呼吸；线粒体外的生物氧化主要发生在细胞的内质网、过氧化物酶体、微粒体等部位，不伴有 ATP 的生成，主要与药物等代谢物的生物转化有关。

2. 生物氧化的酶类

生物氧化的过程需要酶的参与，与该过程有关的酶称为生物氧化酶类，主要分为氧化酶与脱氢酶。氧化酶主要是一些含有铜或铁的蛋白质，能激活分子氧，促进氧对代谢物的直接氧化，最终与氢结合生成水。常见的重要的氧化酶类有细胞色素氧化酶、过氧化物酶等。脱氢酶分为需氧脱氢酶和不需氧脱氢酶。前者以 FAD 或 FMN 为辅酶，后者大部分以 NAD^+ 或 $NADP^+$ 为辅酶。前者可以激活代谢物中的氢，使之与分子氧结合，产生过氧化氢；后者一般在无氧或缺氧条件下激活代谢物中的氢，并将其转移给递氢体，促进代谢物氧化。

二、线粒体氧化体系

线粒体氧化体系主要是代谢物分子中的氢在脱氢酶作用下被激活脱出，脱下的氢再经一个或几个中间传递体顺序传递，最终与分子氧结合成水。在该体系中，传递氢的酶或者辅酶称为递氢体，传递电子的酶或辅酶称为电子传递体，它们按照一定的顺序排列在线粒体内膜上，组成的体系就称为电子传递链；该体系进行的一个接一个的链状反应与细胞摄取氧的呼

吸过程有关,又称为呼吸链。

1. 呼吸链的组成

呼吸链主要由存在于线粒体内膜上的几个大的蛋白质复合物构成(图 6-3),它们是 NADH 脱氢酶复合物(又称为 NADH-泛醌还原酶或复合体Ⅰ)、细胞色素 bc_1 复合物(又称为泛醌-细胞色素 c 还原酶或复合体Ⅲ)和细胞色素 c 氧化酶(又称为复合体Ⅳ)。电子从 NADH 传递到氧即是通过这三个复合物的联合作用,而电子从 $FADH_2$ 传递到氧是通过琥珀酸-泛醌还原酶复合物(又称为复合体Ⅱ)、泛醌-细胞色素 c 还原酶和细胞色素 c 氧化酶的联合作用。

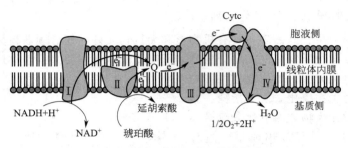

图 6-3 呼吸链的组成及排列位置

电子传递链主要由五类电子传递体组成,分别是烟酰胺脱氢酶类、黄素脱氢酶类、铁硫蛋白类、辅酶 Q 和细胞色素类。其中烟酰胺脱氢酶类、黄素脱氢酶类及辅酶 Q 同时也是递氢体。

(1) 烟酰胺脱氢酶类 烟酰胺脱氢酶以尼克酰胺腺嘌呤二核苷酸(NAD^+)或尼克酰胺腺嘌呤二核苷酸磷酸($NADP^+$)作为辅酶,该类辅酶是连接代谢物与呼吸链的重要环节。NAD^+,又称辅酶Ⅰ,其主要功能是接受从代谢物上脱下的 2H($2H^+ + 2e$),然后传递给另一递氢体黄素蛋白。$NADP^+$,又称辅酶Ⅱ,它与 NAD^+ 的不同之处是腺苷酸部分中核糖 2′-碳原子的羟基氢被磷酸基取代,其功能同样是接受氢,被还原成 $NADPH + H^+$,然后再经呼吸链传递。

(2) 黄素脱氢酶类 黄素脱氢酶类以黄素腺嘌呤二核苷酸(FAD)或黄素单核苷酸(FMN)作为辅基。FAD、FMN 与酶蛋白的结合非常牢固,黄素脱氢酶通过催化代谢物脱氢,脱下的氢被 FAD 或 FMN 接受,形成 $FADH_2$ 和 $FMNH_2$,再经呼吸链传递。

(3) 铁硫蛋白类 铁硫蛋白是存在于线粒体内膜上的一种与电子传递有关的非血红素铁蛋白。铁硫蛋白中含有等量的铁、硫原子,铁原子通过与无机硫原子或者与蛋白质肽链上半胱氨酸残基的硫相结合,能可逆地进行氧化还原反应从而完成电子传递,并且每次只能传递一个电子,故为单电子传递体。铁硫蛋白在生物界广泛存在,在线粒体内膜上常与黄素酶或细胞色素结合在一起形成复合物。

(4) 辅酶 Q 辅酶 Q(CoQ)是一种脂溶性苯醌,因在生物界中广泛存在,又属于醌类化合物,故称泛醌。CoQ 属于非极性物质,可以在线粒体内膜上的疏水相中快速扩散,也有的 CoQ 结合于内膜上。CoQ 在结构上有很多由异戊二烯构成的侧链,不同来源的 CoQ 其异戊二烯单位的数目不同。结构中的苯醌可以可逆地加氢与脱氢,故 CoQ 也属于递氢体。

(5) 细胞色素类 1925 年,Keilin 发现昆虫控制飞翔的肌肉中含有一种色素物质,参与营养物质氧化的过程,因为它有色,故称其为细胞色素(Cyt)。细胞色素是位于线粒体内膜上的含铁电子传递体,其辅基为血红素,也称为铁卟啉。在细胞内参与生物氧化的细胞色素有 Cytb、$Cytc_1$、Cytc、Cyta 和 $Cyta_3$,其中 Cyta 和 $Cyta_3$ 结合紧密,常称为 $Cytaa_3$。在呼吸链中,Cyt 负责将电子从 CoQ 传递到氧,方式是通过血红素辅基中铁原子的还原态

（Fe^{2+}）和氧化态（Fe^{3+}）之间的可逆变化，因此 Cyt 是单电子传递体。

2. 主要的呼吸链

根据呼吸链四个复合体的传递顺序，以及代谢物上脱下氢的初始受体进行区分，可以发现线粒体的主要呼吸链有两条，即 NADH 氧化呼吸链与 $FADH_2$ 氧化呼吸链。

（1）NADH 氧化呼吸链 NADH 氧化呼吸链主要由 NADH、FMN、铁硫蛋白、CoQ 和细胞色素组成。糖、蛋白质、脂肪三大营养物质分解代谢中的脱氢氧化反应，绝大部分是将脱下的氢通过 NADH 呼吸链传递给氧生成水。NADH 是生物体内最常见、最重要的一条呼吸链（图 6-4）。

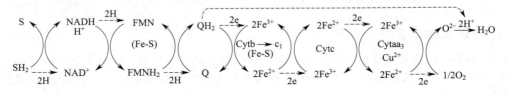

图 6-4 NADH 氧化呼吸链

代谢物在以 NAD^+ 为辅酶的脱氢酶作用下脱下 2H（$2H^+ + 2e$），交给 NAD^+ 使其还原为 $NADH + H^+$，再经过 NADH 脱氢酶催化脱氢，脱下的氢由黄素酶的辅基 FMN 接受生成 $FMNH_2$，再由 $FMNH_2$ 将氢传递给 CoQ 形成 $CoQH_2$，继续传递时 $CoQH_2$ 解离成 $2H^+$ 和 2e，$2H^+$ 游离于线粒体基质中，2e 则通过一系列细胞色素的传递，最后交给氧生成氧离子（O^{2-}），后者与线粒体基质中的 $2H^+$ 结合生成水。每个 2H 经过 NADH 呼吸链氧化生成水时，所释放的能量可以生成 2.5 个 ATP。

> **知识链接**
>
> 线粒体中产生的 NADH 可以直接进入呼吸链完成氧化，但在胞液中产生的 NADH 不能直接透过线粒体内膜，必须经过某种转运机制才能进入线粒体，完成氧化。转运机制主要有以下两种：
>
> （1）α-磷酸甘油穿梭作用 这种作用主要存在于脑、骨骼肌中，载体是 α-磷酸甘油。胞液中的 NADH 在 α-磷酸甘油脱氢酶的催化下，使磷酸二羟丙酮还原为 α-磷酸甘油，后者通过线粒体内膜，并在内膜上 α-磷酸甘油脱氢酶（以 FAD 为辅基）的催化作用下重新生成磷酸二羟丙酮和 $FADH_2$，$FADH_2$ 进入琥珀酸氧化呼吸链，生成 1.5 分子 ATP。
>
> （2）苹果酸-天冬氨酸穿梭作用 主要存在于肝和心肌中。胞液中的 NADH 在苹果酸脱氢酶催化下，将草酰乙酸还原成苹果酸，后者借助内膜上的 α-酮戊二酸载体进入线粒体，又在线粒体内苹果酸脱氢酶的催化下重新生成草酰乙酸和 NADH。NADH 进入 NADH 氧化呼吸链，生成 2.5 分子 ATP。草酰乙酸在谷草转氨酶催化作用下生成天冬氨酸，后者再经酸性氨基酸载体转运出线粒体重新转变成草酰乙酸。

（2）$FADH_2$ 氧化呼吸链 $FADH_2$ 氧化呼吸链由黄素蛋白（以 FAD 为辅基）、铁硫蛋白、CoQ 和细胞色素组成（图 6-5）。该链不如 NADH 氧化呼吸链的作用普遍，两者最大的不同在于代谢物脱下的 2H 由 FAD 接受生成 $FADH_2$，然后再传递给 CoQ，生成 $CoQH_2$。除此之外，氢与电子的传递过程与 NADH 呼吸链相同，每个 2H 经过 $FADH_2$ 呼吸链氧化生成水时，所释放的能量可以生成 1.5 个 ATP。琥珀酸脱氢酶、脂酰辅酶 A 脱氢酶和 α-磷酸甘油脱氢酶催化代谢物脱下的氢均通过此呼吸链被氧化。

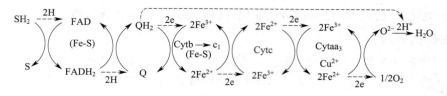

图 6-5 FADH$_2$氧化呼吸链

> **课堂互动**
> 试比较 NADH 氧化呼吸链和琥珀酸氧化呼吸链的异同。

3. 高能磷酸化合物

(1) 概述 生物氧化过程中释放的能量大约有 40% 以化学能的形式储存于一些特殊的有机磷酸化合物中,形成磷酸酯键。这些磷酸酯键水解时能释放较多的能量,一般大于 20.9kJ/mol,往往称之为高能磷酸键,含有高能磷酸键的化合物称为高能磷酸化合物,如 ATP、1,3-二磷酸甘油酸、磷酸肌酸等磷酸化合物,它们在磷酸基团水解时均能释放出大量能量。

在生物氧化过程中,能量的储存、转运和利用主要凭借磷酸基团实现。在酶的作用下,凡是分子间通过脱磷酸化或磷酸化作用引起磷酸基团相互转移的同时总伴有能量的合成、分解和转运。凡是有磷酸键的形成总是吸能反应,凡是有磷酸键的分解总是放能反应。

在能量代谢过程中起关键作用的是 ADP-ATP 系统,ADP 能接受代谢物中的一个磷酸基团和一部分能量转变为 ATP;也可以在呼吸链氧化过程中直接获取能量,发生磷酸化从而合成 ATP。而 ATP 通过水解释放出一个磷酸基团变成 ADP,同时释放出能量用于合成代谢和其他需要能量的生理活动。因此,ATP 相当于生物体内的能量"转运站",又被称作是体内能量的"流通货币"。

(2) ATP 的生成 体内 ATP 的生成有两种方式:底物水平磷酸化和氧化磷酸化。

① 底物水平磷酸化 底物水平磷酸化形成高能磷酸化合物是由于底物脱氢或脱水时伴随分子内部能量的重新分布而形成高能键,然后将高能键的能量转移给 ADP 从而形成 ATP 的作用。一般与呼吸链的电子传递无关。比如糖酵解过程中 1,3-二磷酸甘油酸转变成 3-磷酸甘油酸;三羧酸循环中琥珀酰辅酶 A 转变为琥珀酸等。底物水平磷酸化是生物体捕获能量的一种方式。

② 氧化磷酸化 氧化磷酸化是生物体生成 ATP 的主要方式。生物体除了糖类和脂类等物质氧化分解代谢过程中的少数反应外,其余生物代谢过程几乎全部通过氧化磷酸化生成 ATP。所谓的氧化磷酸化是指代谢物脱下的氢经呼吸链传递给氧生成水的同时释放能量,使 ADP 磷酸化生成 ATP。也就是说代谢物的氧化过程与 ADP 的磷酸化过程相互偶联、同时进行。磷酸化和代谢物的氧化过程若只有一个进行均不能称为氧化磷酸化,只能称为氧化磷酸化的解偶联。

4. 电子传递链抑制剂

凡是能够阻断电子传递链中某部位电子传递的物质均称为电子传递链抑制剂。由于阻断部位物质的氧化还原状态能被测定,所以应用电子传递抑制剂是研究电子传递顺序的主要方法。

常见的电子传递链抑制剂有以下几种。

(1) 呼吸链抑制剂 此类抑制剂能阻断呼吸链中某些部位电子传递。如鱼藤酮、粉蝶霉素 A 及异戊巴比妥可阻断电子从 NADH 向 CoQ 传递,从而抑制 NADH 脱氢酶;抗霉素 A

可抑制电子从 $Cytb$ 向 $Cytc_1$ 传递；氰化物（CN^-）、H_2S、叠氮化物（N_3^-）与 CO 抑制细胞色素氧化酶，阻断电子从 $Cytaa_3$ 向氧的传递。

> **知识拓展**
>
> **CO 为什么会引起中毒？**
>
> 细胞色素 b、c_1、c 所含的亚铁血红素中的铁与卟啉环和蛋白质形成六个配位键，所以它们不能再和 O_2、CO、CN^- 等结合。只有细胞色素 aa_3 分子中所含的血红素 A 中的铁原子是形成五个配位键，还可以再形成一个配位键。当 CO 进入体内后，可以与细胞色素 aa_3 的 Fe^{2+} 配位结合，使其丧失传递电子的能力，抑制氧化磷酸化。严重时会导致呼吸链中断，细胞因窒息而死亡。

（2）**解偶联剂** 此类抑制剂不阻断呼吸链中氢和电子的传递，但是使氧化产生的能量不用于 ADP 的磷酸化过程，造成物质氧化释放的能量不能储存到 ATP 中，而是以热能的形式释放，导致体温升高。

（3）**氧化磷酸化抑制剂** 此类抑制剂同时抑制电子传递和 ADP 磷酸化。如寡霉素通过阻断质子回流，抑制 ATP 生成；同时由于质子回流受阻，线粒体内膜外侧质子积累，呼吸链质子泵的功能受到影响，从而抑制电子传递。

三、非线粒体氧化体系

线粒体氧化体系是所有生物的主要氧化途径，此外还有一种与 ATP 的生成没有关系，但是具有其他重要生理功能的氧化体系，即非线粒体氧化体系。其主要包含以下两种：微粒体氧化体系和过氧化物酶体氧化体系。

1. 微粒体氧化体系

微粒体氧化体系存在于细胞的光滑内质网上，组成成分较为复杂，目前尚不完全清楚。根据催化底物氧化反应情况的不同，可将它们分为两种类型：加单氧酶系和加双氧酶系。

（1）**加单氧酶系** 加单氧酶系由 NADP-细胞色素 P450 还原酶、细胞色素 P450、FAD 等组成，可催化氧分子中的一个氧原子加到底物分子上，另一个氧原子与 $NADPH+H^+$ 的两个 H 结合生成水。由于该酶系催化作用具有双重功能，并且催化底物发生羟化反应，故也称为混合功能氧化酶和羟化酶。

$$RH+NADPH+H^++O_2 \longrightarrow ROH+NADP^++H_2O$$

加单氧酶系与 ATP 的生成无关，但也具备多种功能，诸如肾上腺皮质类固醇的羧化、类固醇激素的合成、维生素 D_3 的羟化以及胆汁酸和胆色素的生成等。此外，加单氧酶系也参与某些毒物和药物的代谢清除反应。

（2）**加双氧酶系** 加双氧酶又叫转氧酶，催化两个氧原子直接加到底物分子特定的双键上。例如，色氨酸加双氧酶、β-胡萝卜素加双氧酶等催化 2 个氧原子分别加到构成双键的 2 个碳原子上。

$$R+O_2 \longrightarrow RO_2$$

2. 过氧化物酶体氧化体系

（1）**定义** 过氧化物酶体是一种特殊的细胞器，存在于动物组织的肝、肾、中性粒细胞和小肠黏膜细胞中。过氧化物酶体含有丰富的酶类，主要是过氧化氢酶和过氧化物酶，它们可及时清除体内过剩的 H_2O_2。H_2O_2 具有一定的生理作用，如在甲状腺细胞中参与酪氨酸的碘化反应，有利于甲状腺激素的合成；粒细胞和巨噬细胞中的 H_2O_2 可杀死侵入的细菌。但当 H_2O_2 积累过多时，可使一些具有重要生理功能的含巯基蛋白质被氧化，从而丧失活性，还可损伤生物膜。因此，在许多情况下，H_2O_2 对人体有害，必须将其除去。

(2) **功能** 过氧化物酶体氧化体系主要具有使毒性物质失活、对氧浓度进行调节、参与脂肪酸的氧化、促进含氮物质的代谢等生理功能。

(3) **过氧化物酶体的反应** 当细胞中 H_2O_2 过剩时，过氧化氢酶可催化以下反应发生。

$$2H_2O_2 \longrightarrow 2H_2O + O_2$$

过氧化物酶也可以利用过氧化氢，将其他底物（如酚类、胺类物质）氧化。

$$R + H_2O_2 \longrightarrow RO + H_2O$$
$$RH_2 + H_2O_2 \longrightarrow R + 2H_2O$$

目标检测

一、名词解释

新陈代谢、生物氧化、呼吸链、电子传递

二、选择题

1. 下列物质中，不属于高能化合物的是（　　）。
   A. CTP B. AMP C. 磷酸肌酸 D. 乙酰辅酶 A
2. 下列关于细胞色素的叙述中，正确的是（　　）。
   A. 全部存在于线粒体中 B. 都是递氢体
   C. 都是递电子体 D. 都是小分子有机化合物
3. 能直接将电子传递给氧的细胞色素是（　　）。
   A. Cytc B. $Cytc_1$ C. Cytb D. $Cytaa_3$
4. 呼吸链存在于（　　）。
   A. 胞液 B. 线粒体外膜 C. 线粒体内膜 D. 线粒体基质
5. 电子传递链中氧化与磷酸化偶联的部位是（　　）。
   A. NADH→CoQ B. $FADH_2$→CoQ
   C. CoQ→Cytc D. $Cytaa_3$→O_2

三、问答题

1. 简述生物氧化中水和 CO_2 的生成方式。
2. 比较生物氧化与体外燃烧的异同点。
3. 简述生物氧化的特点及发生部位。
4. 呼吸链由哪些组分组成，它们各有什么主要功能？
5. 用生物化学知识解释甲亢病人的主要症状：吃的多、出汗多、消瘦。

四、案例分析题

谍战片中经常有这样的镜头：特务濒临绝境，低头在衣领处咬一口氰化物，瞬间就要了性命。现实情况中，氰化物的确有剧毒，并且稍微沾染点就可能中毒死亡。请根据你学习的生物化学的知识解释为什么氰化物能引起细胞窒息死亡？其解救机理是什么？

第七章 糖 代 谢

【学习目标】
1. 掌握糖的无氧分解、有氧氧化、磷酸戊糖途径、糖原合成与分解、糖异生作用的概念、反应部位、关键酶及各种代谢生理意义。
2. 熟悉糖的生理功能及糖类药物，以及血糖的来源和去路。
3. 了解糖代谢的主要途径及糖代谢的调节。

【案例导学】
糖尿病是一种以高血糖为特征的代谢性疾病，其中Ⅱ型糖尿病患者占到发病总人数的90%以上。糖尿病患者机体长期处于高血糖状态，可以对机体的各种组织，特别是眼、肾、心脏、血管、神经等造成慢性损害，引起相应器官的功能障碍。糖尿病主要病因是由于胰岛素绝对缺乏或相对缺乏或胰岛素抵抗所导致的糖、脂肪、蛋白质代谢紊乱所引起，患者常有饥饿感而多食，多食又进一步引起血糖来源增多，使血糖水平升高，因此给患者造成严重的痛苦。通过本章的学习，可了解糖类代谢及其在医药方面应用的生化机理。

第一节 糖代谢概述

糖是自然界一大类有机化合物，其化学本质是多羟基醛或多羟基酮以及它们的衍生物或多聚物。糖的基本结构式是 $(CH_2O)_n$，故也称之为碳水化合物。糖广泛分布于几乎所有的生物体内，其中以植物的含量最多，约占85%~95%。食物中的糖主要来自植物，其中能被利用的主要为淀粉（starch），由于缺乏相应的酶，纤维素、杂多糖、戊多糖等则不能被利用。淀粉被消化分解成基本组成单位葡萄糖（glucose），以主动吸收的方式吸收进入血液。葡萄糖在糖代谢中居于主要地位，其多聚体——糖原（glycogen）是体内糖的主要存储形式。糖是人体能量的主要来源之一，人体每日摄入的糖比蛋白质、脂肪多，占到食物总量的50%以上，以葡萄糖为主提供机体各种组织能量。

糖代谢主要指糖在体内的分解代谢和合成代谢。糖的分解代谢是指大分子糖经消化成小分子单糖（主要是葡萄糖），吸收后进一步氧化，同时释放能量的过程。而糖的合成代谢是指体内小分子物质转变成糖的过程。本章从糖的基本知识入手，讨论糖在体内的分解代谢、磷酸戊糖途径、糖原的合成与分解、糖异生作用、血糖及糖代谢调节等问题。

一、糖的消化与吸收

食物中的糖主要成分是淀粉,故淀粉的消化主要在小肠进行,在胰液 α-淀粉酶及肠道内其他水解酶(如 α-葡萄糖苷酶、α-临界糊精酶等)的作用下,淀粉最终水解为葡萄糖。

葡萄糖在小肠黏膜细胞通过主动转运的形式被吸收,在吸收过程中伴有 Na^+ 的转运和 ATP 的消耗。

二、糖在体内的代谢概况

被小肠黏膜吸收入血的单糖,通过门静脉入肝,其中一部分在肝进行代谢,另一部分经肝静脉运输到全身各组织。葡萄糖在肝中大部分合成肝糖原而存储;一部分氧化分解供给肝活动所需的能量。此外,还可以转变成其他物质,如脂肪、某些氨基酸等。肝糖原又可分解为葡萄糖再进入血液。血液中的葡萄糖称为血糖。血糖随血液流经各组织时,一部分在各组织被氧化,一部分可转变成糖原储存,其中以肌糖原为最多。肌糖原不能直接分解为葡萄糖,当肌肉剧烈运动时,肌糖原分解产生大量乳酸,后者大部分经血液循环运送到肝,再转变成葡萄糖或肝糖原,葡萄糖又可经血液循环到肌组织中再合成糖原,该循环过程称为乳酸循环。可见血中葡萄糖是体内糖运输的形式。糖的氧化分解是糖供给机体能量的主要代谢途径,糖原是组织细胞中糖的储存形式,肌糖原通过乳酸循环对血液葡萄糖的平衡起间接调节作用。上述糖在体内的代谢概况如图 7-1 所示。

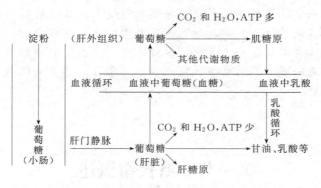

图 7-1 糖代谢概况示意图

第二节 葡萄糖的分解代谢

葡萄糖进入组织细胞后,根据机体生理需要在不同组织间进行分解代谢,按其反应条件和途径不同分解代谢可分三种:糖的无氧分解、有氧氧化和磷酸戊糖途径。

一、糖的无氧分解

机体在无氧或缺氧条件下,葡萄糖或糖原分解产生乳酸(lactate),并产生少量能量的过程称为糖的无氧分解,由于此中间代谢过程与酵母菌的乙醇发酵过程大致相同,因此又称为糖酵解途径(glycolytic pathway)。糖酵解由 Embden、Meyerhof、Parnas 三人首先提出,故又称为 EMP 途径。反应过程在胞液中进行。

1. 反应过程

(1) 6-磷酸葡萄糖（G-6-P）的生成 葡萄糖进入细胞后在己糖激酶或葡萄糖激酶催化下，由 ATP 提供能量和磷酸基团，磷酸化生成 6-磷酸葡萄糖，此反应不可逆，消耗 ATP。

己糖激酶是糖酵解途径的第一个关键酶，此酶专一性不强，可作用于多种己糖，如葡萄糖、果糖、甘露糖等。它有 4 种同工酶，Ⅰ型、Ⅱ型、Ⅲ型主要存在于肝外组织，对葡萄糖有较强的亲和力，Ⅳ型己糖激酶即葡萄糖激酶主要存在于肝，专一性强，只能催化葡萄糖磷酸化。

糖原进行糖酵解时，首先由糖原磷酸化酶催化糖原生成 1-磷酸葡萄糖（glucose-1-phosphate，G-1-P），此反应不消耗 ATP。G-1-P 在磷酸葡萄糖变位酶催化下生成 G-6-P。

(2) 6-磷酸果糖（F-6-P）的生成 此反应在磷酸己糖异构酶催化下进行，为可逆反应，需要 Mg^{2+} 参与。

(3) 1,6-二磷酸果糖（F-1,6-BP 或 FDP）的生成 此反应不可逆，消耗 ATP，需要 ATP 和 Mg^{2+} 参与，由磷酸果糖激酶催化，是糖酵解途径中最重要的限速酶。此酶为变构酶，受多种代谢物的变构调节。

(4) 磷酸丙糖的生成 在醛缩酶作用下，1,6-二磷酸果糖裂解为 3-磷酸甘油醛和磷酸二羟丙酮，两者互为异构体，在磷酸丙糖异构酶作用下可相互转变。当 3-磷酸甘油醛继续反应时，磷酸二羟丙酮可不断转变为 3-磷酸甘油醛，这样 1 分子 1,6-二磷酸果糖生成 2 分子 3-磷酸甘油醛。

第七章 糖代谢

> **知识拓展**
>
> **1,6-二磷酸果糖输液的临床应用**
>
> FDP 是细胞内糖代谢的重要中间产物,可直接参与能量代谢。国内外研究均确认,外源性的 FDP 可作用于细胞膜,通过激活细胞膜上的 6-磷酸果糖激酶,增加细胞内 ATP 的浓度,从而促进钾离子内流,恢复细胞静息状态。增加红细胞内 2,3-二磷酸甘油酸的含量,抑制氧自由基和组胺释放,有益于休克、缺血、缺氧、组织损伤、体外循环、输血等状态下的细胞能量代谢和对葡萄糖的利用,起到促进恢复、改善细胞功能的作用。尤其是在提高机体免疫力方面具有良好的效果,因而在临床上被广泛应用。

(5) 3-磷酸甘油醛的氧化　在 3-磷酸甘油醛脱氢酶催化下,3-磷酸甘油醛脱氢生成高能磷酸化合物 1,3-二磷酸甘油酸,脱下的氢 NAD^+ 接受,还原为 $NADH+H^+$。这是糖酵解中唯一的氧化反应。

$$\begin{array}{c} CHO \\ | \\ CHOH \\ | \\ CH_2OPO_3H_2 \end{array} + NAD^+ + Pi \xrightleftharpoons[]{\text{3-磷酸甘油醛脱氢酶}} \begin{array}{c} COO-PO_3H_2 \\ | \\ CHOH \\ | \\ CH_2OPO_3H_2 \end{array} + NADH+H^+$$

3-磷酸甘油醛　　　　　　　　　　　　　　　1,3-二磷酸甘油酸

(6) 3-磷酸甘油酸的生成　1,3-二磷酸甘油酸在磷酸甘油酸激酶催化下,将高能磷酸基团转移给 ADP,使之生成 ATP,其本身转变为 3-磷酸甘油酸。这种生成 ATP 的方式称为底物磷酸化。此反应是糖酵解途径中第一次生成 ATP 的反应。

$$\begin{array}{c} COO-PO_3H_2 \\ | \\ CHOH \\ | \\ CH_2OPO_3H_2 \end{array} + ADP \xrightleftharpoons[Mg^{2+}]{\text{磷酸甘油酸激酶}} \begin{array}{c} COOH \\ | \\ CHOH \\ | \\ CH_2OPO_3H_2 \end{array} + ATP$$

1,3-二磷酸甘油酸　　　　　　　　　　　　　3-磷酸甘油酸

(7) 3-磷酸甘油酸的变位反应　在磷酸甘油酸变位酶的作用下,3-磷酸甘油酸 C3 位上的磷酸基转移到 C2 位上,生成 2-磷酸甘油酸。

$$\begin{array}{c} COOH \\ | \\ CHOH \\ | \\ CH_2OPO_3H_2 \end{array} \xrightleftharpoons[]{\text{磷酸甘油酸变位酶}} \begin{array}{c} COOH \\ | \\ CHOPO_3H_2 \\ | \\ CH_2OH \end{array}$$

3-磷酸甘油酸　　　　　　　　　　　　　　2-磷酸甘油酸

(8) 磷酸烯醇式丙酮酸的生成　2-磷酸甘油酸经烯醇化酶的作用脱水,分子内部能量重新分布,生成高能磷酸化合物磷酸烯醇式丙酮酸 (phosphoenolpyruvate,PEP)。

$$\begin{array}{c} COOH \\ | \\ CHOPO_3H_2 \\ | \\ CH_2OH \end{array} \xrightleftharpoons[Mg^{2+}]{\text{烯醇化酶}} \begin{array}{c} COOH \\ | \\ COPO_3H_2 \\ \| \\ CH_2 \end{array} + H_2O$$

2-磷酸甘油酸　　　　　　　磷酸烯醇式丙酮酸 (PEP)

(9) 丙酮酸的生成　磷酸烯醇式丙酮酸释放高能磷酸基团以生成 ATP,自身转变为烯醇式丙酮酸,并自动变为丙酮酸 (pyruvate)。此为不可逆反应,由丙酮酸激酶 (pyruvate kinase,PK) 所催化。此反应是糖酵解途径中第二次底物磷酸化生成 ATP 的反应。丙酮酸激酶是糖酵解途径中的最后一个关键酶。

$$\begin{array}{c} COOH \\ | \\ COPO_3H_2 \\ \| \\ CH_2 \end{array} \xrightarrow[ADP \quad Mg^{2+} \quad ATP]{\text{丙酮酸激酶}} \begin{array}{c} COOH \\ | \\ C-OH \\ \| \\ CH_2 \end{array} \longrightarrow \begin{array}{c} COOH \\ | \\ C=O \\ | \\ CH_3 \end{array}$$

磷酸烯醇式丙酮酸 (PEP)　　　　　　　烯醇式丙酮酸　　丙酮酸

（10）丙酮酸还原生成乳酸 丙酮酸在无氧条件下加氢还原为乳酸。此反应由乳酸脱氢酶催化，$NADH+H^+$ 提供还原反应所需要的氢。

$$\underset{\text{丙酮酸}}{\begin{array}{c}COOH\\|\\C=O\\|\\CH_3\end{array}} + NADH+H^+ \underset{}{\overset{L\text{-乳酸脱氢酶}}{\rightleftharpoons}} \underset{L\text{-乳酸}}{\begin{array}{c}COOH\\|\\H-C-OH\\|\\CH_3\end{array}} + NAD^+$$

综上所述，糖酵解过程的总反应式为：

$$葡萄糖 + 2Pi \longrightarrow 乳酸 + 2ATP + 2H_2O$$

糖酵解的反应过程如图 7-2 所示。

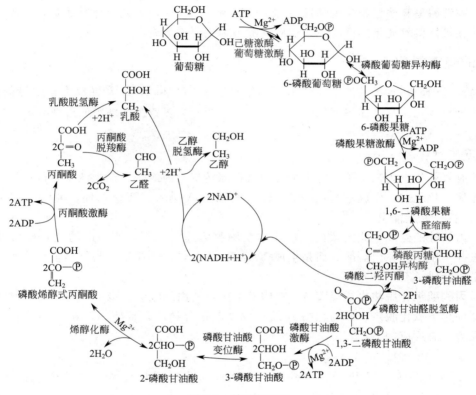

图 7-2 糖酵解途径

2. 反应特点

（1）糖酵解全过程在无氧条件下的细胞中进行，终产物为乳酸。

（2）糖酵解中只有一次氧化反应，生成 $NADH+H^+$，$NADH+H^+$ 缺氧时被氧化成 NAD^+，有氧时进入呼吸链产生能量。

（3）糖酵解是不需要氧的产能过程，产能方式为底物磷酸化。1 分子葡萄糖氧化为 2 分子丙酮酸，经两次底物磷酸化，产生 4 分子 ATP，减去葡萄糖活化时消耗的 2 分子 ATP，可净产生 2 分子 ATP。若从糖原开始，糖原中的一个葡萄糖单位通过糖酵解，则净产生 3 分子 ATP。

（4）糖酵解途径中己糖激酶（葡萄糖激酶）6-磷酸果糖激酶和丙酮酸激酶催化的反应是不可逆的，是糖无氧分解的关键酶。其中 6-磷酸果糖激酶是最重要的限速酶。

3. 生理意义

(1) 糖酵解是机体在缺氧情况下快速供能的重要方式　在生理条件下，如剧烈运动时，肌肉仍处于相对缺氧状态，必须通过糖酵解提供急需的能量。在病理性缺氧情况下，如心肺疾病、呼吸受阻、严重贫血、大量失血等造成机体缺氧时，也可通过加强糖酵解以满足机体能量需求。如机体相对缺氧时间较长，而导致糖酵解终产物（乳酸）堆积，可引起代谢性酸中毒。

(2) 糖酵解是成熟红细胞的唯一供能途径　成熟红细胞没有线粒体，不能进行糖的有氧分解，完全依赖糖酵解供能。血循环中的红细胞每天大约分解30g葡萄糖，其中经糖酵解途径代谢的占90%～95%、磷酸戊糖途径代谢的占5%～10%。

(3) 糖酵解是某些组织生理情况下的供能途径　视网膜、睾丸、神经髓质和皮肤等少数组织即使在机体供氧充足的情况下，仍以糖酵解为主要供能途径。

二、糖的有氧氧化

葡萄糖或糖原在有氧条件下，彻底氧化分解生成 CO_2 和 H_2O 并释放大量能量的过程，称为糖的有氧氧化。它是体内糖氧化供能的主要途径。大多数组织细胞通过糖有氧氧化获得能量。

1. 反应过程

糖的有氧氧化分为三个阶段：①葡萄糖或糖原转变为丙酮酸，在胞液中进行；②丙酮酸进入线粒体氧化脱羧，生成乙酰辅酶A；③乙酰辅酶A进入三羧酸循环，彻底氧化为 CO_2 和 H_2O 并释放大量能量。

(1) 丙酮酸的生成　此阶段的反应步骤与糖酵解途径相似，所不同的是3-磷酸甘油醛脱下的氢并不用于还原丙酮酸，而是生成 $NADH+H^+$ 进入呼吸链，与氧结合生成水，同时释放能量以合成ATP。

(2) 丙酮酸氧化脱羧生成辅酶A　在胞液中生成的丙酮酸进入线粒体内，在丙酮酸脱氢酶复合体催化下氧化脱羧，并与辅酶A结合成高能化合物乙酰辅酶A（acetyl CoA）。此为不可逆反应，总反应如下：

$$H_3C-\overset{O}{\underset{}{C}}-COOH + CoA-SH \xrightarrow[\substack{Mg^{2+} \\ NAD^+ \quad NADH+H^+}]{\text{丙酮酸脱氢酶}} H_3C-\overset{O}{\underset{}{C}}-SCoA + CO_2$$

丙酮酸脱氢酶复合体属于多酶复合体，存在于线粒体内，由三种酶蛋白、五种辅助因子组成（表7-1），Mg^{2+} 作为激活剂。

表7-1　丙酮酸脱氢酶复合体的组成

酶	辅助因子
丙酮酸脱羧酶 E1	
二氢硫辛酸乙酰转移酶 E2	焦磷酸硫胺素（TPP），硫辛酸，FAD，NAD^+，辅酶A及 Mg^{2+}
二氢硫辛酸脱氢酶 E3	

(3) 乙酰辅酶A进入三羧酸循环　三羧酸循环（tricarboxylic acid cycle，TCA cycle，TCA循环）是从乙酰辅酶A和草酰乙酸缩合成含有3个羧基的柠檬酸开始，经过4次脱羧反应后，又以草酰乙酸的再生成而结束，故称为三羧酸循环、柠檬酸循环。由于该循环由Krebs正式提出，故又称为Krebs循环。三羧酸循环在线粒体内进行，反应过程如下。

① 柠檬酸的生成　乙酰辅酶 A 和草酰乙酸由柠檬酸合酶（citrate synthase）催化缩合成柠檬酸，所需能量由乙酰辅酶 A 提供。柠檬酸合酶是三羧酸循环的第一个关键酶，其催化反应不可逆。

$$\underset{\text{乙酰辅酶 A}}{\text{H}_3\text{C}-\overset{\text{O}}{\underset{\text{SCoA}}{\text{C}}}} + \text{H}_2\text{O} + \underset{\text{草酰乙酸}}{\overset{\text{COOH}}{\underset{\text{COOH}}{\overset{|}{\underset{|}{\overset{\text{C}=\text{O}}{\text{CH}_2}}}}}} \xrightarrow[\text{HS-CoA}]{\text{柠檬酸合酶}} \underset{\text{柠檬酸}}{\overset{\text{H}_2\text{C}-\text{COOH}}{\underset{\text{H}_2\text{C}-\text{COOH}}{\overset{|}{\underset{|}{\text{HOC}-\text{COOH}}}}}}$$

② 柠檬酸异构生成异柠檬酸　柠檬酸在顺乌头酸酶催化下脱水形成顺乌头酸，再加水生成异柠檬酸。

$$\underset{\text{柠檬酸}}{\text{H}_2\text{C}-\text{COOH} \atop \text{HOC}-\text{COOH} \atop \text{H}_2\text{C}-\text{COOH}} \underset{-\text{H}_2\text{O}}{\rightleftharpoons} \left[\underset{\text{顺乌头酸}}{\text{H}_2\text{C}-\text{COOH} \atop \text{C}-\text{COOH} \atop \text{HC}-\text{COOH}}\right] \underset{+\text{H}_2\text{O}}{\rightleftharpoons} \underset{\text{异柠檬酸}}{\text{H}_2\text{C}-\text{COOH} \atop \text{HC}-\text{COOH} \atop \text{HOHC}-\text{COOH}}$$

③ 异柠檬酸氧化脱羧生成 α-酮戊二酸　由异柠檬酸脱氢酶催化，反应生成的 NADH+H$^+$ 进入 NADH 氧化呼吸链氧化，这是三羧酸循环中第一次氧化脱羧生成 CO_2 的反应。异柠檬酸脱氢酶是三羧酸循环的第二个关键酶，为变构酶，其活性受 ADP 的变构激活、受 ATP 的变构抑制。

$$\underset{\text{异柠檬酸}}{\text{H}_2\text{C}-\text{COOH} \atop \text{HC}-\text{COOH} \atop \text{HOHC}-\text{COOH}} \xrightarrow[\text{NAD}^+ \quad \text{NADH}+\text{H}^+]{\text{异柠檬酸脱氢酶}} \underset{\alpha\text{-酮戊二酸}}{\text{H}_2\text{C}-\text{COOH} \atop \text{CH}_2 \atop \text{O}=\text{C}-\text{COOH}}$$

④ α-酮戊二酸氧化脱羧生成琥珀酰辅酶 A　此反应不可逆，由 α-酮戊二酸脱氢酶复合体催化。该酶是三羧酸循环的第三个关键酶，其组成和催化反应过程与丙酮酸脱氢酶复合体极为相似，是三羧酸循环中第二次氧化脱羧生成 CO_2 的反应。

$$\underset{\alpha\text{-酮戊二酸}}{\text{H}_2\text{C}-\text{COOH} \atop \text{CH}_2 \atop \text{O}=\text{C}-\text{COOH}} \xrightarrow[\text{NAD}^+ \quad \text{NADH}+\text{H}^+]{\alpha\text{-酮戊二酸脱氢酶复合体}} \underset{\text{琥珀酰辅酶 A}}{\text{H}_2\text{C}-\text{COOH} \atop \text{CH}_2 \atop \text{O}=\text{C}-\text{SCoA}} + CO_2$$

⑤ 琥珀酸的生成　在琥珀酰辅酶 A 合成酶催化下，琥珀酰辅酶 A 将高能磷酸基团转移给 GDP 生成 GTP，再转移给 ADP 生成 ATP。这是三羧酸循环中唯一经底物磷酸化生成的 ATP。

$$\underset{\text{琥珀酰辅酶 A}}{\text{H}_2\text{C}-\text{COOH} \atop \text{CH}_2 \atop \text{O}=\text{C}-\text{SCoA}} \xrightarrow[\underset{\text{ATP} \quad \text{ADP}}{\text{GDP} \quad \text{GTP}}]{\text{Pi}} \underset{\text{琥珀酸}}{\text{COOH} \atop \text{CH}_2 \atop \text{CH}_2 \atop \text{COOH}} + \text{HS-CoA}$$

⑥ 草酰乙酸的再生　草酰乙酸的再生经历 3 个反应过程。琥珀酸在琥珀酸脱氢酶的催化下脱氢生成延胡索酸，生成的 $FADH_2$ 进入琥珀酸氧化呼吸链氧化。延胡索酸在延胡索酸酶催化下，加水生成苹果酸。后者在苹果酸脱氢酶催化下脱氢生成草酰乙酸，生成的

NADH＋H⁺进入 NADH 氧化呼吸链氧化。再生的草酰乙酸可又携带乙酰基进入三羧酸循环（图 7-3）。

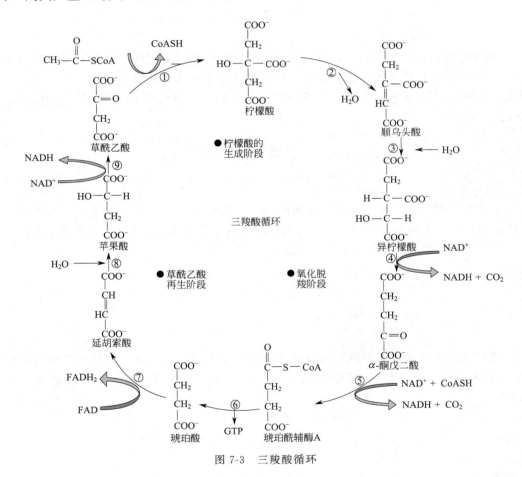

2. 三羧酸循环的特点

（1）三羧酸循环在有氧的条件下在线粒体内进行。

（2）三羧酸循环是机体产能的主要途径。1分子乙酰辅酶 A 通过 TCA 经历 4 次脱氢（3 次脱氢生成 NADH＋H⁺，1 次脱氢生成 $FADH_2$），2 次脱羧生成 CO_2，1 次底物磷酸化，循环一周共产生 12 分子 ATP（图 7-3）。

图 7-3 三羧酸循环

（3）三羧酸循环是单相反应体系。三羧酸循环的关键酶柠檬酸合酶、α-酮戊二酸脱氢酶复合体和限速酶异柠檬酸脱氢酶催化的反应是不可逆反应，故三羧酸循环是单相反应体系。

（4）三羧酸循环必须不断补充中间产物。三羧酸循环有些中间产物常移出循环而参与其他代谢途径，如草酰乙酸可转变为天冬氨酸、琥珀酰辅酶 A 可用于血红素合成、α-酮戊二酸可转变为谷氨酸等。所以必须不断补充循环的中间产物。

3. 有氧氧化的生理意义

（1）糖的有氧氧化是机体获得能量的主要方式　1分子葡萄糖经有氧氧化生成32（或30）分子ATP（表7-2）。

表7-2　葡萄糖有氧氧化时ATP的生成与消耗

反应过程	ATP的生成数	反应过程	ATP的生成数
葡萄糖→6-磷酸葡萄糖	−1	异柠檬酸→α-酮戊二酸	2.5×2
6-磷酸果糖→1,6-二磷酸果糖	−1	α-酮戊二酸→琥珀酰辅酶A	2.5×2
3-磷酸甘油醛→1,3-二磷酸甘油酸	2.5×2 或 1.5×2①	琥珀酰辅酶A→琥珀酸	1×2
1,3-二磷酸甘油酸→3-磷酸甘油酸	1×2②	琥珀酸→延胡索酸	1.5×2
磷酸烯醇式丙酮酸→烯醇式丙酮酸	1×2	苹果酸→草酰乙酸	2.5×2
丙酮酸→乙酰辅酶A	2.5×2	1分子葡萄糖共获得	32（或30）

①根据NADH+H$^+$进入线粒体的方式不同，如经过苹果酸穿梭系统，1个NADH+H$^+$可产生2.5个ATP；如经过α-磷酸甘油穿梭系统只产生1.5个ATP。②1分子葡萄糖生成2分子3-磷酸甘油醛，故乘以2。

（2）三羧酸循环是体内营养物质彻底氧化分解的共同途径　三大营养物质糖、脂肪、蛋白质经代谢均可生成乙酰辅酶A或三羧酸循环的中间产物（如草酰乙酸、α-酮戊二酸等），经三羧酸循环彻底氧化生成CO_2和H_2O，并产生大量的ATP，供生命活动之需。

（3）三羧酸循环是体内物质代谢相互联系的枢纽　糖、脂肪和氨基酸均可转变为三羧酸循环的中间产物，通过三羧酸循环相互转变、相互联系。乙酰辅酶A可以在胞液中合成脂肪酸；许多氨基酸的碳架是三羧酸循环的中间产物，可以通过草酰乙酸转变为葡萄糖（参见"糖异生"）；草酰乙酸和α-酮戊二酸通过转氨基反应合成天冬氨酸、谷氨酸等一些非必需氨基酸。

> **课堂互动**
>
> 1. 糖在体内的运输和储存形式分别是什么？
> 2. 患者发生急性心肌梗死，心肌缺血缺氧，其局部梗死区域心肌的糖代谢有何变化？什么产物容易堆积？
> 3. 你知道组成α-酮戊二酸脱氢酶复合体的三种酶和五种辅助因子是什么吗？
> 4. TCA循环一周为什么产生12分子ATP？

第三节　磷酸戊糖途径

体内除糖酵解和糖的有氧氧化为糖分解代谢的主要途径外，在肝脏、脂肪组织、泌乳期乳腺、肾上腺皮质、睾丸、红细胞及中心粒细胞等尚有磷酸戊糖途径（pentose phosphate pathway），也称为己糖单磷酸旁路（hexose monophosphate shunt，HMS）。磷酸戊糖途径是指由葡萄糖生成磷酸核糖及NADH+H$^+$，前者再进一步转变成3-磷酸甘油醛和6-磷酸果糖的反应过程（图7-4）。此反应途径主要发生在肝、脂肪组织等组织细胞胞液中。

一、反应过程

磷酸戊糖途径由6-磷酸葡萄糖脱氢、脱羧生成5-磷酸核酮糖，同时生成2分子NADH+H$^+$和1分子CO_2。5-磷酸核酮糖经异构化反应生成5-磷酸核糖，或者在差向异构酶作用

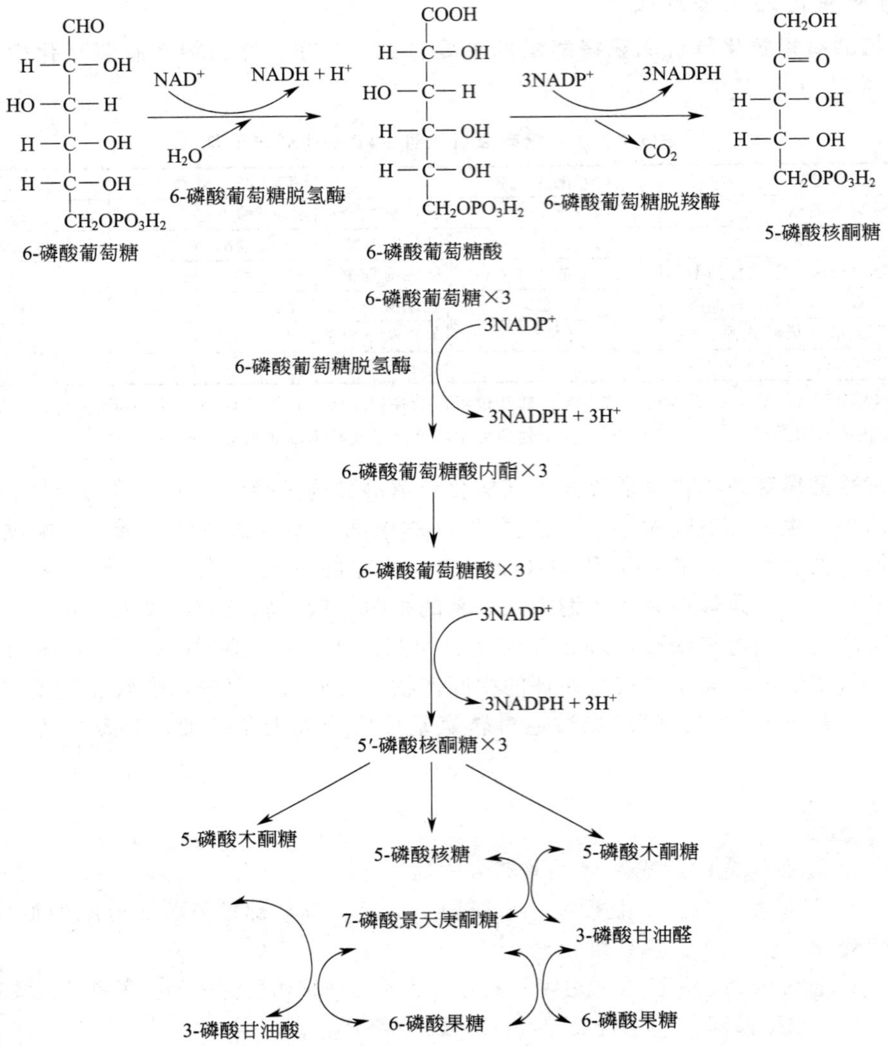

图 7-4 磷酸戊糖途径

下，转变为 5-磷酸木酮糖。6-磷酸葡萄糖脱氢酶是磷酸戊糖途径中的限速酶，其活性受 NADPH/NADP$^+$ 比例的调节。NADPH/NADP$^+$ 比例增高，酶活性被抑制。

二、磷酸戊糖途径的调节

6-磷酸葡萄糖脱氢酶是磷酸戊糖途径的第一个酶，又是限速酶，其活性决定 6-磷酸葡萄糖进入途径的流量。因此磷酸戊糖途径的调节点主要是 6-磷酸葡萄糖脱氢酶，该酶的快速调节主要受 NADPH/NADP$^+$ 比值的影响。

1. 高糖饮食的影响

早已发现高糖饮食时肝中 6-磷酸葡萄糖脱氢酶含量明显增多（可增加 10 倍），以提供脂肪酸、胆固醇合成所需的 NADPH＋H$^+$。

2. NADPH＋H$^+$ 的影响

NADPH＋H$^+$ 对 6-磷酸葡萄糖脱氢酶有明显的抑制作用。当 NADPH＋H$^+$ 大于 10 时，其抑制作用可达 90%。相反，比例降低时激活。因此，磷酸戊糖途径的流量取决于 $NADPH+H^+$ 的需求。

3. 组织细胞对 $NADPH+H^+$ 和 5-磷酸核糖相对需要量的调节

若细胞对 $NADPH+H^+$ 的需要量多于对 5-磷酸核糖的需要量时，则过多的磷酸戊糖可经该途径的基团转移阶段变为磷酸己糖进行代谢；若 5-磷酸核糖需要量增加时，6-磷酸果糖可以转变为 5-磷酸核糖以供机体之需。

4. 该途径的中间代谢物的影响

7-磷酸景天庚酮糖、4-磷酸赤藓糖和 6-磷酸葡萄糖酸是磷酸葡萄糖异构酶的抑制剂，而 1,6-二磷酸果糖又是 6-磷酸葡萄糖脱氢酶的抑制剂，所以磷酸戊糖途径与糖有氧氧化和糖酵解途径之间也存在着互相制约的关系。

三、生理意义

磷酸戊糖途径产生大量的 5-磷酸核糖和 NADPH，而不是生成 ATP。

（1）5-磷酸核糖为核苷酸及其衍生物合成提供原料。

（2）NADPH 作为供氢体参与多种代谢反应。

① NADPH 参与胆固醇、脂肪酸、类固醇激素等重要化合物的生物合成。

② NADPH 参与体内羟化反应，例如从鲨烯合成胆固醇，从胆固醇合成胆汁酸、类固醇激素等。有些羟化反应与生物转化过程有关，如 NADPH 作为加单氧酶的供氢体，参与激素、药物、以及毒物的生物转化过程。

③ NADPH 是谷胱甘肽还原酶的辅酶，这对维持细胞中还原型谷胱甘肽（GSH）的正常含量起着重要作用。如红细胞中的 GSH 可以保护红细胞膜上含巯基的蛋白质和酶，以维持膜的完整性和酶活性。NADPH 还可与 H_2O_2 作用而消除其氧化作用。遗传性 6-磷酸葡萄糖脱氢酶缺陷的患者，磷酸戊糖途径不能正常进行，NADPH 缺乏，GSH 含量减少，使红细胞易于破坏而发生溶血性贫血、黄疸，因患者常在食蚕豆或服用抗疟疾药物磷酸伯氨喹后诱发本病，故又称蚕豆病。

第四节 糖原的合成与分解

糖原是体内糖的储存形式，是机体能迅速动用的能量储备。

一、糖原的合成

由单糖（主要是葡萄糖）合成糖原的过程称为糖原合成（glycogenesis）。肝糖原可以任何单糖为合成原料，而肌糖原只能以葡萄糖为合成原料。糖原合成反应在胞液中进行，需消耗 ATP 和 UTP。

1. 葡萄糖磷酸化生成 6-磷酸葡萄糖

此反应由己糖激酶（葡萄糖激酶）催化，反应不可逆，消耗 ATP。

$$葡萄糖(G)+ATP \xrightarrow{己糖激酶或葡萄糖激酶} 6\text{-}磷酸葡萄糖(G\text{-}6\text{-}P)+ADP$$

2. 1-磷酸葡萄糖的生成

$$6\text{-磷酸葡萄糖（G-6-P）} \xrightarrow{\text{磷酸葡萄糖变位酶}} 1\text{-磷酸葡萄糖（G-1-P）}$$

3. UDPG 的生成

此反应由 UDPG 焦磷酸化酶催化，反应不可逆，消耗 UTP。

$$\underset{\text{G-1-P}}{1\text{-磷酸葡萄糖}} + \text{UTP} \xrightarrow{\text{UDPG 焦磷酸化酶}} \underset{\text{UDPG}}{\text{尿苷二磷酸葡萄糖}} + \text{PPi}$$

4. 糖原的合成

$$\text{尿苷二磷酸葡萄糖（UDPG）} + \text{糖原引物}(G_n) \xrightarrow{\text{糖原合酶}} \text{UDP} + \text{糖原}(G_{n+1})$$

5. 分支酶的作用

糖原合酶只能延长糖链，不能形成分支，当糖链长度达到 12～18 个葡萄糖单位时，分支酶可将一段糖链（6～7 个葡萄糖单位）转移到邻近的糖链上，以 α-1,6-糖苷键相连，形成分支结构（图 7-5）。

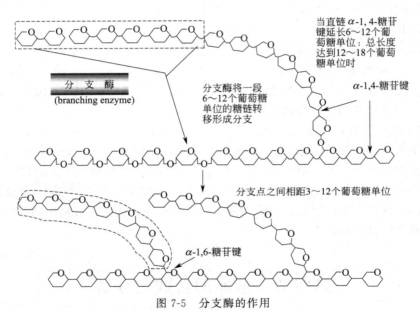

图 7-5 分支酶的作用

二、糖原的分解

肝糖原分解为葡萄糖以补充血糖的过程，称为糖原分解（glyocgenolysis）。

1. 糖原分解为 1-磷酸葡萄糖

从糖原分子的非还原端开始，糖原磷酸化酶催化 α-1,4-糖苷键水解，逐个生成了 1-磷酸葡萄糖。

$$\text{糖原}(G_n) + \text{Pi} \xrightarrow{\text{糖原磷酸化酶}} 1\text{-磷酸葡萄糖（G-1-P）} + \text{糖原}(G_{n-1})$$

糖原磷酸化酶是催化糖原分解的关键酶，该酶只能水解 α-1,4-糖苷键。此酶受到共价修饰调节和变构调节双重调节作用。发生磷酸化的糖原磷酸化酶 a 是有活性的，而脱磷酸化的糖原磷酸化酶 b 是无活性的。AMP 是糖原磷酸化酶 b 的变构激活剂，ATP 是糖原磷酸化酶

a 的变构抑制剂。脱支酶主要功能是具有 α-1,6-糖苷酶活性，催化分支点的葡萄糖单位水解，生成游离葡萄糖，在磷酸化酶和脱支酶的协同和反复作用下，形成 15% 的游离葡萄糖和 85% 的 1-磷酸葡萄糖（图 7-6）。

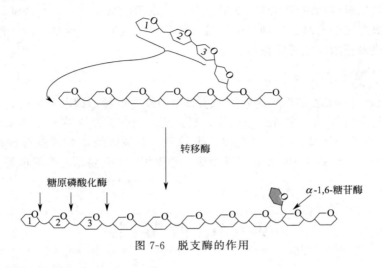

图 7-6 脱支酶的作用

2. 1-磷酸葡萄糖异构为 6-磷酸葡萄糖

$$1\text{-磷酸葡萄糖(G-1-P)} \xrightleftharpoons{\text{磷酸葡萄糖变位酶}} 6\text{-磷酸葡萄糖(G-6-P)}$$

3. 6-磷酸葡萄糖水解为葡萄糖

$$6\text{-磷酸葡萄糖(G-6-P)} \xrightarrow[\text{H}_2\text{O} \quad \text{Pi}]{\text{葡萄糖-6-磷酸酶}} \text{葡萄糖}$$

葡萄糖-6-磷酸酶只存在于肝和肾，而不存在于肌肉中，因此只有肝糖原能直接分解为葡萄糖，补充血糖浓度。而肌糖原不能分解为葡萄糖，只能进行糖酵解或有氧氧化。

现将糖原合成与分解过程总结如图 7-7 所示。

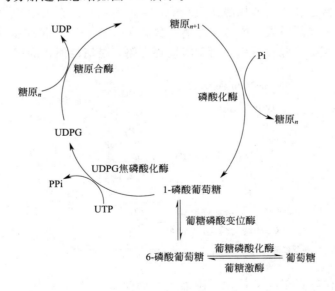

图 7-7 糖原合成与分解

三、糖原合成与分解的生理意义

在正常生理情况下维持血糖浓度相对恒定，保证依赖葡萄糖供能的组织（脑、红细胞）的能量供给。如当机体糖供应丰富（如进食后）和细胞能量充足时，合成糖原将能量储存起来，以免血糖浓度过度升高。当糖供应不足（如空腹）或能量需求增加时，储存的糖原分解为葡萄糖，维持血糖浓度在正常范围。

> **知识拓展**
>
> 糖原累积症是一类遗传性代谢病，如患者体内缺乏肝糖原磷酸化酶时，肝糖原分解障碍，糖原沉积导致肝肿大，并无严重后果，婴儿仍可成长。缺乏葡萄糖-6-磷酸酶，肝糖原分解障碍，不能用以维持血糖，则造成严重后果。溶酶体的 α-葡萄糖苷酶缺乏，会影响 α-1,4-糖苷键和 α-1,6-糖苷键的水解，使组织广泛受损，甚至常因心肌受损而突然死亡。

第五节 糖异生

一、糖异生作用

由非糖物质转变为葡萄糖或糖原的过程，称为糖异生作用（gluconeogenesis）。甘油、有机酸（乳酸、丙酮酸及三羧酸循环中的各种羧酸）和某些氨基酸均可作为糖异生的原料。糖异生的器官主要是肝脏，其次是肾脏。长期饥饿或酸中毒时，肾脏的糖异生作用可大大加强。糖异生途径基本上是糖酵解途径的逆反应，但己糖激酶（包括葡萄糖激酶）、磷酸果糖激酶及丙酮酸激酶催化的三步反应，都是不可逆反应，称之为"能障"。实现糖异生必须绕过这三个"能障"，这些酶就是糖异生的关键酶。

1. 丙酮酸羧化支路

丙酮酸不能直接逆转为磷酸烯醇式丙酮酸，但丙酮酸可以在丙酮酸羧化酶的催化下生成草酰乙酸，然后在磷酸烯醇式丙酮酸羧激酶的催化下，草酰乙酸脱羧基并从 GTP 获得磷酸生成磷酸烯醇式丙酮酸，此过程称为丙酮酸羧化支路，是消耗能量的循环反应。

丙酮酸羧化酶仅存在于线粒体内，胞液中的丙酮酸必须进入线粒体才能羧化成草酰乙酸，而磷酸烯醇式丙酮酸羧激酶在线粒体和胞液中都存在，因此草酰乙酸转变成磷酸烯醇式丙酮酸在线粒体和胞液中进行。

2. 1,6-二磷酸果糖转变为6-磷酸果糖

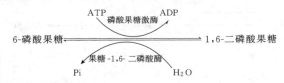

3. 6-磷酸葡萄糖水解生成葡萄糖

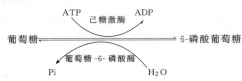

上述过程中，丙酮酸羧化酶、磷酸烯醇式丙酮酸羧激酶、果糖-1,6-二磷酸酶、葡萄糖-6-磷酸酶是糖异生途径的关键酶。它们主要分布在肝脏和肾皮质。糖异生途径小结如图7-8所示。

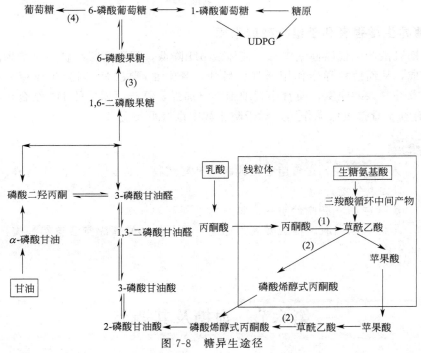

图7-8 糖异生途径

(1) 丙酮酸羧化酶；(2) 磷酸烯醇式丙酮酸羧激酶；(3) 果糖二磷酸酶；(4) 葡萄糖-6-磷酸酶

二、生理意义

1. 维持空腹和饥饿时血糖浓度的相对恒定

空腹和饥饿时，靠肝糖原分解产生葡萄糖仅能维持8～12h，以后机体完全依靠糖异生作用来维持血糖浓度恒定，从而保证脑、红细胞等重要器官的能量供应。

2. 有利于乳酸的再利用

在缺氧或剧烈运动时，肌糖原酵解产生大量乳酸，乳酸可经血液运输到肝，通过糖异生作用合成肝糖原或葡萄糖，葡萄糖进入血液又可被肌肉摄取利用，如此形成乳酸循环，也称

Cori循环（图 7-9）。此循环有利于乳酸的再利用，同时也有利于肝糖原更新及补充肌肉消耗的糖原，有助于防止乳酸性酸中毒的发生。

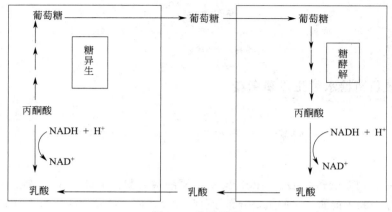

图 7-9 乳酸循环

3. 肾糖异生增强有利于维持酸碱平衡

由于长期饥饿产生代谢性酸中毒，使体液 pH 降低，促进了肾小管中磷酸烯醇式丙酮酸羧激酶的合成，从而使糖异生作用增强。另外，肾中 α-酮戊二酸因异生成糖减少时，则促进谷氨酰胺及谷氨酸的脱氨，使肾小管细胞泌氨加强，氨与原尿中的 H^+ 结合，降低原尿中 H^+ 浓度，有利于肾排氢保钠作用，对于防止酸中毒有重要意义。

> **课堂互动**
>
> 1. 为什么有些人在食用蚕豆或服用某些药物（如磺胺药、阿司匹林、抗疟药等）时会发生溶血？
> 2. 肌糖原和肝糖原分解的产物有何不同？为什么？
> 3. 剧烈运动后肌肉出现酸痛，休息一段时间后酸痛感觉会自然消失。这是为什么？

第六节　血糖及其调节

血糖（blood sugar）主要指血液中的葡萄糖。正常成人空腹血糖浓度相当恒定，维持在 3.9～6.1mmol/L（葡萄糖氧化酶法）。血糖浓度之所以如此恒定，是机体对血糖的来源和去路进行了精细调节，使之维持动态平衡的结果。

一、血糖的来源和去路

1. 血糖的来源

（1）**食物中糖类的消化吸收**　这是血糖的主要来源。

（2）**肝糖原分解**　这是空腹血糖的直接来源。

（3）**糖异生作用**　长期饥饿时，储备的肝糖原已不能满足维持血糖浓度，则糖异生作用增强，将大量非糖物质转变为糖，继续维持血糖的正常水平。因此糖异生作用是空腹和饥饿时血糖的重要来源。

2. 血糖的去路

（1）**氧化供能** 这是血糖最主要的去路。

（2）**合成肝糖原和肌糖原**

（3）**转变为其他物质** 可转变为脂肪及某些非必需氨基酸等。

（4）**随尿排出** 当血糖浓度高于 8.89~10.0mmol/L 时，超过肾小管最大重吸收的能力，糖则从尿中排出，出现糖尿现象，此时的血糖浓度称为肾糖阈（renal glucose threshold）值。尿排糖是血糖的非正常去路，糖尿在病理情况下出现，常见于糖尿病患者。

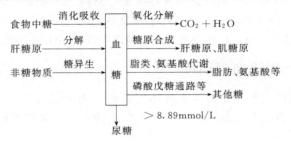

> **课堂互动**
>
> 血糖升高就一定是糖尿病吗？

二、血糖浓度的调节

1. 器官水平的调节

肝脏是调节血糖浓度的主要器官，肝脏通过糖原的合成、分解和糖异生作用调节血糖浓度。当餐后血糖浓度增高时，肝细胞通过肝糖原合成来降低血糖浓度；空腹血糖浓度降低时，肝脏通过糖原分解补充血糖；饥饿或禁食情况下，肝的糖异生作用加强，从而有效维持血糖浓度。其次，肾脏、肌肉和肠道等也能调节血糖浓度。

2. 激素水平的调节

调节血糖的激素有两类，一类是降低血糖的激素，即胰岛素（insulin）；另一类是升高血糖的激素，如肾上腺素、胰高血糖素、肾上腺糖皮质激素和生长素等。两类作用不同的激素通过调节糖代谢途径中限速酶的活性，影响相应的代谢过程。它们既相互对立，又相互统一，共同调节血糖浓度，以维持其正常水平（表7-3）。

表 7-3 激素对血糖浓度的调节

激素	生化成分
胰岛素	促进葡萄糖进入肌肉、脂肪等组织细胞 促进糖原合成,抑制糖原分解 促进糖的氧化 促进糖转变成为脂肪,抑制脂肪分解 抑制糖异生作用
肾上腺素	促进肝糖原分解,促进肌糖原酵解 促进糖异生作用

续表

激素	生化成分
胰高血糖素	抑制肝糖原合成,促进肝糖原分解
	促进糖异生作用
	促进脂肪动员,减少糖的利用
糖皮质激素	促进肌肉蛋白分解,加速糖异生作用
	抑制肝外组织摄取利用葡萄糖

3. 神经系统调节

神经系统对血糖的调节属于整体调节，通过激素的分泌量，进而影响各代谢途径中的酶活性而完成调节作用。例如，情绪激动时，交感神经兴奋，使肾上腺素分泌增加，促进肝糖原分解、肌糖原酵解和糖异生作用，使血糖升高；当处于静息状态时，迷走神经兴奋，使胰岛素分泌增加，血糖水平降低。正常情况下，机体通过多种调节因素的相互作用而维持血糖浓度恒定。

三、糖代谢紊乱及常用降血糖药物

许多因素都可影响糖代谢，如神经系统功能紊乱、内分泌失调、某些酶的先天性缺陷、肝或肾功能障碍等均可引起糖代谢紊乱。临床上糖代谢紊乱常见以下两种类型。

1. 低血糖

空腹时血糖浓度低于 3.0mmol/L 称为低血糖。低血糖有生理性和病理性两类。

（1）生理性低血糖 长期饥饿、空腹饮酒或持续剧烈体力活动时，外源性糖来源阻断，内源性的肝糖原已经耗竭，此时，糖异生作用亦减弱，因而易造成低血糖。

（2）病理性低血糖 包括：

① 胰岛 β 细胞增生或胰岛肿瘤等可导致胰岛素分泌过多，引起低血糖；

② 内分泌功能异常（如垂体前叶或肾上腺皮质功能减退），使生长素或糖皮质激素等对抗胰岛素的激素分泌不足；

③ 胃癌等肿瘤；

④ 严重肝脏疾患（如肝癌、糖原累积症等），肝功能严重低下，肝糖原的合成、分解及糖异生等糖代谢均受阻，肝脏不能及时有效地调节血糖浓度，故产生低血糖。

低血糖时，脑组织首先对低血糖出现反应，患者常表现为头晕、心悸、出冷汗、手颤、倦怠无力和饥饿感等症状，称低血糖症。因为脑组织不能利用脂肪酸氧化供能，且几乎不储存糖原，其所需能量直接依靠血中葡萄糖氧化分解提供。当血糖含量持续低于 2.5mmol/L 时，脑细胞的能量极度匮乏，影响脑的正常功能，严重者出现昏迷，称为低血糖休克。临床上遇到这种情况时，只需及时给患者静脉注射葡萄糖溶液，症状就会得到缓解。否则可导致死亡。

2. 高血糖与糖尿

空腹时血糖浓度高于 6.9mmol/L 称为高血糖。如果血糖浓度高于肾糖阈值（8.9~10.0mmol/L）时，超过了肾小管对糖的最大重吸收能力，则尿中就会出现糖，此现象称为糖尿。引起高血糖的原因也有生理性和病理性两类。

（1）生理性高血糖 生理情况下，由于糖的来源增加可引起高血糖。

① 一次性进食或静脉输入大量葡萄糖（每小时每千克体重 22~28mmol/L）时，血糖浓度急剧增高，可引起饮食性高血糖。

② 情绪过于激动时，交感神经兴奋，肾上腺素分泌增加，肝糖原分解为葡萄糖释放入

血,使血糖升高,可出现情感性高血糖和糖尿。这些属于生理性高血糖和糖尿,其高血糖和糖尿是暂时的,且空腹血糖正常。

(2) 病理性高血糖 在病理情况下:①升高血糖的激素分泌亢进或胰岛素分泌障碍均可导致高血糖,一直出现糖尿。②肾脏疾病可导致肾小管重吸收葡萄糖能力减弱而出现糖尿,称为肾性糖尿。这是由肾糖阈下降引起的,此时血糖浓度可正常,也可升高,但糖代谢未发生紊乱。临床上最常见的高血糖症是糖尿病(diabetes mellitus,DM)。

3. 糖尿病及常用降血糖药物

糖尿病是由胰岛素绝对或相对不足或细胞对胰岛素敏感性降低,引起糖、脂肪、蛋白质、水和电解质等乙烯类代谢紊乱的临床综合征。它是除肥胖症之外人类最常见的内分泌紊乱性疾病。糖尿病的特征即为高血糖与糖尿,临床上将糖尿病分为两型,即胰岛素依赖性(1型)和非胰岛素依赖性(2型)。

1型糖尿病多发于青少年,主要与遗传有关。2型糖尿病和肥胖关系密切,我国糖尿病患者以2型居多。糖尿病的病因是由于胰岛β细胞功能减低,胰岛素分泌量绝对或相对不足,或其靶细胞膜上胰岛素受体数量不足、亲和力降低或胰高血糖素分泌过量等,导致胰岛素不足。其中胰岛素受体基因缺陷已被证实是2型糖尿病的重要病因。

糖尿病可出现多方面的糖代谢紊乱,如葡萄糖不易进入肌肉、脂肪组织细胞;糖原合成减少,糖原分解增强;组织细胞氧化利用葡萄糖的能力减弱;糖异生作用增强。使血糖的来源增加而去路减少,出现持续性高血糖和糖尿。糖尿病患者由于糖的氧化分解障碍,机体所需能量不足,故患者感到饥饿而多食;多食进一步导致血糖升高,使血浆渗透压升高,引起口渴,因而多饮;血糖升高形成高渗性利尿而导致多尿。由于机体糖氧化供能发生障碍,大量动员体内脂肪及蛋白质氧化分解,加之排尿多而引起失水,患者逐渐消瘦,体重下降。因此,糖尿病患者表现为多食、多饮、多尿、体重减少的"三多一少"症状。严重的糖尿病患者常伴有多种并发症,包括视网膜毛细血管病变、白内障、神经轴突萎缩和脱髓鞘、动脉硬化性疾病和肾病。这些并发症的严重程度与血糖水平升高程度直接相关,可见治疗糖尿病关键在于控制血糖浓度,"早防、早治"是最有成效的治疗。"早防"能使高危人士远离糖尿病,"早治"能让一半"准患者"逆转进程,回到正常人中。"早治"包括三方面内容,除了端正理念、调整生活方式,还要根据患病原因和患者的个体情况进行药物治疗,可选用的药物包括双胍类、糖苷酶抑制剂、胰岛素增敏剂等,常用药物有罗格列酮和二甲双胍,它们能够通过不同机制降低血糖,研究证明两者连用可能更利于治疗。用内环境稳态模型技术测量了胰岛素敏感性,结果表明罗格列酮和二甲双胍连用胰岛素敏感性要比单独用药高,因此这样联合用药效果较好。2型糖尿病的治疗选用胰岛素,胰岛素治疗失效的糖尿病患者加用二甲双胍能提高血糖控制、减少空腹血糖发生的频率,而对高密度胆固醇则无影响。

> **知识链接**
>
> 葡萄糖是糖在血液中的运输形式,在机体糖代谢中占据主要地位;糖原是葡萄糖的多聚体,包括肝糖原、肌糖原和肾糖原等,是糖在体内的储存形式。葡萄糖与糖原都能在体内氧化提供能量。食物中的糖是机体中糖的主要来源,被人体摄入经消化成单糖吸收后,经血液运输到各组织细胞进行合成代谢和分解代谢。机体内糖的代谢途径主要有葡萄糖的无氧酵解、有氧氧化、磷酸戊糖途径、糖醛酸途径、多元醇途径、糖原合成与糖原分解、糖异生以及其他己糖代谢等。

目标检测

一、名词解释
糖酵解、糖的有氧氧化

二、选择题
1. 三羧酸循环中哪一个化合物前后各放出一个分子 CO_2？（　　）
   A. 柠檬酸　　　B. 乙酰辅酶 A　　　C. 琥珀酸　　　D. α-酮戊二酸
2. 红细胞中还原型谷胱甘肽不足，易引起溶血，原因是缺乏（　　）。
   A. 葡萄糖激酶　　　　　　　　　B. 果糖二磷酸酶
   C. 6-磷酸葡萄糖脱氢酶　　　　　D. 磷酸果糖激酶
3. 合成糖原时，葡萄糖的直接供体是（　　）。
   A. CDPG　　　B. UDPG　　　C. 1-磷酸葡萄糖　　　D. GDPG
4. 降低血糖浓度的激素是（　　）。
   A. 胰高血糖素　　　B. 胰岛素　　　C. 肾上腺素　　　D. 糖皮质激素
5. 体内产生 NADPH 的途径是（　　）。
   A. 糖酵解途径　　　B. 三羧酸循环　　　C. 糖异生作用　　　D. 磷酸戊糖途径

三、问答题
1. 简述血糖的来源和去路。
2. 为什么剧烈运动后，肌肉会产生酸痛感？
3. 简述糖异生的生理意义。
4. 简述三羧酸循环的反应过程和生物学意义。
5. 为什么说三羧酸循环是糖、脂肪和蛋白质三大物质代谢的共同通路？

四、案例分析题
对以下案例进行分析：

患者，男性，59 岁，已婚，厨师。于 4 个月前开始自觉口渴、多饮，每日饮水量达两暖瓶（约 4000mL）。多尿，每日 10 余次，每次尿量均较多。不伴尿急、尿痛及血尿，昼夜尿量无明显差异。无明显多食，日进主食约 300～350g，也无饥饿感。当时未注意，也未检查治疗；近 1 个月来上述症状明显加重，并出现严重乏力、消瘦，体重较前减轻约 10kg，不能从事正常工作，故前来就诊。

体格检查：体温 36.2℃，脉搏 89 次/分，呼吸 20 次/分，血压 120/80mmHg。一般状态尚可，神志清楚，消瘦体质，自动体位。皮肤弹性佳。双眼球无突出及凹陷。甲状腺未触及。双肺呼吸音清，未听到干湿性啰音。心率 89 次/分，心律齐，未听到病理性杂音。腹软，无压痛，肝脾未触及，移动性浊音阴性。双肾区无叩击痛。双下肢无水肿。

实验室检查：尿常规：糖（＋），酮体（－），蛋白（－），隐血（－），尿相对比重 1.020。尿沉渣镜检白细胞（WBC）2～3 个/HP。空腹血糖 7.0mmol/L。

依据本章所学知识回答下列问题：
(1) 初步考虑该患者为何种疾病？其诊断依据是什么？
(2) 为了确诊还应进一步做哪些检查？预计结果如何？
(3) 出现糖尿病典型症状的机制是什么？

第八章 脂类代谢

【学习目标】
1. 掌握脂类代谢的特点、生理意义及与临床疾病的关系。
2. 熟悉脂类代谢的具体过程。
3. 了解脂类代谢与糖类代谢之间的关系。

【案例导学】
河北石家庄，刘女士，56岁，冠心病冠脉血管三只支架术后，出现皮下组织变硬，伴水肿，全身多处皮肤脂肪瘤，在体温较低（35℃左右，尤其在寒冷季节）时全身冰冷、脉弱、呼吸困难。临床诊断初步给出为脂肪代谢异常。通过本章的学习，可了解脂肪代谢异常的致病机理。

第一节 脂类代谢概述

脂类是机体内的一类有机大分子物质，它包括的范围很广，化学结构有很大差异，生理功能各不相同，其共同理化性质是不溶于水而溶于有机溶剂（如丙酮、乙醚、三氯甲烷等）。

一、脂类的种类及分布

脂类分为两大类，即脂肪（fat）和类脂（lipids）。

1. 脂肪

脂肪也称甘油三酯（triglyceride，TG）或称之为三（脂）酰甘油（triacylglycerol），是油和脂肪的统称，一般把常温下是液体的称作油，而把常温下是固体的称作脂肪，它是由1分子甘油与3分子脂肪酸通过酯键相结合而成，其中第二个多为不饱和脂肪酸（图8-1）。

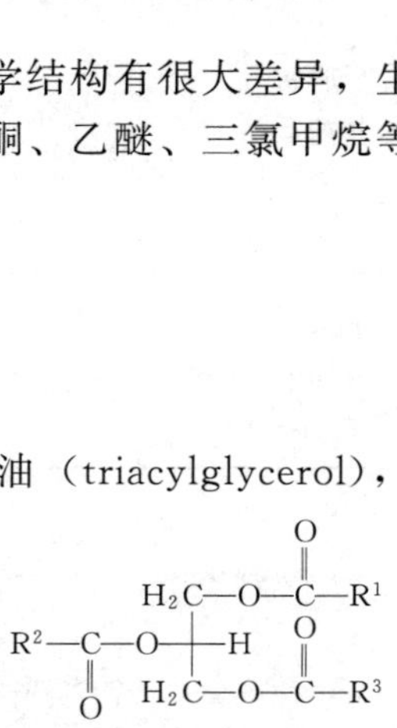

脂肪广泛存在于植物的种子、动物的组织和器官中，人体中的脂肪约占体重的10%～30%，并受年龄和性别的影响较显著。一般女性的脂肪高于男性（女性约占体重的20%～30%，男性约占10%～20%），青壮年高于老年人。

图8-1 甘油三酯结构式

2. 类脂

类脂主要包括磷脂（phospholipids）糖脂（glycolipid）和胆固醇及其酯类（cholesterol

and cholesterol ester）三大类，约占体重的 5%，体内含量比较恒定，是生物膜的主要组成成分（图 8-2），分布于机体各组织中，以神经组织含量最高。

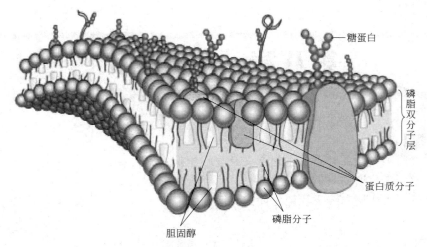

图 8-2 参与细胞膜构成的磷脂分子

二、脂类的生理功能

脂类是人体必需营养素之一，它与蛋白质、碳水化合物是产能的三大营养素，在供给人体能量方面起着重要作用；脂类也是构成人体细胞的重要成分，如细胞膜、神经髓鞘膜都必须有脂类参与构成（表 8-1）。

表 8-1 脂类的分布与生理功能

分类	含量	分布	生理功能
脂肪 甘油三酯 （储脂）	95%（随机体营养状况而变动）	脂肪组织、皮下结缔组织、大网膜、肠系膜、肾脏周围（脂库）血浆	1. 储脂供能 2. 提供必需脂肪酸 3. 促进脂溶性维生素吸收 4. 热垫作用 5. 保护垫作用 6. 构成血浆脂蛋白
类脂 糖脂、胆固醇及其酯、磷脂（组织脂）	5%（含量相当稳定）	动物所有细胞的生物膜、神经、血浆	1. 维持生物膜的结构和功能 2. 胆固醇可转变成类固醇激素、维生素、胆汁酸等 3. 构成血浆脂蛋白

第二节 甘油三酯的代谢

甘油三酯是人体内含量最多的脂类，大部分组织均可利用甘油三酯分解产物供给能量，同时肝脏、脂肪等组织还可以进行甘油三酯的合成，在脂肪组织中储存。

一、甘油三酯的动员

脂肪组织中的甘油三酯在一系列脂肪酶的作用下，分解生成甘油和脂肪酸，并释放入血供其他组织利用的过程，称为甘油三酯的动员（图 8-3）。

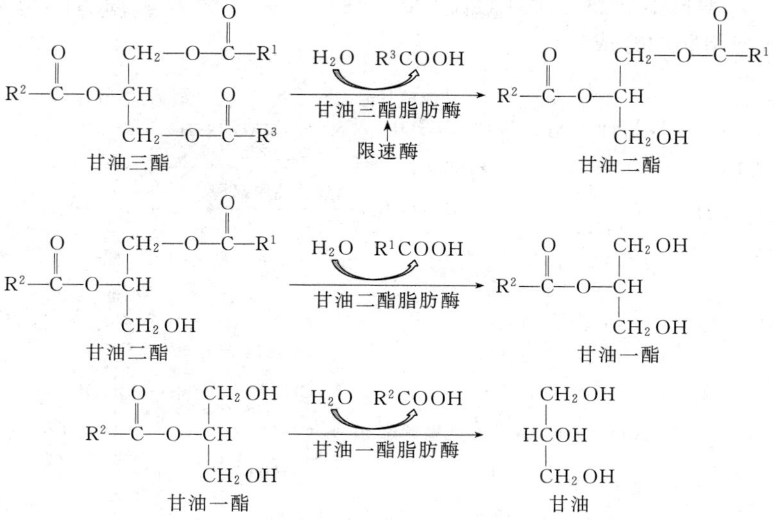

图 8-3 三脂酰甘油的动员

在一系列的水解过程中，催化由甘油三酯水解生成甘油二酯的甘油三酯脂肪酶是脂动员的限速酶，其活性受许多激素的调节，被称为激素敏感脂肪酶（hormone sensitive lipase, HSL）。胰高血糖素、肾上腺素和去甲肾上腺素与脂肪细胞膜受体作用，激活腺苷酸环化酶，使细胞内 cAMP 水平升高，进而激活 cAMP 依赖蛋白激酶，将 HSL 磷酸化而活化之，促进甘油三酯水解（图 8-4），这些可以促进脂动员的激素称为脂解激素（lipolytic hormones）。胰岛素和前列腺素等与上述激素作用相反，可抑制脂动员，称为抗脂解激素（antilipolytic hormones）。

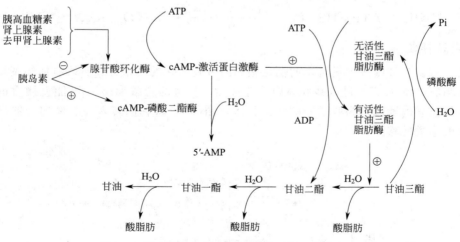

图 8-4 激素影响甘油三酯脂肪酶活性的作用机理

二、甘油的氧化分解

甘油的氧化分解主要在肝中进行，彻底氧化分解或经糖异生途径生成葡萄糖（图 8-5）。生成的磷酸二羟丙酮经异构化生成 3-磷酸甘油醛，后者可沿糖酵解途径生成丙酮酸，或经糖异生生成糖。由于甘油只占整个脂肪分子很小部分，所以脂肪氧化提供的能量主要来自脂肪酸分解。另外，磷酸甘油脱氢酶的催化是可逆的，因此磷酸二羟丙酮也可以还原生成 $α$-磷酸甘油，参与脂肪的合成。

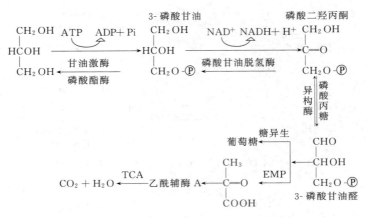

图 8-5　甘油的氧化分解

三、脂肪酸的氧化分解

脂肪酸在体内的氧化分解有多种形式，根据不同部位分为 $α$-氧化、$β$-氧化、$ω$-氧化；下面主要介绍人体中最常见的形式——饱和偶数碳原子脂肪酸的 $β$-氧化。脂肪酸的 $β$-氧化分解包括脂肪酸的活化、脂酰辅酶 A 的转移、脂酰辅酶 A 的 $β$-氧化三个阶段。

1. 脂肪酸的活化

由脂肪酸转变为脂酰辅酶 A 的过程称之为脂肪酸活化。整个反应在细胞浆中进行，1 分子脂肪酸活化消耗 2 分子 ATP。

$$R—COOH + ATP + HS—CoA \xrightarrow[Mg^{2+}]{\text{脂酰辅酶 A 合成酶}} R—CO\sim SCoA + AMP + PPi$$

2. 脂酰辅酶 A 穿梭

脂肪酸活化在细胞液中进行，而催化脂肪酸分解氧化的酶系存在于线粒体的基质内，因此活化的脂酰辅酶 A 必须进入线粒体内才能代谢。长链的脂酰辅酶 A 不能直接通过线粒体内膜，需要依靠肉毒碱作为脂酰基的转运载体（图 8-6）将它们转入线粒体内，催化反应的酶是肉毒碱脂酰转移酶。

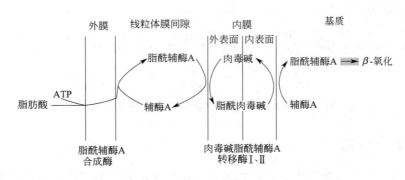

图 8-6　脂酰辅酶 A 穿梭系统

3. β-氧化

长链脂酰辅酶 A 的 β-氧化是在线粒体脂肪酸氧化酶系作用下进行的，每次氧化断去二碳单位的乙酰辅酶 A，再经 TCA 循环完全氧化成二氧化碳和水，并释放大量能量。偶数碳原子的脂肪酸 β-氧化最终全部生成乙酰辅酶 A。脂酰辅酶 A 的 β-氧化反应过程如下所述。

(1) 脱氢 脂酰辅酶 A 经脂酰辅酶 A 脱氢酶催化，在其 α 和 β 碳原子上脱氢，生成烯脂酰辅酶 A，该脱氢反应的辅基为 FAD。

$$RCH_2CH_2CH_2\text{\~{}}SCoA \xrightarrow[FAD \quad FADH_2]{\text{脂酰辅酶 A 脱氢酶}} RCH_2CH=CH-C(O)\text{\~{}}SCoA$$

(2) 加水（水合反应） 烯脂酰辅酶 A 在烯脂酰辅酶 A 水合酶催化下，在双键上加水生成 L-β-羟脂酰辅酶 A。

$$RCH=CH-C(O)\text{\~{}}SCoA \xrightleftharpoons[\text{烯脂酰辅酶 A 水合酶}]{H_2O} RCH(OH)-CH_2-C(O)\text{\~{}}SCoA$$

(3) 脱氢 L-β-羟脂酰辅酶 A 在 L-β-羟脂酰辅酶 A 脱氢酶催化下，脱去 β 碳原子与羟基上的氢原子生成 β-酮脂酰辅酶 A，该反应的辅酶为 NAD^+。

$$RCH(OH)-CH_2-C(O)\text{\~{}}SCoA \xrightleftharpoons[NAD^+ \quad NADH+H^+]{\text{羟脂酰辅酶 A 脱氢酶}} RCH(O)-CH_2-C(O)\text{\~{}}SCoA$$

(4) 硫解 在 β-酮脂酰辅酶 A 硫解酶催化下，β-酮脂酰辅酶 A 与辅酶 A 作用，硫解产生 1 分子乙酰辅酶 A 和比原来少两个碳原子的脂酰辅酶 A。

$$RCH_2-C(O)-CH_2-C(O)\text{\~{}}SCoA \xrightarrow[CoASH]{\text{硫解酶}} RCH_2C(O)\text{\~{}}SCoA + CH_3C(O)\text{\~{}}SCoA$$

经过多次重复以上四步反应，最后脂酰辅酶 A 全部分解成乙酰辅酶 A，乙酰辅酶 A 可进入三羧酸循环（TCA），产生大量的 ATP。

4. β-氧化的意义

脂肪酸 β-氧化最终的产物为乙酰辅酶 A、NADH 和 $FADH_2$。假如碳原子数为 C_n 的脂肪酸进行 β-氧化，则需要作 $(n/2-1)$ 次循环才能完全分解为 $n/2$ 个乙酰辅酶 A，产生 $(n/2-1)$ 个 NADH 和 $(n/2-1)$ 个 $FADH_2$；生成的乙酰辅酶 A 通过 TCA 循环彻底氧化成二氧化碳和水并释放能量，而 NADH 和 $FADH_2$ 则通过呼吸链传递电子生成 ATP。至此可以生成的 ATP 数量为：

$$\left(\frac{n}{2}-1\right)\times(1.5+2.5)+\frac{n}{2}\times 10-2$$

> **课堂互动**
>
> 1. 脂质不能充分地和水相接触，也就不能使水中的酶发挥作用，那么它是如何被酶消化的呢？
> 2. C_{16} 的软脂酸经过 β-氧化，生成 CO_2 和 H_2O，能产生多少分子 ATP?

5. 酮体的生成和利用

脂肪酸在肝外组织生成的乙酰辅酶 A 能彻底氧化成 CO_2 和 H_2O，而肝脏脂肪酸的氧化却是不完全的,这是因为肝细胞具有活性较强的合成酮体(acetone body)的酶类,β-氧化生成的乙酰辅酶 A 大都转变为乙酰乙酸(acetoacetic acid)β-羟丁酸(β-hydroxybutyric acid)和丙酮(acetone)等中间产物,这三种物质统称为酮体。

(1) 酮体的生成 酮体在肝细胞线粒体内合成,原料为乙酰辅酶 A,反应分为三步进行。反应过程如图 8-7 所示。肝细胞线粒体含有酮体合成酶系,但氧化酮体的酶活性低,因此肝脏不能利用酮体。酮体在肝内生成后,经血液运输至肝外组织氧化分解。

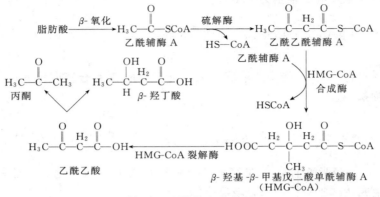

图 8-7 酮体的生成过程

(2) 酮体的氧化利用 酮体的氧化利用主要是在肝外组织(尤以心肌、大脑、骨骼肌、肾脏为主)。其中丙酮因具挥发性多从呼吸道呼出或随尿排出体外。乙酰乙酸、β-羟丁酸被氧化生成乙酰辅酶 A,继续进行代谢(图 8-8)。

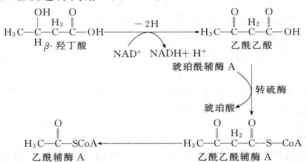

图 8-8 酮体的利用

(3) 酮体代谢的生理意义 酮体是生理条件下肝脏向外输出能源的形式之一。因为酮体易溶于水,分子较小,易透过血-脑屏障和静止肌肉的毛细血管壁。特别是在饥饿或糖供应不足时,血糖下降,脑组织无法依靠血糖供给能量,主要靠酮体供能。

正常情况下,血中酮体的量很少,浓度保持在 0.03~0.5mmol/L。在饥饿、高脂低糖膳食时,酮体的生成增加,当酮体生成超过肝外组织的利用能力时,引起血中酮体升高,出现酮症酸中毒和酮尿症。

> **知识拓展**
>
> **饥饿性酮症**
>
> 当机体长期处于饥饿状态,会使肝脏内糖原逐渐降低而耗竭。这样一方面缺乏食物补充,另一方面肝糖原耗竭,机体所需的能源就要另辟"途径",即由体内储存的脂肪取代之。但脂肪分解代谢增强时往往伴随氧化不全,容易产生过多的酮体。简单来讲就是:

> 饥饿导致体内产生的酮体增多，超出机体的代谢能力，会使血液酸化，发生代谢性酸中毒。饥饿性酮症轻者仅血液酮体增高，尿中出现酮体，临床可无明显症状。和糖尿病酮症酸中毒相比，虽然两者都是酮症，但是饥饿性酮症的特点为血糖正常或偏低，有酮症，但酸中毒多不严重。饭后，尿中酮体基本消失。两者在中、重度患者的临床表现上有很多相似，早期出现四肢无力、疲乏、口渴、尿多、食欲缺乏、恶心呕吐加重等症状。随着病情发展，患者出现头疼、深大呼吸、呼气有烂苹果味，逐渐陷入嗜睡、意识模糊及昏迷。

四、甘油三酯的合成代谢

在生物体内，脂肪合成所需的直接原料是 α-磷酸甘油和脂酰辅酶 A，它们由不同的途径合成而来。

1. α-磷酸甘油的来源

（1）由糖酵解合成 α-磷酸甘油 葡萄糖经过糖酵解（EMP）生成的磷酸二羟丙酮，可在 α-磷酸甘油脱氢酶的作用下，生成 α-磷酸甘油，其反应如下：

磷酸二羟丙酮 + NADH + H⁺ ⇌ L-α-磷酸甘油

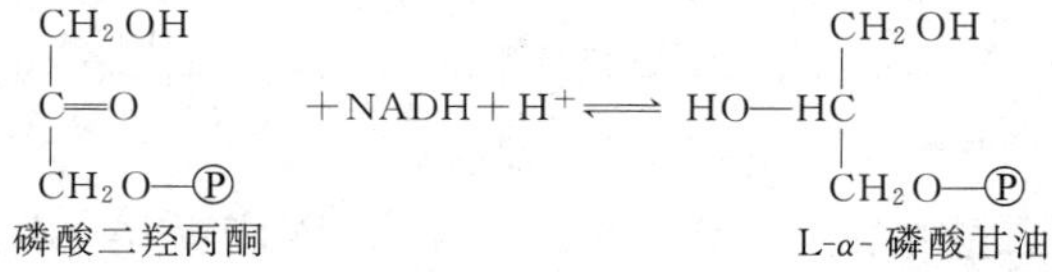

（2）由甘油合成 脂肪水解产生的甘油，可在甘油磷酸激酶的作用下生成 α-磷酸甘油，其反应如下：

甘油 + ATP $\xrightarrow{Mg^{2+}}$ L-α-磷酸甘油 + ADP

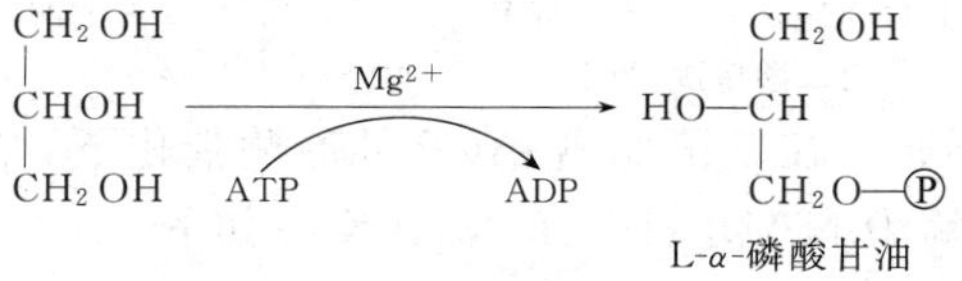

2. 脂肪酸的合成

脂肪酸的合成主要在细胞质中进行，我们把由二碳单位开始最终生成软脂酸的过程，称为脂肪酸的全程合成途径，而由软脂酸可进一步转化为其他长碳链脂肪酸和不饱和脂肪酸的过程，称作加工改造途径。

（1）全程合成途径

① 乙酰辅酶 A 转运 乙酰辅酶 A 是在线粒体中通过丙酮酸氧化脱羧、氨基酸氧化降解和长链脂肪 β-氧化等途径生成的，但利用乙酰辅酶 A 合成脂肪酸又在细胞质中，因此产生的乙酰辅酶 A 首先要通过柠檬酸-丙酮酸循环带出线粒体进入细胞质中。

② 丙二酰辅酶 A 的生成 由于脂肪酸合成直接供体不是乙酰辅酶 A 而是丙二酰辅酶 A，因此反应第一步是生成丙二酰辅酶 A，其反应过程如下：

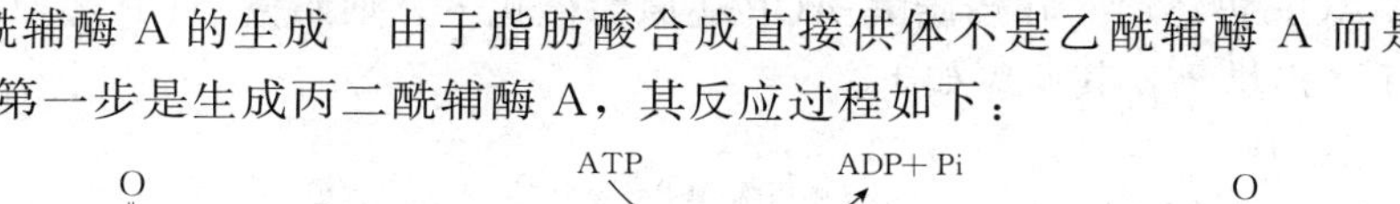

乙酰辅酶 A + HCO₃⁻ + H⁺ $\xrightarrow[\text{乙酰辅酶 A 羧化酶生物素}]{ATP \quad ADP+Pi}$ 丙二酸单酰辅酶 A

在乙酰辅酶 A 羧化酶催化下，乙酰辅酶 A 被羧化生成丙二酰辅酶 A，该酶以生物素为辅助因子，并需 Mn²⁺ 参与。丙二酰辅酶 A 除用于合成软脂酸外，在代谢上没有其他用途，因此通过调控羧化酶活性可以调节脂肪酸合成而不干扰其他代谢途径。

生物素作为羧化酶的辅助因子参加脂肪酸的合成，其细胞中的浓度会影响脂肪酸的合成，进而影响甘油磷脂合成，在发酵生产中，可以通过控制培养基中生物素的含量来改变细胞膜的通透性，提高发酵产量。

③ 软脂酸的生物合成　软脂酸合成是在脂肪酸合成酶系催化作用下完成的。脂肪酸合成酶系由 6 种酶和 1 种称为酰基载体蛋白（ACP）的辅助因子组成，其核心成员是酰基载体蛋白（ACP），其余六个酶分子按顺序排列于 ACP 周围，分别是 ACP 酰基转移酶、β-酮脂酰-ACP 合成酶、β-酮脂酰-ACP 还原酶、丙二酸单酰基转移酶、β-羟脂酰-ACP 脱水酶、β-烯脂酰-ACP 还原酶。ACP 是含有 4-磷酸泛酰巯基乙胺的蛋白质，它的活性基团是巯基。

a. 乙酰-ACP 和丙二酸单酰-ACP 的生成　脂肪酸的 β-氧化是以 CoASH 为酰基载体，脂肪酸的合成却以 ACP 携带酰基，因此需要转移酰基，此反应由 ACP 酰基转移酶催化，反应如下：

$$H_3C-\underset{O}{\overset{\|}{C}}-SCoA + HS-ACP \xrightarrow{\text{酰基转移酶}} H_3C-\underset{O}{\overset{\|}{C}}-S-ACP + HS-CoA$$
乙酰-ACP

$$HOOC-\underset{H_2}{C}-\underset{O}{\overset{\|}{C}}-SCoA \xrightarrow[\text{HS-ACP   HS-CoA}]{\text{酰基转移酶}} HOOC-\underset{H_2}{C}-\underset{O}{\overset{\|}{C}}-S-ACP$$
丙二酸单酰辅酶 A　　　　　　　　　　　　　丙二酸单酰-ACP

b. 乙酰-ACP 与丙二酸单酰-ACP 的缩合　在 β-酮脂酰-ACP 合成酶催化下，乙酰-ACP 与丙二酸单酰-ACP 可缩合生成 β-酮脂酰-ACP，其反应如下：

$$H_3C-\underset{O}{\overset{\|}{C}}-S-ACP + HOOC-\underset{H_2}{C}-\underset{O}{\overset{\|}{C}}-S-ACP \xrightarrow[\text{HS-ACP+CO}_2]{\beta\text{-酮脂酰-ACP 合成酶}} H_3C-\underset{O}{\overset{\|}{C}}-\underset{H_2}{C}-\underset{O}{\overset{\|}{C}}-S-ACP$$
乙酰-ACP　　　丙二酸单酰-ACP　　　　　　　　　　　　　β-酮脂酰-ACP

c. β-酮脂酰-ACP 的还原　在 β-酮脂酰-ACP 还原酶催化下，β-酮脂酰-ACP 被还原生成 β-羟脂酰-ACP。此酶的辅酶为 NADPH+H$^+$，其反应如下：

$$H_3C-\underset{O}{\overset{\|}{C}}-\underset{H_2}{C}-\underset{O}{\overset{\|}{C}}-S-ACP \xrightarrow[\text{NADPH+H}^+ \quad \text{NADP}^+]{\beta\text{-酮脂酰-ACP 还原酶}} H_3C-\underset{H}{\overset{OH}{\underset{|}{C}}}-\underset{H_2}{C}-\underset{O}{\overset{\|}{C}}-S-ACP$$
β-酮脂酰-ACP　　　　　　　　　　　　　　　　　　　　　β-羟脂酰-ACP

d. β-羟脂酰-ACP 脱水　在 β-羟脂酰-ACP 脱水酶催化下，β-羟脂酰-ACP 脱水，生成 α,β-烯脂酰-ACP，其反应如下：

$$H_3C-\underset{H}{\overset{OH}{\underset{|}{C}}}-\underset{H_2}{C}-\underset{O}{\overset{\|}{C}}-S-ACP \xrightarrow[H_2O]{\beta\text{-羟脂酰-ACP 脱水酶}} H_3C-\underset{H}{\overset{}{C}}=\underset{H}{\overset{}{C}}-\underset{O}{\overset{\|}{C}}-S-ACP$$
β-羟脂酰-ACP　　　　　　　　　　　　　　　　　　　　　α,β-烯脂酰-ACP

e. 烯脂酰-ACP 再还原　在烯脂酰-ACP 还原酶催化下，烯脂酰-ACP 还原为脂酰-ACP，由 NADPH+H$^+$ 提供氢，其反应如下：

$$H_3C-\underset{H}{\overset{H}{\underset{|}{C}}}=\underset{}{C}-\underset{O}{\overset{\|}{C}}-S-ACP \xrightarrow[\text{NADPH+H}^+ \quad \text{NADP}^+]{\beta\text{-烯脂酰-ACP 还原酶}} H_3C-\underset{H_2}{C}-\underset{H_2}{C}-\underset{O}{\overset{\|}{C}}-S-ACP$$
α,β-烯脂酰-ACP　　　　　　　　　　　　　　　　　　　　脂酰-ACP

脂酰-ACP 再与丙二酸单酰-ACP 缩合，重复以上②~⑤步反应，每重复一次延长二碳单位，再重复 6 次生成软脂酰-ACP（C$_{16}$），软脂酰-ACP 与辅酶 A 在转酰基酶催化下生成软脂酰辅酶 A，后者可作为合成脂肪的原料。脂肪酸全程合成的总反应式为：

乙酰辅酶 A ＋ 7 丙二酸单酰辅酶 A ＋ 14NADPH ＋ 14H$^+$ ⟶

软脂酸 ＋ 6H$_2$O ＋ 7CO$_2$ ＋ 14NADP$^+$ ＋ 8HSCoA

（2）加工改造途径 细胞质中脂肪酸合成酶催化的主要产物是软脂酸，更长的脂肪酸是在软脂酸的基础上加工改造，延长碳单位形成的。脂肪酸碳链的延长主要在内质网和动物的线粒体及植物的叶绿体中进行。

在线粒体中以乙酰辅酶 A 作为二碳单位，而内质网中以丙二酰单酰辅酶 A 为二碳单位，加到饱和的脂肪酸的羧基端上，同时需要 NADPH＋H$^+$ 作供氢体，每次可加长 2 个碳原子。

生物体内不饱和脂肪酸可由饱和脂肪酸去饱和衍生而来。但亚油酸（十八碳二烯酸）和亚麻酸（十八碳三烯酸）及花生四烯酸（二十四碳四烯酸）是在哺乳动物体内不能合成的脂肪酸，必须从食物中获得，所以这三类脂肪酸称为必需脂肪酸。

3. 脂肪的合成

在酰基转移酶的催化下，α-磷酸甘油和 2 分子脂酰辅酶 A 缩合，形成磷脂酸，再在磷脂酸磷酸酶作用下水解脱掉磷酸基，生成 1,2-二酰甘油，1,2-二酰甘油再与另一分子脂酰辅酶 A 在酰基转移酶作用下合成甘油三酯，即脂肪。具体合成过程如图 8-9 所示。

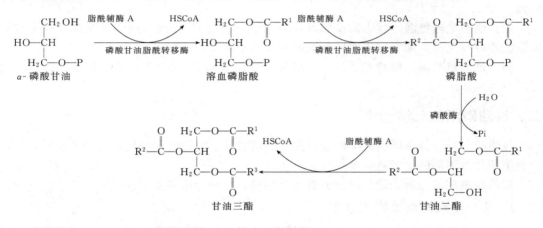

图 8-9 甘油三酯合成过程

第三节 甘油磷脂的代谢

磷脂广泛存在于生物体内，这是因为它是生物膜的主要组分，一般在生物膜的双脂层结构中。磷脂是由磷酸甘油的衍生物和（神经）鞘氨醇的衍生物所组成的脂质，磷酸甘油的衍生物称为甘油磷脂，而鞘氨醇的衍生物则称为鞘磷脂。纯净的磷脂是白色的蜡状固体，容易被氧化，暴露于空气中，则发生颜色变化。

一、甘油磷脂的合成代谢

合成全过程可分为原料来源、活化和甘油磷脂生成三个阶段。甘油磷脂的合成在细胞质滑面内质网上进行，通过高尔基体加工，最后可被组织生物膜利用或者成为脂蛋白分泌出细胞。机体各种组织（除成熟红细胞外）都可以进行磷脂合成。

1. 原料来源

合成甘油磷脂的原料为磷脂酸与取代基团。磷脂酸可由糖和脂转变生成的甘油和脂肪酸生成（详见脂肪合成代谢），但其甘油 C2 位上的脂肪酸多为必需脂肪酸，需食物供给。取代基团中胆碱和乙醇胺可由丝氨酸在体内转变生成或食物供给。

2. 活化

磷脂酸和取代基团在合成之前，两者之一必须首先被 CTP 活化而被 CDP 携带，胆碱与乙醇胺可生成 CDP-胆碱和 CDP-乙醇胺，磷脂酸可生成 CDP-二酰甘油，如下：

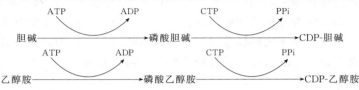

3. 甘油磷脂生成

（1）**磷脂酰胆碱和磷脂酰乙醇胺** 这两种磷脂生成是由活化的 CDP-胆碱与 CDP-乙醇胺和甘油二酯生成。此外，磷脂酰乙醇胺在肝脏还可由腺苷甲硫氨酸提供甲基，转变为磷脂酰胆碱。

（2）**磷脂酰丝氨酸** 体内磷脂酰丝氨酸合成是通过 Ca^{2+} 激活的酰基交换反应生成，由磷脂酰乙醇胺与丝氨酸反应生成磷脂酰丝氨酸和乙醇胺。

（3）**磷脂酰肌醇、磷脂酰甘油** 上述两者生成是由活化的 CDP-二酰甘油与相应取代基团反应生成。

二、甘油磷脂的分解代谢

与脂肪一样，甘油磷脂的降解也是先水解成甘油、脂肪酸、磷脂及磷酸乙醇胺，各水解产物按照各自不同的途径进一步反应。

以磷脂酰胆碱为例，磷脂酰胆碱有 4 个酯键，需要经历多步水解反应。

1. 第一步水解由磷脂酶催化

已发现的磷脂酶有磷脂酶 A_1、磷脂酶 A_2、磷脂酶 C 和磷脂酶 D，它们对磷脂的水解部位和水解产物各不相同（图 8-10）。

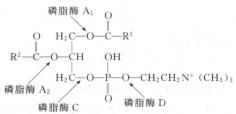

图 8-10 各种磷脂酶的作用位点

磷脂酶 A_1 广泛分布于动物细胞中；磷脂酶 A_2 存在于蛇毒、蝎毒和蜂毒中；磷脂酶 C 存在于动物脑、蛇毒和细菌毒素中；磷脂酶 D 主要存在于高等植物中。

2. 磷脂酶 A_1 或 A_2 水解甘油磷脂生成溶血磷脂

溶血磷脂是一类具有较强表面活性的物质，能使红细胞和其他细胞膜破坏，引起溶血或细胞坏死。溶血磷脂在溶血磷脂酶作用下，再水解掉一个脂肪酸，生成不具溶血性的 3-甘油磷酸胆碱。

3. 以水解酶催化生成的 3-甘油磷酸胆碱、磷脂酸、甘油二酯等物质

在磷酸酯酶、脂肪酶等的作用下进一步水解，最终生成脂肪酸、甘油、磷酸及胆碱。

鞘磷脂降解也需要先经历水解过程，再将水解产物分解或转化。

第四节 胆固醇代谢

胆固醇是体内最丰富的固醇类化合物,它既作为细胞生物膜的构成成分,又是类固醇类激素、胆汁酸及维生素 D 的前体物质。因此对于大多数组织来说,保证胆固醇的供给,维持其代谢平衡十分重要。胆固醇广泛存在于全身各组织中,其中约 1/4 分布在脑及神经组织中,占脑组织总重量的 2% 左右。肝、肾及肠等内脏以及皮肤、脂肪组织亦含较多的胆固醇,每 100g 组织中约含 200~500mg,以肝为最多,而肌肉中较少,肾上腺、卵巢等组织胆固醇含量可高达 1%~5%,但总量很少。

机体内胆固醇来源于食物及自身合成。成年人除脑组织外各种组织都能合成胆固醇,其中肝脏和肠黏膜是合成的主要场所。体内胆固醇 70%~80% 由肝脏合成,10% 由小肠合成。其他组织如肾上腺皮质、脾脏、卵巢、睾丸及胎盘乃至动脉管壁,也可合成胆固醇。胆固醇的合成主要在细胞的胞浆和内质网中进行。胆固醇和胆固醇酯的结构如图 8-11 所示。

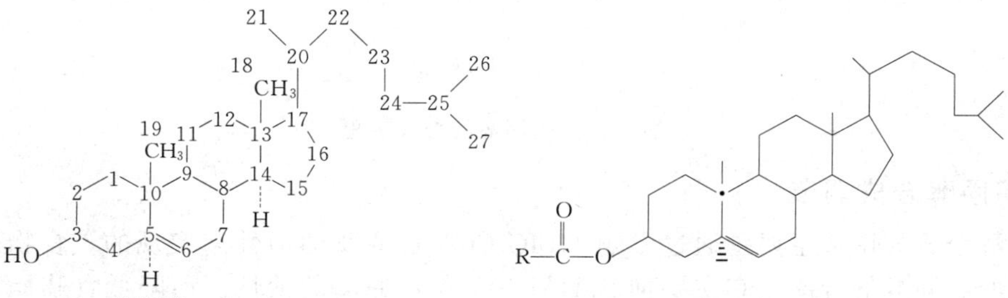

图 8-11 胆固醇和胆固醇脂的结构

一、胆固醇的合成

1. 合成原料

乙酰辅酶 A 是合成胆固醇的原料,因为乙酰辅酶 A 是在线粒体中产生的,与前述脂肪酸合成相似,它须通过柠檬酸-丙酮酸循环进入胞液,另外,反应还需大量的 $NADPH+H^+$ 及 ATP。合成 1 分子胆固醇需 18 分子乙酰辅酶 A、36 分子 ATP 及 16 分子 $NADPH+H^+$。乙酰辅酶 A 及 ATP 多来自线粒体中糖的有氧氧化,而 NADPH 则主要来自胞液中糖的磷酸戊糖途径。

2. 合成过程

胆固醇的合成一般分为以下三个阶段(图 8-12)。

(1) 甲基二羟戊酸(MVA)的合成 首先在胞液中合成 HMG-CoA,与酮体生成 HMG-CoA 的生成过程相同。但在线粒体中,HMG-CoA 在 HMG-CoA 裂解酶催化下生成酮体,而在胞液中生成的 HMG-CoA 则在内质网 HMG-CoA 还原酶的催化下,由 $NADPH+H^+$ 供氢,还原生成 MVA。HMG-CoA 还原酶是合成胆固醇的限速酶。

(2) 鲨烯的合成 MVA 由 ATP 供能,在一系列酶催化下,生成 C_{30} 的鲨烯。

(3) 胆固醇的合成 鲨烯经多步反应,脱去 3 个甲基生成 C_{27} 的胆固醇。

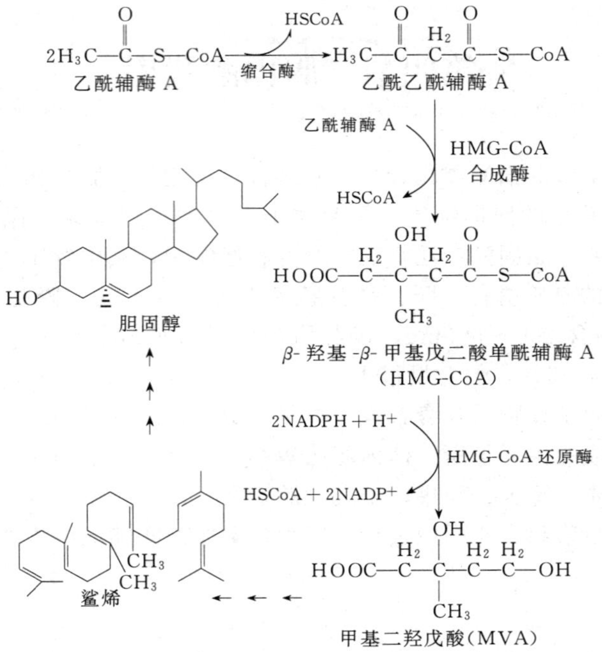

图 8-12 胆固醇的合成过程

3. 胆固醇合成调节

胆固醇合成的调节主要是通过影响 HMG-CoA 还原酶的活性来实现的。食物胆固醇可反馈抑制肝胆固醇的合成，它主要抑制 HMG-CoA 还原酶的活性。而降低食物胆固醇量的摄入，对该酶的抑制解除，胆固醇合成增加。胰岛素及甲状腺素能诱导肝 HMG-CoA 还原酶的活性，从而增加胆固醇的合成。

二、胆固醇的转化

1. 转化为胆汁酸

胆固醇在肝脏中约 75%～80% 转化为胆酸，胆酸再与甘氨酸或牛磺酸结合成胆汁酸。胆汁酸以钠盐或钾盐的形式存在，称为胆汁酸盐或胆盐。胆汁酸随胆汁排入肠道，促进脂类及脂溶性维生素的消化吸收。

2. 转化为类固醇激素

胆固醇是肾上腺皮质、睾丸、卵巢等内分泌腺合成及分泌类固醇激素的原料。

3. 转化为维生素 D_3

在皮肤，胆固醇可被氧化为 7-脱氢胆固醇，后者经紫外线照射转变为维生素 D_3。

第五节　血脂与血浆脂蛋白

一、血脂

血浆中含有的脂类统称为血脂，包括甘油三酯、磷脂、胆固醇及其酯和非酯化脂肪

(nonesterified fatty acid)，亦称游离脂肪酸（FFA）。血脂的来源有两个方面：一个是外源性，从食物摄取的脂类经消化吸收进入血液；二是内源性，由肝、脂肪组织等合成后释放进入血液。血脂在脂类的运输和代谢上起着重要作用。血脂只占体重的 0.04%，其含量受到饮食、营养、疾病等因素的多重影响，是临床上了解患者脂类代谢情况的一个重要窗口，临床上用于高血脂症、动脉硬化及冠心病的辅助诊断。

正常成年人空腹血脂组成及参考含量见表 8-2。

表 8-2 正常成年人空腹血脂的主要成分和参考含量

脂类	参考值	
	mmol/L(平均值)	mg/dL(平均值)
总脂类	—	400~700(500)
总胆固醇	2.59~6.21(5.17)	100~240(200)
总磷脂	48.44~80.73(64.58)	150~250(200)
甘油三酯	0.11~1.69(1.13)	10~150(100)
游离脂肪酸	—	5~20(15)
胆固醇酯	1.81~5.17(3.75)	70~200(145)

注：括弧内为平均值。

二、血浆脂蛋白的组成和结构

1. 脂蛋白的组成

脂蛋白由甘油三酯、磷脂、胆固醇及其脂类与载脂蛋白结合而形成。脂蛋白具有微团结构，非极性的甘油三酯、胆固醇酯等位于核心，外周为亲水性的载脂蛋白和胆固醇酯等的极性基团，这样使得脂蛋白具有较强的水溶性，可在血液中运输，如图 8-13 所示。

2. 载脂蛋白（apoprotein，apo）

脂蛋白中与脂类结合的蛋白质称为载脂蛋白，对其结构与功能研究比较清楚的有 apoA、apoB、apoC、apoD 与 apoE 五类。载脂蛋白的主要功能是稳定血浆脂蛋白结构，使其更加稳定；作为脂类的运输载体；除此以外有些脂蛋白还可作为酶的激活剂。

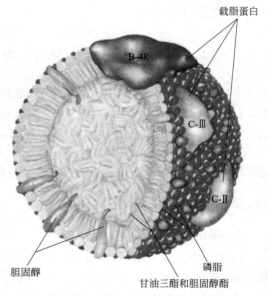

图 8-13 血浆脂蛋白的一般结构

> **课堂互动**
> 1. 临床上用于高血脂症、动脉硬化及冠心病的辅助诊断重要指标有哪些？
> 2. 什么是载脂蛋白，它们的主要作用是什么？

三、血浆脂蛋白代谢

1. 乳糜微粒

乳糜微粒（CM）是在小肠黏膜细胞中生成的，食物中的脂类在细胞滑面内质网上经再酯化后与粗面内质网上合成的载脂蛋白构成新生的（nascent）乳糜微粒（包括甘油三酯、胆固醇酯和磷脂等），经高尔基复合体分泌到细胞外，进入淋巴循环最终进入血液。可见，

CM 代谢的主要功能就是将外源性甘油三酯转运至脂肪、心和肌肉等肝外组织而利用，同时将食物中的外源性胆固醇转运至肝脏。

2. 极低密度脂蛋白

极低密度脂蛋白（VLDL）主要在肝脏内生成，VLDL 主要成分是肝细胞利用糖和脂肪酸（来自脂动员或乳糜微粒残余颗粒）自身合成的甘油三酯，与肝细胞合成的载脂蛋白 apoB100、apoAI 和 apoE 等加上少量磷脂和胆固醇及其酯。小肠黏膜细胞也能生成少量的 VLDL。

3. 低密度脂蛋白

低密度脂蛋白（LDL）由 VLDL 转变而来，LDL 中主要脂类是胆固醇及其酯，载脂蛋白为 apoB100。

LDL 在血中可被肝及肝外组织细胞表面存在的 apoB100 受体识别，通过此受体介导吞入细胞内，与溶酶体融合，胆固醇酯水解为胆固醇及脂肪酸。这种胆固醇除可参与细胞生物膜的生成之外，还对细胞内胆固醇的代谢具有重要的调节作用，LDL 代谢的功能是将肝脏合成的内源性胆固醇运到肝外组织，保证组织细胞对胆固醇的需求。

4. 高密度脂蛋白

高密度脂蛋白（HDL）在肝脏和小肠中生成，HDL 中的载脂蛋白含量很多，包括 apoA、apoC、apoD 和 apoE 等，脂类以磷脂为主。HDL 分泌入血后，新生的 HDL 为 HDL3，一方面可作为载脂蛋白供体将 apoC 和 apoE 等转移到新生的 CM 和 VLDL 上，同时在 CM 和 VLDL 代谢过程中再将载脂蛋白运回到 HDL 上，不断与 CM 和 VLDL 进行载脂蛋白的交换。另一方面，HDL 可摄取血中肝外细胞释放的游离胆固醇，经卵磷脂胆固醇脂酰转移酶（LCAT）催化，生成胆固醇酯。此酶在肝脏中合成，分泌入血后发挥活性，可被 HDL 中 apoAI 激活，生成的胆固醇酯一部分可转移到 VLDL。通过上述过程，HDL 密度降低转变为 HDL2。HDL2 最终被肝脏摄取而降解。

四、高脂蛋白血症和动脉粥样硬化

1. 高脂蛋白血症

高脂蛋白血症（hyperlipoproteinemia）亦称高脂血症（hyperlipidemia），因实际上两者均系血中脂蛋白合成与清除紊乱所致。这类病症可以是遗传性的，也可能是其他原因引起的，表现为血浆脂蛋白异常、血脂增高等，现将其六种主要类型列于表 8-3。

表 8-3 高脂蛋白血症的类型

类型	脂蛋白变化	血脂的变化		病因
		主要升高的脂类	次要升高的脂类	
I	CM 增高	甘油三酯	胆固醇	LDL 或 apoCⅡ遗传缺陷
Ⅱa	LDL 增高	胆固醇		LDL 受体的合成或功能的遗传缺陷
Ⅱb	LDL、VLDL 增高	甘油三酯	胆固醇	遗传因素影响不大，主要受膳食影响
Ⅲ	LDL 增高	甘油三酯、胆固醇		apoE 异常干扰了 CM 及 VLDL 残粒的吸收
Ⅳ	VLDL 增高	甘油三酯	胆固醇	分子缺陷不清，多由于肥胖、饮酒过量或糖尿病所致
Ⅴ	CM、VLDL 增高	甘油三酯	胆固醇	实际为Ⅰ型和Ⅳ型的混合症

2. 动脉粥样硬化

动脉粥样硬化（atherosclerosis，AS）是指一类动脉壁的退行性病理变化，是心脑血管疾病的病理基础。研究表明，血浆脂蛋白类型及含量与 AS 的发生密切相关。

(1) LDL 和 VLDL 具有致 AS 作用　AS 的病理基础之一是大量脂质沉积于动脉内皮下基质，被平滑肌、巨噬细胞等吞噬形成泡沫细胞。血浆 LDL 水平升高往往与 AS 的发病率呈正相关。当血液中 LDL 水平升高时，LDL 堆积于动脉分支或弯曲等 AS 病变多发处，并通过某种因素引起增大的内皮细胞间隙被动地扩散入并聚集于血管内膜下，与其他脂蛋白如 VLDL 残粒、脂蛋白(a) 等共同作用，导致 AS 的发生。

LDL 在血管壁经氧化先形成极轻密度的 LDL（mmLDL），进一步氧化形成氧化低密度脂蛋白 oxLDL（oxidized LDL）。oxLDL 不能被 LDL 受体识别，但能被巨噬细胞和平滑肌细胞膜上的清道夫受体如 SR-A 和 CD36 等所识别结合而吞噬。oxLDL 能直接吸引循环中的单核细胞进入动脉壁，进入动脉壁的单核细胞在巨噬细胞集落刺激因子等的诱导下分化为巨噬细胞，巨噬细胞通过清道夫受体迅速摄取 oxLDL，而清道夫受体不受细胞内胆固醇的下调作用，打破了巨噬细胞内胆固醇摄入与流出的动态平衡，导致巨噬细胞内胆固醇和胆固醇酯（CE）大量聚集而形成泡沫细胞，促进 AS 的发生。如图 8-14 所示。

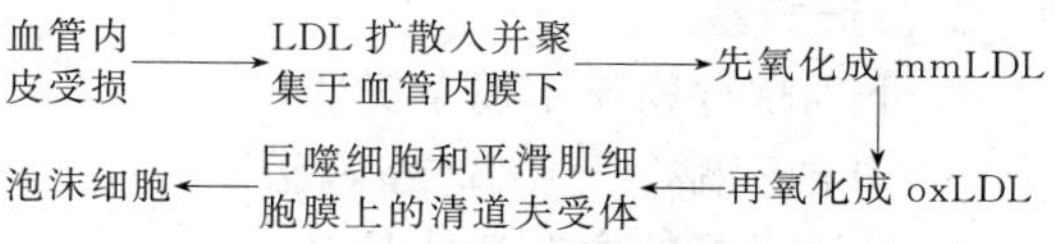

图 8-14　LDL 的致 AS 过程

血浆 LDL 来自 VLDL 的降解，故 VLDL 水平升高可间接引起 LDL 的升高。此外，VLDL 可引起巨噬细胞内甘油三酯的堆积，因而对 AS 的发生有促进作用。VLDL 残粒代谢受阻时，可被巨噬细胞吞噬，从而促进泡沫细胞的形成。

(2) HDL 具有抗 AS 作用　血浆 HDL 浓度与 AS 的发生呈负相关。其抗 AS 形成的机制主要为：HDL 可将肝外组织，包括将动脉壁、巨噬细胞等组织细胞的胆固醇转运至肝，降低了动脉壁胆固醇含量，同时还具有抑制 LDL 氧化的作用等。在含氧的血液环境中，被氧化的 HDL（oxHDL）失去抑制 LDL 氧化的能力，导致其抗 AS 的作用明显降低。

> **知识拓展**
>
> **脂质代谢紊乱与动脉粥样硬化**
>
> 　　临床上对脂质代谢紊乱的认识与血浆脂质及脂蛋白、载脂蛋白的测定方法的发展密不可分。20 世纪 50 年代只能测定血浆胆固醇的含量以确诊高胆固醇血症。到 60 年代初期血浆甘油三酯测定方法的应用，使研究者把高脂血症分为三种：高胆固醇血症、高甘油三酯血症、高胆固醇血症合并高甘油三酯血症。60 年代纸上电泳技术得到改进，提高了对血浆脂蛋白的分辨力和检出率。可将血浆脂蛋白分为 α-脂蛋白、前 β-脂蛋白、β-脂蛋白及乳糜微粒四种，并通过密度梯度离心，明确了血浆脂质是以脂蛋白的形式存在，临床上逐渐用高脂蛋白血症代替高脂血症。1967 年 Fredrickson 等用改进的纸上电泳分离血浆脂蛋白，将高脂血症分为五种类型，即Ⅰ、Ⅱ、Ⅲ、Ⅳ、Ⅴ。1970 年 WHO 加以改进，将Ⅱ型分为Ⅱa 和Ⅱb，共六型。这些标志着对脂类代谢与动脉粥样硬化关系的研究已从血浆脂质水平发展到血浆脂蛋白水平。
>
> 　　但是血浆高脂蛋白血症分型，经各国实验研究及临床工作者应用，发现其存在局限性，如高脂蛋白血症分型仅以表型分类，不能反映其病因，HDL 含量改变也未包括在内。1973 年 Goldstein 和 Brown 对细胞膜 LDL 受体的研究成果表明，对脂质代谢与动脉粥样硬化关系的研究从脂蛋白水平进入载脂蛋白的分子水平，并发现了多种载脂蛋白缺乏或缺陷的疾患。近年来，为了便于从分子水平研究脂质代谢紊乱，主张以载脂蛋白的改变作为异常脂蛋白血症分类的依据，以完善 1970 年 WHO 的分型法。

目标检测

一、名词解释

脂肪肝、高脂血症

二、选择题

1. 下列哪种物质不属于类脂？（　　）
   A. 甘油三酯　　　B. 卵磷脂　　　C. 糖脂　　　D. 胆固醇　　　E. 脑磷脂
2. 甘油三酯的主要功能是（　　）。
   A. 是构成生物膜的成分　　　　B. 是体液的主要成分
   C. 储能供能　　　　　　　　　D. 是构成神经组织的成分
   E. 是遗传物质
3. 下列哪种化合物不是血脂的主要成分？（　　）
   A. 甘油三酯　　　　　　　　　B. 磷脂
   C. 游离脂肪酸　　　　　　　　D. 糖脂
4. 血浆中脂类物质的运输载体是（　　）。
   A. 球蛋白　　　B. 脂蛋白　　　C. 糖蛋白　　　D. 核蛋白　　　E. 血红蛋白
5. 下列属于必需脂肪酸的是（　　）。
   A. 软脂酸　　　B. 油酸　　　C. 亚油酸　　　D. 二十碳脂肪酸　　　E. 硬脂酸

三、问答题

1. 简述血脂的来源和去路。
2. 简述各类血浆脂蛋白的主要成分和功能。
3. 何谓血脂？血脂包含哪些成分？其以何种形式在血浆中运输？
4. 机体能否利用葡萄糖作为原料合成脂肪？试述其合成过程。

第九章 蛋白质的降解和氨基酸代谢

【学习目标】
1. 掌握蛋白质分解代谢的主要研究内容。
2. 了解蛋白质分解代谢的应用。

【案例导学】
色氨酸是人体必需的氨基酸，在人体内经过代谢可以生成5-羟色胺，5-羟色胺是一种神经递质，有中和肾上腺素与去甲肾上腺素的作用，并可改善睡眠的持续时间。当动物大脑中的5-羟色胺含量降低时，表现出异常的行为，出现神经错乱的幻觉以及失眠等。此外，5-羟色胺有很强的血管收缩作用，可存在于许多组织，包括血小板和肠黏膜细胞中，受伤后的机体会通过释放5-羟色胺来止血。医药上常将色氨酸用作抗闷剂、抗痉挛剂、胃分泌调节剂、胃黏膜保护剂和强抗昏迷剂等。
本章将介绍氨基酸代谢及其在医药方面应用的生化机理。

氨基酸是蛋白质的基本结构单位，蛋白质代谢以氨基酸为核心，细胞内外液中所有游离氨基酸称为游离氨基酸库，其含量不足氨基酸总量的1%，却可反映机体氮代谢的概况。食物中的蛋白质都要降解为氨基酸才能被机体利用，体内蛋白质也要先分解为氨基酸才能继续氧化分解或转化。游离氨基酸可合成自身蛋白质，可氧化分解放出能量，还可转化为糖类或脂类，也可合成其他生物活性物质。氨基酸合成蛋白质是主要用途，约占75%，而蛋白质提供的能量约占人体所需总能量的10%~15%。磷脂的合成需S-腺苷甲硫氨酸，氨基酸脱羧产生的胺类常有特殊作用，如5-羟色胺是神经递质，人缺少易发生抑郁、自杀；组胺与过敏反应有密切联系。

第一节 蛋白质分解代谢概述

一、蛋白质的需要量和营养价值

动物体每天都有一定数量的组织蛋白氧化分解，最后产生含氮的物质，经粪、尿、汗排出体外，因而每天必须摄入一定数量的蛋白质，以保障机体正常生理活动。食物中的含氮类营养物质主要是蛋白质，而氮元素在各种蛋白质中的含量基本是恒定的，接近于16%。这样，要测定某一种食物的蛋白质含量便可以首先测定其氮含量，再乘以6.25（100÷16=6.25）即可得出该食物的蛋白质含量。因此，为了了解动物体内每天摄入的蛋白质是否能够满足机体生理活动所需要的量,可以通过氮的摄入量来代表蛋白质的摄入量。在机体所排放的氮元素中,尿与少量的汗中的含氮量代表了蛋白质分解的数量,而粪中的含氮量则代表了未被机体吸收的蛋白质的量。当体内蛋白质的合成与分解处于平衡状态时,氮的摄入量与排出量也就处于平衡状态,这种动态的平衡称之为氮平衡。氮平衡包括以下三种情况。

1. 氮总平衡

氮总平衡即摄入氮量与排出氮量相等。这表明动物机体获得蛋白质的量与丢失蛋白质的量相等,也就是蛋白质维持在一个平衡的状态。这一般发生在正常的成年动物。一个健康成年人每日摄入约70g的蛋白质即可维持氮总平衡。维持平衡的蛋白质需要量常因健康状态、年龄、体重等因素会有所不同。身材越高大或年龄越小的人,需要的蛋白质越多。

2. 氮正平衡

氮正平衡即摄入氮量大于排出氮量。这表明动物机体内蛋白质的含量在增加。一般发生在动物的生长期、疾病的恢复期以及妊娠期。机体需要更多的蛋白质用于生长和恢复。

3. 氮负平衡

氮负平衡即摄入氮量小于排出氮量。这表明动物机体内蛋白质的含量在减少,也就是蛋白质的消耗多于补充的量。多见于动物的饥饿、营养不良和患一些消耗性疾病的时期。机体表现肌肉减少,身体消瘦。

机体的氮平衡水平可以反映出体内蛋白质代谢的基本概况。需要注意的是,即使蛋白质的供应量达到了机体维持平衡的量,在实际代谢过程中也可能出现氮负平衡的状况。

健康动物机体在糖和脂肪的提供量充分的情况下为了维持氮总平衡所必须摄入的蛋白质的量称为蛋白质的最低生理需要量。中国营养学会推荐蛋白质摄入量为:成年男子,轻体力劳动者75g/日;成年女子,轻体力劳动者65g/日;成年男子,中体力劳动者80g/日;成年女子,中体力劳动者70g/日;成年男子,重体力劳动者90g/日;成年女子,重体力劳动者80g/日。

蛋白质主要由碳、氢、氧、氮四种元素组成。氨基酸是蛋白质的组成单位。在组成蛋白质的氨基酸中有必需氨基酸和非必需氨基酸两类,不同蛋白质的各种氨基酸的比例是不同的,因此食物的种类一定要多样,这样才能提供多种不同的蛋白质,通过互补作用,满足机体对不同种类氨基酸的需要,从而提高食物的营养价值。蛋白质的生理价值指食物中蛋白质被动物机体合成组织蛋白质的利用率,是衡量其营养价值高低的一个标志。即

$$蛋白质的生理价值 = (氮的保留量 \div 氮的吸收量) \times 100\%$$

食物中蛋白质的氨基酸组成与动物机体组织蛋白质的组成越相近,其利用率越高,生理价值也就越高。蛋白质广泛存在于动植物性食物中,动物性蛋白质生理价值高,利用率高,而植物性蛋白质的利用率较低,将动物性蛋白质与植物性蛋白质混合食用,其中的必需氨基酸相互补充,以满足机体所需要的蛋白质量。

二、蛋白质的消化、吸收和腐败

蛋白质属生物大分子,是动物体不能直接利用的。外源蛋白质具有抗原性,需降解为氨基酸才能被吸收利用。只有婴儿可直接吸收乳汁中的抗体。所有食物蛋白质必须在消化道内分解生成氨基酸后才能被机体吸收和利用。

> **课堂互动**
> 1. 蛋白质类药物如何被机体利用？
> 2. 蛋白质能够直接进入血液吗？

蛋白质的消化主要在小肠内进行，部分在胃中进行。胃分泌的盐酸可使蛋白质变性，容易消化，还可激活胃蛋白酶，保持其最适 pH，并能杀菌。胃的消化作用很重要，但不是必需的，胃全切除的人仍可消化蛋白质。肠是消化的主要场所。肠分泌的碳酸氢根可中和胃酸，为胰蛋白酶、糜蛋白酶、弹性蛋白酶、羧肽酶、氨肽酶等提供合适的环境。肠激酶激活胰蛋白酶，再激活其他酶，所以胰蛋白酶起核心作用，胰液中有抑制其活性的小肽，可防止在细胞中或导管中过早激活。

不同的蛋白酶在蛋白质消化过程中起到不同的作用，如同属内肽酶的胃蛋白酶、胰蛋白酶、胰凝乳蛋白酶和弹性蛋白酶，对肽链内肽键的特异性不同。胃蛋白酶对底物特异性较低，主要水解苯丙氨酸（Phe）、酪氨酸（Tyr）C 端的肽键；胰蛋白酶水解赖氨酸（Lys）、精氨酸（Arg）C 端；胰凝乳蛋白酶作用 Phe、Tyr C 端；弹性蛋白酶作用脂肪族氨基酸 C 端。羧肽酶是水解多肽链含羧基末端氨基酸的酶。氨肽酶则可使氨基酸从多肽链的 N-末端顺序逐个地游离出来。经过加热处理的蛋白质因变性易于消化，而未经加热变性的蛋白质和内源性蛋白质较难消化。

蛋白质经消化分解为氨基酸后，在小肠黏膜通过主动转运机制几乎全部被吸收进入血液循环。目前已确认小肠壁上存在有 3 种主要的氨基酸转运系统，它们分别转运中性氨基酸、酸性氨基酸和碱性氨基酸。

肽是蛋白质的不完全水解产物，根据其氨基酸残基的个数命名。近年来的大量研究显示，小肠壁上还存在有二肽和三肽的转运系统，因此许多二肽和三肽也可完整地被小肠上皮细胞吸收，而且肽转运系统吸收的效率可能比氨基酸更高。二肽和三肽进入细胞后，可被细胞内的二肽酶和三肽酶进一步分解成氨基酸，再进入血液循环。少量的二肽和三肽在细胞基底部被吸收进入血液循环。

经过胃肠道的蛋白质并不是都能够被酶所消化，而是有大约 5% 的量不能够被酶所消化，除此之外，还有少量的氨基酸、小肽等没有被吸收。这些物质由肠道内细菌分解与转化，这一过程称为蛋白质的腐败作用。蛋白质的腐败作用是细菌的代谢过程，以无氧分解为主。腐败作用的大多数产物对人体有害，如氨基酸脱羧反应产生胺类、脱氨基反应产生氨，以及其他物质，如苯酚、吲哚、硫化氢等；腐败作用也可产生少量脂肪酸、维生素等可被机体利用的物质。值得一提的是，酪氨酸脱羧产生的酪胺和苯丙氨酸脱羧产生的苯乙胺若不能在肝分解而进入脑内，可分别经 β-羟化形成 β-羟酪胺和苯乙醇胺，后两者与儿茶酚胺结构类似，称假神经递质，可对大脑产生抑制作用。

第二节　氨基酸一般代谢

一、氨基酸代谢概况

氨基酸是蛋白质的基本结构单位，蛋白质分解代谢过程首先要水解为氨基酸，才能进一步代谢。动物体内的氨基酸来源有两个：一个是由食物中的蛋白质在消化道中被各种蛋白酶催化分解产生，再经小肠吸收进入血液的，属外源性氨基酸；另一个是内源性蛋白质经组织蛋白酶水解产生或其他物质合成的，属内源性氨基酸。外源性氨基酸和内源性氨基酸共同构成了机体的氨基酸代谢库，一起进行代谢，它们只是来源不同，在代谢过程中并没有区别。

哺乳动物氨基酸代谢的主要场所在肝脏，包括分解代谢和合成代谢，最终产物为合成新的蛋白质，这是最主要的；其次是转变为各种重要的含氮活性物质，可以说除了维生素PP以外，体内的各种含氮物质几乎都可以由氨基酸转变而成，例如蛋白质、肽类激素、氨基酸衍生物、黑色素、嘌呤碱、嘧啶碱、肌酸、胺类、辅酶、辅基等（如图9-1所示）。另外还有一些氨基酸是通过分解代谢为机体提供能量。

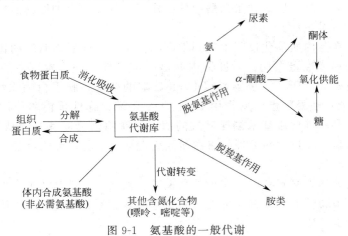

图 9-1　氨基酸的一般代谢

组成蛋白质的氨基酸主要有20种，它们的结构除了侧链R基团不同外，均有α-氨基和α-羧基。氨基酸在体内分解代谢实际上就是氨基、羧基和R基团的代谢。

氨基酸分解代谢的主要途径是脱氨基生成氨和相应的α-酮酸；氨基酸的另一条分解途径是脱羧基生成CO_2和胺。胺在体内可经胺氧化酶的作用，进一步分解生成氨和相应的醛和酸，并最终生成CO_2和H_2O。

氨对动物机体来说是有害物质，特别是高等动物的脑组织对氨的作用特别敏感。当血液中氨的含量达到1％时，就可以引起中枢神经系统中毒，因此，动物体内的氨要及时清除，以防止对动物体产生毒性作用。氨在体内主要通过合成尿素排出体外，还可以合成其他含氮物质（包括非必需氨基酸、谷氨酰胺等），少量的氨可直接经尿排出。

R基团部分生成的α-酮酸可进一步氧化分解生成CO_2和H_2O，并提供能量，也可经一定的代谢反应转变生成糖或脂在体内储存，有些还可以再氨基化为氨基酸。

由于不同的氨基酸结构不同，因此它们的代谢也有各自的特点。

二、氨基酸的脱氨基作用

脱氨基作用是指氨基酸在酶的催化下脱去氨基生成α-酮酸的过程。这是氨基酸在体内分解的主要方式。动物的脱氨基作用主要在肝和肾中进行。参与动物机体蛋白质合成的氨基酸共有20种，它们的结构不同，脱氨基的方式也不同，主要有氧化脱氨基作用、转氨基作用、联合脱氨基作用等，多种氨基酸以联合脱氨基作用脱去氨基。

1. 氧化脱氨基作用

氧化脱氨基作用（oxidative deamination）是指在酶的催化作用下，氨基酸先脱去两个氢原子形成亚氨基酸，亚氨基酸再与水反应生成 α-酮酸，同时脱去氨基的过程。氧化脱氨基包括脱氢和水解两步反应。其中，脱氢反应需酶催化，而水解反应则不需酶的催化。

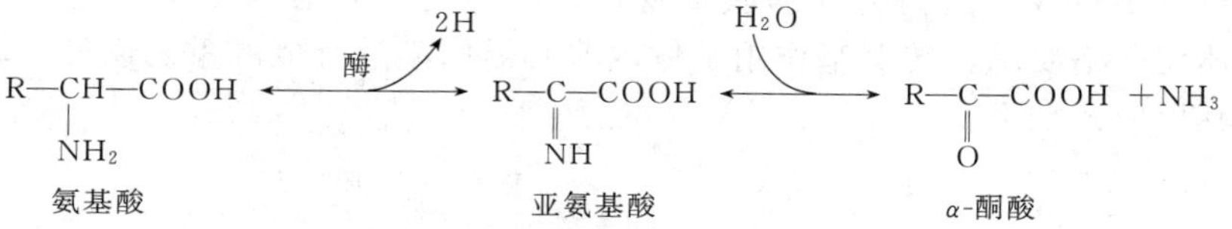

$$R-\underset{NH_2}{\underset{|}{CH}}-COOH \xrightarrow{\text{酶}, 2H} R-\underset{NH}{\underset{\|}{C}}-COOH \xrightarrow{H_2O} R-\underset{O}{\underset{\|}{C}}-COOH + NH_3$$

氨基酸　　　　　　　　亚氨基酸　　　　　　　　α-酮酸

在动物体内催化氧化脱氨基作用的酶有三种：

（1）L-氨基酸氧化酶　L-氨基酸氧化酶属于需氧脱氢酶，以 FMN 为辅基，催化许多 L-氨基酸的氧化脱氨基作用。该酶在动物体内的活性并不高，因其最适 pH 为 10，与机体内环境不适应。且该酶在各组织器官中分布局限，因此作用不大。

（2）D-氨基酸氧化酶　D-氨基酸氧化酶以 FAD 为辅基，催化 D-氨基酸的氧化脱氨基作用。该酶在动物体内活性高，且在各组织器官中分布广泛，但由于动物体内氨基酸多为 L 型，D 型少，因此作用不大。

（3）L-谷氨酸脱氢酶　L-谷氨酸脱氢酶是一种不需氧脱氢酶，以 NAD^+ 或 $NADP^+$ 为辅酶，催化 L-谷氨酸的氧化脱氨基作用。该酶活性高，在动物体内分布广泛，主要存在于肝、脑、肾中，作用较大。生成的 NADH 或 NADPH 可进入呼吸链经氧化磷酸化产生 ATP。该酶属于变构酶，GDP 和 ADP 为变构激活剂，ATP 和 GTP 为变构抑制剂。其反应式为：

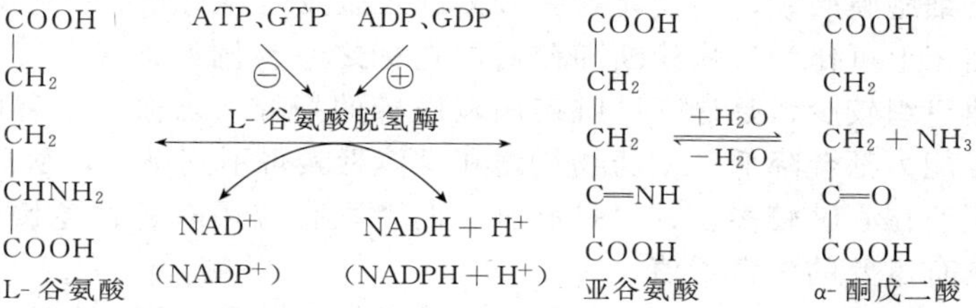

$$\underset{\text{L-谷氨酸}}{\underset{|}{\underset{COOH}{\underset{|}{\underset{CHNH_2}{\underset{|}{\underset{CH_2}{\underset{|}{\underset{CH_2}{COOH}}}}}}}}} \underset{\text{L-谷氨酸脱氢酶}}{\xrightleftharpoons[NADH+H^+ (NADPH+H^+)]{ATP、GTP \ominus \quad ADP、GDP \oplus \quad NAD^+ (NADP^+)}} \underset{\text{亚谷氨酸}}{\underset{|}{\underset{COOH}{\underset{|}{\underset{C=NH}{\underset{|}{\underset{CH_2}{\underset{|}{\underset{CH_2}{COOH}}}}}}}}} \xrightleftharpoons[-H_2O]{+H_2O} \underset{\text{α-酮戊二酸}}{\underset{|}{\underset{COOH}{\underset{|}{\underset{C=O}{\underset{|}{\underset{CH_2}{\underset{|}{\underset{CH_2}{COOH}}}}}}}}} + NH_3$$

在动物体内，谷氨酸脱氢酶催化的反应为可逆反应。在有 NH_3、α-酮戊二酸以及 NADH 或 NADPH 的条件下，此酶可催化合成 L-谷氨酸。一般情况下此反应偏向于谷氨酸的合成，因为高浓度氨对机体有害，此反应平衡点有助于保持较低的氨浓度。但当谷氨酸浓度高而 NH_3 浓度低时，则有利于脱氨和 α-酮戊二酸的生成。L-谷氨酸脱氢酶的专一性很强，只催化 L-谷氨酸的氧化脱氨基作用，对其他氨基酸没有作用。因而氨基酸的脱氨基作用仅靠此酶是不行的。

2. 转氨基作用

> **课堂互动**
>
> 讨论：你在生活中检查过转氨酶吗？如果转氨酶升高了，可能是什么原因？这些人一般会有哪些生活习惯？

转氨基作用（transamination）指在酶的催化下将一个 α-氨基酸分子上的 α-氨基转移到另一个 α-酮酸分子上，使原来的 α-氨基酸转变成一个新的 α-酮酸，而原来的 α-酮酸则转变成为一个新的 α-氨基酸的过程，通过此种方式并未产生游离的氨。转氨基作用所需要的酶是转氨酶，或称为氨基转移酶。

体内绝大多数氨基酸通过转氨基作用脱掉氨基。参与蛋白质合成的 20 种 α-氨基酸中，除甘氨酸、赖氨酸、苏氨酸和脯氨酸以外，其余均可由特异的转氨酶催化参加转氨基作用。动物体内有多种转氨酶，转氨基作用最重要的氨基受体是 α-酮戊二酸，动物体内绝大多数转氨酶都需要以 α-酮戊二酸为特异的氨基受体，产生的谷氨酸为新生成的氨基酸。此反应对于氨基供体无严格要求，转氨基作用是体内非必需氨基酸合成的重要途径。转氨基反应是可逆反应，其反应式如下：

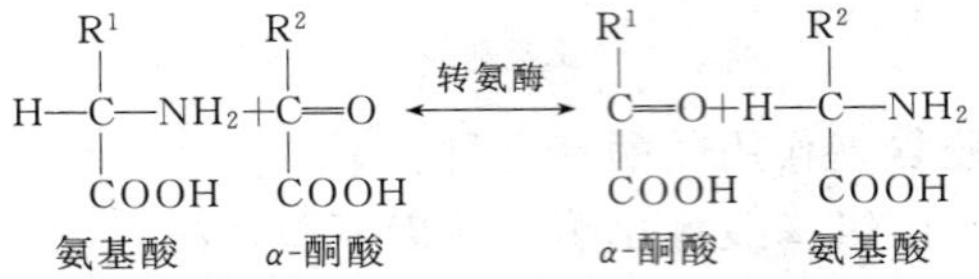

$$\underset{\text{氨基酸}}{\text{H-}\underset{\text{COOH}}{\overset{R^1}{\text{C}}}\text{-NH}_2} + \underset{\alpha\text{-酮酸}}{\underset{\text{COOH}}{\overset{R^2}{\text{C}}}\text{=O}} \xrightleftharpoons{\text{转氨酶}} \underset{\alpha\text{-酮酸}}{\underset{\text{COOH}}{\overset{R^1}{\text{C}}}\text{=O}} + \underset{\text{氨基酸}}{\text{H-}\underset{\text{COOH}}{\overset{R^2}{\text{C}}}\text{-NH}_2}$$

一般转氨酶的名字以其对某个氨基酸的催化活性更高一些来命名。例如，动物体内的天冬氨酸转氨酶，因其催化天冬氨酸和 α-酮戊二酸之间的转氨基作用的活性最高，因而命名为天冬氨酸转氨酶，但由于这个催化反应是可逆的，因而也称之为谷草转氨酶。动物体内重要的转氨酶有谷草转氨酶（AST 或 GOT）和谷丙转氨酶（ALT 或 GPT），它们催化的反应式如下：

$$\text{L-天冬氨酸} + \alpha\text{-酮戊二酸} \xrightleftharpoons{\text{AST}} \text{草酰乙酸} + \text{谷氨酸}$$

$$\text{丙氨酸} + \alpha\text{-酮戊二酸} \xrightleftharpoons{\text{ALT}} \text{丙酮酸} + \text{谷氨酸}$$

转氨酶主要存在于细胞中，以心脏和肝脏中的转氨酶活性最高，血清中则活性很低。一旦组织细胞受损、细胞膜破裂，会使转氨酶大量进入血液，导致血清中转氨酶活性升高。血清转氨酶活性，临床上可作为疾病诊断和预后的指标之一。例如，谷丙转氨酶在肝脏较多，其次是心脏，其他组织较少，是诊断肝脏疾病较敏感的指标，当血清中谷丙转氨酶偏高时，肝脏的代谢和解毒能力都会降低，使药物代谢和身体毒素得不到排出，从而进一步加重肝脏的负担。谷草转氨酶在心脏较多，其次是肝脏。两者联合应用对各种急慢性肝炎、肝硬化、肝癌、心脏疾病具有重要的参考价值。

动物体内转氨酶的种类很多，但转氨酶的辅酶目前仅发现一种，为磷酸吡哆醛。在转氨基反应过程中其作用为传递氨基。磷酸吡哆醛从氨基酸接受氨基后转变成为磷酸吡哆胺。磷酸吡哆胺将氨基转移给 α-酮酸后，其本身又变回了磷酸吡哆醛。其反应机制如图 9-2 所示。

这种反应机制使得体内磷酸吡哆醛的实际需要量很小，但仍可把大量氨基酸的氨基转移给 α-酮酸，生成谷氨酸。

转氨基作用起着十分重要的作用，通过转氨基作用可以调节体内非必需氨基酸的种类和数量，以满足体内蛋白质合成时对非必需氨基酸的需求。

转氨基作用还是联合脱氨基作用的重要组成部分，从而加速了体内氨的转变和运输，沟通了机体的糖代谢、脂代谢和氨基酸代谢的互相联系。

> **知识拓展**
>
> **转氨酶偏高**
>
> 转氨酶是催化氨基酸与酮酸之间氨基转移的一类酶。转氨酶参与氨基酸的分解和合成。转氨酶的种类很多，以谷丙转氨酶（GPT）和谷草转氨酶（GOT）最为重要。前者是催化谷氨酸与丙酮酸之间的转氨作用，后者是催化谷氨酸与草酰乙酸之间的转氨作用。GOT 以心脏中活力最大，其次为肝脏；GPT 则以肝脏中活力最大，当肝脏细胞损伤时，GPT 释放到血液内，于是血液内酶活力明显地增加。在临床上测定血液中转氨酶活力可作为诊断肝功能的正常与否和心脏是否病变诊断的指标。

3. 联合脱氨基作用

在氧化脱氨基的作用下，氨基酸可以脱去氨基，而此反应所需要的 L-谷氨酸脱氢酶专一性很强，仅能催化 L-谷氨酸的氧化脱氨基反应，对其他氨基酸没有作用。转氨基作用虽然可以在体内广泛进行，但是却并没有将氨基最终脱去，而仅仅是氨基的转移。因此，动物体内绝大多数氨基酸的脱氨基作用是通过转氨基作用和氧化脱氨基作用这两种方式联合起来进行的，这称为联合脱氨基作用。联合脱氨基作用是体内主要的脱氨基方式。主要有以下两种反应类型。

（1）由 L-谷氨酸脱氢酶和转氨酶联合催化的联合脱氨基作用 这种类型的脱氨基作用是先在转氨酶催化下，将某种氨基酸的 α-氨基转移到 α-酮戊二酸上生成谷氨酸，然后，在 L-谷氨酸脱氢酶作用下将谷氨酸氧化脱氨生成 α-酮戊二酸，而 α-酮戊二酸再继续参加转氨基作用，其反应机制如图 9-3 所示。

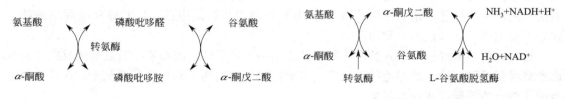

图 9-2 转氨基作用　　　　　　　　图 9-3 联合脱氨基作用

L-谷氨酸脱氢酶主要分布于肝、肾、脑等组织中，而 α-酮戊二酸参加的转氨基作用普遍存在于各组织中，所以此种联合脱氨基作用主要在肝、肾、脑等组织中进行。联合脱氨基反应是可逆的，此种方式既是氨基酸脱氨基的主要方式，也是体内合成非必需氨基酸的主要方式。

（2）嘌呤核苷酸循环与转氨基作用联合进行脱氨基作用 骨骼肌和心肌组织中 L-谷氨酸脱氢酶的活性很低，因而不能通过上述形式的联合脱氨基反应脱去氨基。但骨骼肌和心肌中含有丰富的腺苷酸脱氨酶，能催化腺嘌呤核苷酸加水、脱氨生成次黄嘌呤核苷酸（IMP），其反应机制如图 9-4 所示。

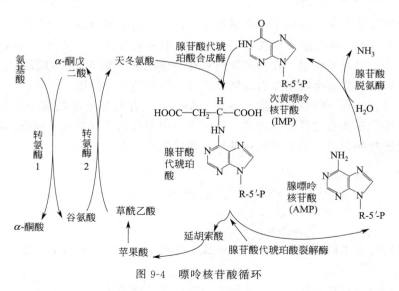

图 9-4 嘌呤核苷酸循环

在这个反应过程中，一种氨基酸经过两次转氨基作用可将 α-氨基转移至草酰乙酸生成天冬氨酸。天冬氨酸又可将此氨基转移到次黄嘌呤核苷酸上生成腺苷酸代琥珀酸这个中间化合物，而腺苷酸代琥珀酸又会在其裂解酶的作用下生成延胡索酸和腺嘌呤核苷酸，延胡索酸在酶的作用下最终生成草酰乙酸，继续参与氨基酸的转氨基作用。腺嘌呤核苷酸在腺苷酸脱氨酶的催化下加水并脱去氨基再生成次黄嘌呤核苷酸和氨，最终完成氨基酸的脱氨基作用。生成的次黄嘌呤核苷酸还可以继续与天冬氨酸发生反应。这种联合脱氨基的过程被称为嘌呤核苷酸循环。

目前认为嘌呤核苷酸循环是骨骼肌和心肌中氨基酸脱氨的主要方式。John Lowenstein 证明此嘌呤核苷酸循环在肌肉组织代谢中具有重要作用。肌肉活动增加时需要三羧酸循环增强以供能。而此过程需三羧酸循环中间产物增加，肌肉组织中缺乏能催化这种补偿反应的酶。肌肉组织则依赖此嘌呤核苷酸循环补充中间产物草酰乙酸。研究表明，肌肉组织中催化嘌呤核苷酸循环反应的三种酶（腺苷酸代琥珀酸合成酶、腺苷酸代琥珀酸裂解酶、腺苷酸脱氨酶）的活性均比其他组织中高几倍。AMP 脱氨酶遗传缺陷患者，即肌腺嘌呤脱氨酶缺乏症患者易疲劳，而且运动后常出现痛性痉挛。

这种嘌呤核苷酸循环形式的联合脱氨基作用是不可逆的，因而不能通过其逆反应过程合成非必需氨基酸。这一代谢途径不仅把氨基酸代谢与糖代谢、脂代谢联系起来，而且也把氨基酸代谢与核苷酸代谢联系起来。

4. 非氧化脱氨基作用

某些氨基酸还可以通过非氧化脱氨基作用（nonoxidative deamination）将氨基脱掉。

（1）脱水脱氨基 如丝氨酸可在丝氨酸脱水酶的催化下生成氨和丙酮酸。苏氨酸在苏氨酸脱水酶的作用下，生成 α-酮丁酸，再经丙酰辅酶 A、琥珀酰辅酶 A 参加代谢，这是苏氨酸在体内分解的途径之一。

（2）脱硫化氢脱氨基 半胱氨酸可在脱硫化氢酶的催化下生成丙酮酸和氨。

（3）直接脱氨基 天冬氨酸可在天冬氨酸酶作用下直接脱氨生成延胡索酸和氨。

三、氨基酸的脱羧基作用

氨基酸的脱羧基作用，在微生物中很普遍，在高等动植物组织内也有此作用，但不是氨基酸代谢的主要方式。氨基酸在脱羧酶的催化下，脱去羧基产生二氧化碳和相应的胺。这一过程称为氨基酸的脱羧基作用。在畜禽体内只有少量的氨基酸首先通过脱羧作用进行代谢，但是其代谢产物中有些胺类物质却对动物机体有着特殊的生理作用。

氨基酸脱羧酶的专一性很高，除个别脱羧酶外，一种氨基酸脱羧酶一般只对一种 L-氨基酸起脱羧作用。在动物的肝脏、肾脏、脑等组织中都有这类氨基酸脱羧酶。磷酸吡哆醛是各种氨基酸脱羧酶的辅酶。氨基酸脱羧基的一般反应式如下：

$$\underset{\text{氨基酸}}{\text{H—}\underset{\underset{\text{COOH}}{|}}{\overset{\overset{\text{R}}{|}}{\text{C}}}\text{—NH}_2} \xrightarrow[\text{磷酸吡哆醛}]{\text{氨基酸脱羧酶}} \underset{\text{胺类}}{\text{RCH}_2\text{NH}_2} + CO_2$$

氨基酸脱羧后形成的胺类中有一些是组成某些维生素或激素的成分，有一些具有特殊的生理作用。

常见的几种由氨基酸脱羧基后生成的胺类物质及功能如表 9-1 所示。

表 9-1　常见氨基酸脱羧基产物

来源	胺	功能
谷氨酸	γ-氨基丁酸	抑制性神经递质
组氨酸	组胺	血管舒张剂、促胃液分泌
色氨酸	5-羟色胺	抑制性神经递质、收缩血管
胱氨酸	牛磺酸	形成牛磺胆汁酸、影响脂类消化
鸟氨酸、精氨酸	腐胺、精胺等	促进细胞增殖等
酪氨酸	酪胺	收缩子宫、收缩末梢神经、升高血压

四、氨基酸分解产物的代谢

1. 氨的代谢

动物体内氨的主要来源是氨基酸的脱氨基作用。除此之外，胺类物质的氧化分解，以及嘌呤、嘧啶等化合物的分解也可以产生氨。在肌肉和中枢神经组织中，有相当数量的氨是由腺苷酸脱氨基产生的。一些在消化道中未被吸收的氨基酸在肠道内细菌的作用下，经过脱氨基作用，以及尿素经肠道细菌脲酶水解也可以产生一部分氨，这些氨经消化道吸收入血。所有这些不同反应产生的氨共同构成了机体血氨的总量。

动物体内的氨可以通过脱氨基的逆反应与 α-酮酸一起生成新的氨基酸，是机体非必需氨基酸获得的一种重要方式，也可以参与嘌呤、嘧啶等重要的含氮类化合物的合成。另外，少量的氨还可以与谷氨酸或天冬氨酸反应，分别生成谷氨酰胺和天冬酰胺。氨在 pH7.4 时主要以 NH_4^+ 的形式存在，但是，在动物体内它也是一种有剧毒的物质，当机体血氨浓度升高时，称高氨血症，常见于肝功能严重损伤时，尿素合成酶的遗传缺陷也可导致高氨血症。高氨血症可引起脑功能障碍，称氨中毒。因为动物机体特别是高等动物的脑组织对于氨的作用非常敏感，因此，正常情况下动物体内氨的含量非常少。实验证明，当血液中氨的含量达到 1‰ 时，就可以引起中枢神经系统中毒，是肝昏迷发病的重要机制之一。这可能由于脑主要利用谷氨酸合成谷氨酰胺来消除增高的氨，并导致大量 α-酮戊二酸氨基化以补充谷氨酸，使三羧酸循环由于中间产物 α-酮戊二酸的减少而减弱，并最终导致脑组织缺乏 ATP 供能而发生功能障碍。因此，动物机体中过多的氨必须及时代谢，以保证机体的健康。

哺乳动物体内清除过多氨的途径如下所述。

(1) 形成尿素　哺乳动物清除体内氨的主要途径为先形成无毒的尿素，然后再经由肾脏排出体外，这占机体总排氮量的 80%～90%。氨转变为尿素的过程主要是在动物的肝脏中进行的，这是由于哺乳动物的肝脏中含有一种精氨酸酶。1932 年，Krebs 等利用大鼠肝切片做体外实验，发现在供能的条件下，可由 CO_2 和氨合成尿素。若在反应体系中加入少量的精氨酸、鸟氨酸或瓜氨酸可加速尿素的合成，而这种氨基酸的含量并不减少。为此，Krebs 等提出了鸟氨酸循环学说。这个学说解释了体内由氨生成尿素是一个循环性的反应过程，主要在肝细胞的线粒体及胞液中进行。实验证明，如果将犬的肝脏切除，则其血液及尿液中尿素的含量都会显著下降，而血氨的浓度则明显升高，从而导致犬中毒。如果将大鼠的肝切片与 NH_4^+ 保温数小时，NH_4^+ 浓度下降，而尿素的浓度则升高。氨形成尿素的过程分为以下四步进行。

① 氨甲酰磷酸的生成　氨甲酰磷酸是在 Mg^{2+}、ATP 及 N-乙酰谷氨酸（AGA）存在的情况下，由氨甲酰磷酸合成酶Ⅰ（CPS-Ⅰ）催化 NH_3 和 CO_2 在肝细胞线粒体中合成的。N-乙酰谷氨酸为其激活剂，反应消耗 2 分子 ATP。而精氨酸则可抑制 N-乙酰谷氨酸的生成，因此形成了精氨酸对氨甲酰磷酸合成的负反馈调节作用。

$$CO_2+NH_3+H_2O+2ATP \xrightarrow[\text{(N-乙酰谷氨酸,Mg}^{2+}\text{)}]{\text{氨甲酰磷酸合成酶 I}} \underset{\text{氨甲酰磷酸}}{H_2N-\overset{\overset{O}{\|}}{C}-O\sim PO_3^{2-}}+2ADP+Pi$$

② **瓜氨酸的生成** 由鸟氨酸氨基甲酰转移酶（OCT）在细胞液中催化生成，生成后再经膜上特异转运系统转到线粒体内。OCT常与CPS-I构成复合体。

反应在线粒体中进行，瓜氨酸生成后进入胞液。

③ **精氨酸的生成** 瓜氨酸在线粒体内形成后即转移至胞液中，并在胞液中转变为精氨酸。由瓜氨酸氨基化生成精氨酸，共经两步反应，氨基化所需的氨基不是直接来自NH_3，而是来自天冬氨酸的氨基。

④ **精氨酸水解** 所有的动物都可以通过以上反应合成精氨酸，而精氨酸水解产生尿素，并重新生成鸟氨酸的过程却只有在哺乳动物体内才可以进行。因为只有在哺乳动物的体内，特别是肝脏中才有这种能够让精氨酸水解的精氨酸酶。精氨酸在精氨酸酶的催化作用下，水解生成尿素和鸟氨酸，鸟氨酸可通过线粒体膜进入线粒体，再参与循环。此反应在胞液中进行，其水解反应式如下：

从上述实验过程来看,鸟氨酸循环是指从鸟氨酸生成瓜氨酸开始,到最终精氨酸又水解成 1 分子的尿素和 1 分子的鸟氨酸而完成了一个循环过程。在这样一个循环过程中,实际上是由 2 个氨基和 1 分子的二氧化碳形成了 1 分子的尿素,因而这个循环的总反应式可以表示如下:

$NH_3 + CO_2 + 3ATP +$ 天冬氨酸 $+ 2H_2O \longrightarrow$ 尿素 $+ 2ADP + 2Pi + AMP + PPi +$ 延胡索酸

鸟氨酸循环的要点如下:

a. 尿素分子中的氮,一个来自氨甲酰磷酸(或游离的 NH_3),另一个来自天冬氨酸;

b. 每合成 1 分子尿素需消耗 3 个 ATP、4 个高能磷酸键;

c. 循环中消耗的天冬氨酸可通过延胡索酸转变为草酰乙酸,再通过转氨基作用,从其他 α-氨基酸获得氨基而再生;

d. 在鸟氨酸循环中,精氨酸代琥珀酸合成酶活性相对较小,所以该酶被认为是鸟氨酸循环的限速酶;

e. 反应先在线粒体中进行,再在胞液中进行。

氨甲酰磷酸合成酶I(CPS-I)是线粒体内变构酶,其变构激活剂 N-乙酰谷氨酸(AGA)由 N-乙酰谷氨酸合成酶催化生成,并由特异水解酶水解。肝脏生成尿素的速度与 N-乙酰谷氨酸(AGA)浓度相关。当氨基酸分解旺盛时,由转氨基作用引起谷氨酸浓度升高,增加 AGA 的合成,从而激活 CPS-I,加速氨甲酰磷酸合成,推动尿素循环。精氨酸是 AGA 合成酶的激活剂,因此,临床利用精氨酸治疗高氨血症。鸟氨酸循环如图 9-5 所示。

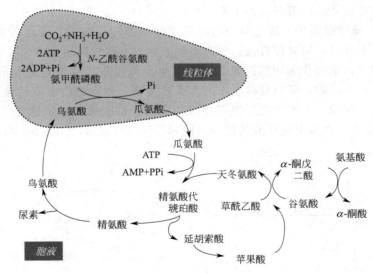

图 9-5 鸟氨酸循环示意图

肝中尿素合成途径的 5 个酶(氨甲酰磷酸合成酶Ⅰ、鸟氨酸氨基甲酰转移酶、精氨酸代琥珀酸合成酶、精氨酸代琥珀酸裂解酶、精氨酸酶)中任何一种有遗传性缺陷,都会导致先天性尿素合成障碍及高血氨。如果新生儿完全缺乏这五种酶中的任意一种,就会导致出生后不久昏迷和死亡。因此,降低血氨有助于肝性脑病的治疗。常用的降低血氨的方法包括减少氨的来源,如限制蛋白质摄入量、口服抗生素药物抑制肠道菌以及增加氨的代谢等。

(2) 形成尿酸 鸟类与哺乳动物在清除体内多余氨上有相同之处,同样可以合成谷氨酰胺、某些氨基酸以及其嘌呤、嘧啶等重要含氮物质,只是鸟类不能将氨在体内合成尿素。鸟类和生活在比较干燥环境中的爬虫类体内的氨以尿酸形式排出,水生动物可直接排出体外。

核酸是由核苷酸组成，每一个核苷酸都由一个磷酸分子、一个戊糖和一个碱基（嘌呤或嘧啶）组成。当核酸氧化分解时，其产物之一就是嘌呤，体内产生嘌呤后，会在肝脏中再次氧化为尿酸。大多数哺乳动物由尿酸酶将尿酸氧化为尿囊素，与尿素一起排出。人体内的氨主要转变成尿素，有少部分也可以转变成尿酸排出体外。但是，人体内缺少尿酸酶，因而尿酸是嘌呤代谢的最终产物，直接排出体外。三分之二的尿酸经肾脏随尿液排出体外，三分之一通过粪便和汗液排出。当尿酸生成过多或排泄不充分时，血液中的尿酸及尿酸盐浓度就会升高，在肾脏、舌和关节等软组织处形成结晶沉淀下来，从而引起剧烈的疼痛，导致痛风症。

（3）形成谷氨酰胺 谷氨酰胺没有毒，是体内氨的解毒产物，也是氨在体内的储存及运输形式。谷氨酰胺的合成对维持中枢神经系统的正常生理活动具有重要作用。大脑、骨骼肌、心肌等是生成谷氨酰胺的主要组织。氨在这些组织细胞内经过谷氨酰胺合成酶的催化与谷氨酸合成谷氨酰胺，其反应式如下：

$$\text{谷氨酸} + NH_3 \underset{\text{谷氨酰胺酶}}{\overset{ATP + Mg^{2+} \quad \text{谷氨酰胺合成酶} \quad ADP + Pi}{\rightleftharpoons}} \text{谷氨酰胺}$$

谷氨酰胺随血液运输到肝和肾等组织后再分解为氨和谷氨酸。随后氨在肝脏中合成尿素，经肾脏排出体外，在其他组织中则被合成其他氨基酸和含氮类物质，从而进行解毒。在肾脏中谷氨酰胺经谷氨酰胺酶水解释放氨，氨可与肾小管管腔内的 H^+ 结合生成 NH_4^+ 随尿排出，从而促进排出尿中多余的 H^+，继而促进肾小管分泌 H^+，并最终达到维持机体酸碱平衡的目的，这在机体酸中毒时尤为重要。

（4）丙氨酸-葡萄糖循环 这是肌肉与肝脏之间氨的转运形式，使肌肉中的氨以无毒的丙氨酸形式运送至肝脏，同时肝脏也为肌肉提供了生成丙酮酸的葡萄糖。

肌肉组织中以丙酮酸作为转移的氨基受体，生成丙氨酸经血液运输到肝脏。在肝脏中经转氨基作用生成丙酮酸，可经糖异生作用生成葡萄糖，葡萄糖由血液运输到肌肉组织中，分解代谢再产生丙酮酸，后者再接受氨基生成丙氨酸。这一循环途径称为"丙氨酸-葡萄糖循环"。通过此途径，肌肉中氨基酸的氨基运输到肝脏合成尿素，如图9-6所示。

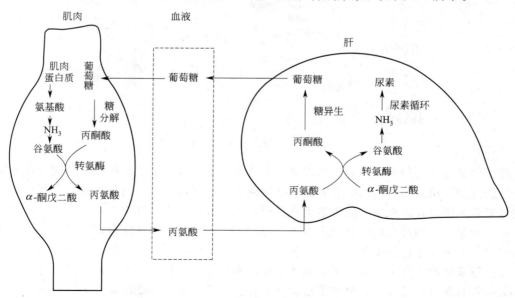

图 9-6 丙氨酸-葡萄糖循环示意图

2. α-酮酸的代谢

α-酮酸是机体氨基酸脱氨基作用的重要产物，在体内其主要有三个代谢途径。

(1) 氧化供能　α-酮酸在体内可通过三羧酸循环和氧化磷酸化彻底氧化为 H_2O 和 CO_2，同时生成 ATP。

脊椎动物体内氨基酸分解代谢过程中，20 种氨基酸有着各自的酶系催化氧化分解 α-酮酸。尽管途径不同，但它们形成的 5 种中间产物可分别进入三羧酸循环，进一步分解生成 CO_2，脱出的氢通过呼吸链生成水。这 5 种中间产物分别是乙酰辅酶 A、α-酮戊二酸、琥珀酰辅酶 A、延胡索酸、草酰乙酸。例如，1mol 谷氨酸氧化脱氨基产生 1mol NADH、α-酮戊二酸和氨，α-酮戊二酸进入三羧酸循环转变成草酰乙酸，伴随产生 2mol NADH、1mol $FADH_2$ 和 1mol ATP；草酰乙酸进一步氧化可产生 15mol ATP。总量为 27mol ATP。NH_3 合成尿素，消耗了 3mol ATP，故谷氨酸彻底氧化生成 H_2O、CO_2 和尿素的同时净合成 24mol ATP。

(2) 合成非必需氨基酸　动物体内的脱氨基作用是可逆反应，α-酮酸经联合加氨反应可生成相应的氨基酸。因此，只要体内具备各种 α-酮酸就可以生成各种氨基酸。但是，往往这些 α-酮酸只能由其相应的氨基酸生成。在 8 种必需氨基酸中，除赖氨酸和苏氨酸外其余六种亦可由相应的 α-酮酸加氨生成。但是和必需氨基酸相对应的 α-酮酸不能在体内合成，α-酮酸与 NH_3 只能生成非必需氨基酸，不能转化成必需氨基酸，必需氨基酸只能依赖于食物供应。这是动物体内非必需氨基酸的主要生成方式。当体内氨基酸过剩时，脱氨基作用会相应地加强；反之，当体内需要氨基酸时，合成反应会加强。特别是 NH_3 在体内是有剧毒的，不能高浓度存在，因此，体内有些氨基酸的代谢更倾向于向着合成方向进行。例如，谷氨酸脱氨酶催化的谷氨酸脱氨基反应更易向着谷氨酸合成的方向进行。

(3) 转变成糖和脂肪　各种 α-酮酸在动物体内可以分别转变成糖或脂肪，人们使用四氧嘧啶破坏犬的胰岛 β-细胞，建立人工糖尿病犬的模型。待其体内糖原和脂肪耗尽后，用某种氨基酸饲养，并检查犬尿中糖与酮体的含量。若饲喂某种氨基酸后尿中排出葡萄糖增多，称此氨基酸为生糖氨基酸；若尿中酮体含量增多，则称为生酮氨基酸。尿中二者都增多者称为生糖兼生酮氨基酸。

当体内不需要将 α-酮酸再合成氨基酸，并且体内的能量供给又很充足时，α-酮酸就可以转变为糖及脂肪。通常，生糖氨基酸分解的中间产物大都是糖代谢过程中的丙酮酸、草酰乙酸、α-酮戊二酸、琥珀酰辅酶 A 或者与这几种物质有关的化合物，这些均为三羧酸循环的中间产物；生酮氨基酸的代谢产物为乙酰辅酶 A 或乙酰乙酸；而生糖兼生酮氨基酸则是能生成丙酮酸或三羧酸循环中间产物同时能生成乙酰辅酶 A 或乙酰乙酸者。现将氨基酸与糖和脂肪的共同中间代谢产物列于表 9-2。

表 9-2　氨基酸代谢中间产物及生糖和生酮性质分类

氨基酸名称	代谢中间产物	生糖或生酮氨基酸
天冬氨酸	草酰乙酸	生糖氨基酸
天冬酰胺	草酰乙酸	生糖氨基酸
丝氨酸	丙酮酸	生糖氨基酸
甘氨酸	丙酮酸	生糖氨基酸
苏氨酸	丙酮酸、琥珀酰辅酶 A	生糖氨基酸
丙氨酸	丙酮酸	生糖氨基酸
半胱氨酸	丙酮酸	生糖氨基酸
谷氨酸	α-酮戊二酸	生糖氨基酸

续表

氨基酸名称	代谢中间产物	生糖或生酮氨基酸
谷氨酰胺	α-酮戊二酸	生糖氨基酸
组氨酸	α-酮戊二酸	生糖氨基酸
精氨酸	α-酮戊二酸	生糖氨基酸
脯氨酸	α-酮戊二酸	生糖氨基酸
缬氨酸	琥珀酰辅酶A	生糖氨基酸
甲硫氨酸	琥珀酰辅酶A	生糖氨基酸
亮氨酸	乙酰乙酸、乙酰辅酶A	生酮氨基酸
赖氨酸	乙酰乙酰辅酶A	生酮氨基酸
异亮氨酸	琥珀酰辅酶A、乙酰辅酶A	生糖兼生酮氨基酸
酪氨酸	乙酰乙酸、延胡索酸	生糖兼生酮氨基酸
苯丙氨酸	乙酰乙酸、延胡索酸	生糖兼生酮氨基酸
色氨酸	乙酰乙酰辅酶A、丙酮酸	生糖兼生酮氨基酸

第三节 氨基酸的合成代谢

一、氨基酸合成途径的类型

生物合成氨基酸需要两个基本的组成部分，一是碳链骨架，二是氨基。组成蛋白质的大部分氨基酸是以糖酵解途径与三羧酸循环的中间产物为碳链骨架生物合成的，而氨基酸分解代谢产生的氨基和含氮中间产物则为氨基酸的合成提供了氨基。例外的是芳香族氨基酸、组氨酸，前者的生物合成与磷酸戊糖的中间产物赤藓糖-4-磷酸有关，后者是由ATP与磷酸核糖焦磷酸合成的。

不同生物合成氨基酸的能力有所不同，微生物和植物能在体内合成所有的氨基酸。动物体不能合成全部20种氨基酸，其中必需氨基酸不能在体内合成，非必需氨基酸可以在体内合成。这20种氨基酸的生物合成概况如图9-7所示。

所有自身能合成的非必需氨基酸都是生糖氨基酸，因为这些氨基酸与糖的转变是可逆过程。必需氨基酸中只有少部分是生糖氨基酸，这部分氨基酸转变成糖的过程是不可逆的。因此，有机体可以利用糖来合成某些非必需氨基酸，而不能合成全部氨基酸。所有生酮氨基酸都是必需氨基酸，因为这些氨基酸转变成酮体的过程是不可逆的，因此，脂肪很少或不能用来合成氨基酸。

按照碳骨架来源的不同途径，将氨基酸分为丙氨酸族、丝氨酸族、天冬氨酸族、谷氨酸族、芳香族氨基酸，以及丝氨酸等不同类别，如图9-8～图9-10所示。

1. 丙氨酸族氨基酸的合成

丙氨酸族的氨基酸包括丙氨酸、缬氨酸和亮氨酸。它们的共同碳架来源为糖酵解生成的丙酮酸。以丙氨酸为例，其基本合成途径如下：

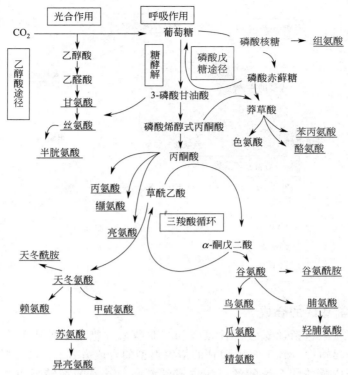

图 9-7 氨基酸的生物合成概况

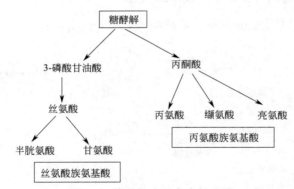

图 9-8 糖酵解途径合成氨基酸

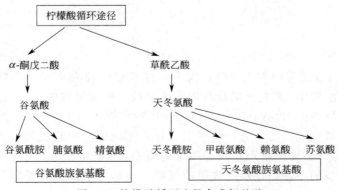

图 9-9 柠檬酸循环途径合成氨基酸

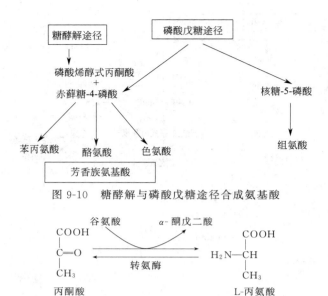

图 9-10 糖酵解与磷酸戊糖途径合成氨基酸

2. 丝氨酸族氨基酸的合成

丝氨酸族的氨基酸包括丝氨酸、甘氨酸和半胱氨酸。糖酵解的中间产物 3-磷酸甘油是合成这些氨基酸的起始物，属于 3-磷酸甘油衍生类型的合成方式。3-磷酸甘油在 3 种酶的作用下经 3-磷酸羟基丙酮酸和 3-磷酸丝氨酸生成丝氨酸。丝氨酸在转羟甲基酶的作用下直接生成甘氨酸，在酰基转移酶等作用下生成半胱氨酸。

在半胱氨酸的合成反应中有无机硫的加入，这种反应仅发生于微生物和植物。动物不具备从外界摄取硫的能力，需要靠摄食获得甲硫氨酸，甲硫氨酸中含有 S-甲基，再与 ATP 作用生成 S-腺苷甲硫氨酸（SAM），SAM 在甲基转移酶作用下将甲基转移至另一物质后，生成 S-腺苷同型半胱氨酸，后者进一步脱去腺苷，生成同型半胱氨酸。而同型半胱氨酸则可通过 N^5-甲基四氢叶酸转甲基酶及其辅酶维生素 B_{12} 的催化作用，接受 N^5-甲基四氢叶酸（N^5-CH_3-FH_4）提供的甲基，重新生成甲硫氨酸，这称为甲硫氨酸循环。其中所需的酶包括甲硫氨酸合成酶、甲基转移酶。

3. 天冬氨酸族氨基酸的合成

天冬氨酸族的氨基酸包括天冬氨酸、赖氨酸、苏氨酸和甲硫氨酸，它们的碳骨架为草酰乙酸。在谷草转氨酶催化下，草酰乙酸与谷氨酸反应生成 L-天冬氨酸。

由天冬氨酸形成天冬酰胺有不同途径。在微生物体内，天冬氨酸经天冬酰胺合成酶催化，在谷氨酰胺和 ATP 参与下，从谷氨酰胺上获取酰胺基而形成 L-天冬酰胺。在某些高等植物中，天冬酰胺合成酶以谷氨酰胺为氨基供体，由天冬氨酸合成天冬酰胺。

天冬氨酸在天冬氨酸激酶与天冬氨酸半醛脱氢酶的作用下，先生成天冬氨酸-β-半醛，然后再分别以不同的途径合成赖氨酸、甲硫氨酸和苏氨酸。但是甲硫氨酸是动物体内必需氨基酸，大多数动物体不能合成或合成极微量。

4. 谷氨酸族氨基酸的合成

谷氨酸族的氨基酸包括谷氨酸、谷氨酰胺、脯氨酸和精氨酸，它们的共同碳架是柠檬酸循环中间产物 α-酮戊二酸。α-酮戊二酸与 NH_3 在 L-谷氨酸脱氢酶（辅酶为 NADH）催化下，还原氨基化生成 L-谷氨酸；L-谷氨酸与 NH_3 在谷氨酰胺合成酶催化下，消耗 ATP 而形成谷氨酰胺（如下反应式）；L-谷氨酸 γ-羧基还原成谷氨酸半醛，然后环化成二氢吡咯-5-羧酸，再由二氢吡咯还原酶作用还原成 L-脯氨酸。L-谷氨酸也可在转乙酰基酶催化下生成 N-乙酰谷氨酸，再在激酶作用下，消耗 ATP 后转变成 N-乙酰-γ-谷氨酰磷酸，然后在还原酶催化下由 NADP 提供氢而还原成 N-乙酰谷氨酸-γ-半醛。最后经转氨酶作用，谷氨酸提供 α-氨基而生成 N-乙酰鸟氨酸，经去乙酰基后转变成鸟氨酸。通过鸟氨酸循环而生成精氨酸。

$$\underset{\alpha\text{-酮戊二酸}}{\begin{array}{c}\text{COOH}\\|\\\text{C}=\text{O}\\|\\\text{CH}_2\\|\\\text{CH}_2\\|\\\text{COOH}\end{array}} \xrightarrow[\text{谷氨酸脱氢酶}]{\text{NAD(P)H}+\text{H}^+ \quad \text{NAD(P)}^+ \quad \text{氨}} \underset{\text{谷氨酸}}{\begin{array}{c}\text{COOH}\\|\\\text{H}_2\text{N}-\text{C}-\text{H}\\|\\\text{CH}_2\\|\\\text{CH}_2\\|\\\text{COOH}\end{array}}$$

$$\underset{\text{谷氨酸}}{\begin{array}{c}\text{COOH}\\|\\\text{H}_2\text{N}-\text{C}-\text{H}\\|\\\text{CH}_2\\|\\\text{CH}_2\\|\\\text{COOH}\end{array}} + \text{NH}_4^+ \xrightarrow[\text{谷氨酰胺合成酶}]{\text{ATP} \quad \text{ADP}+\text{Pi}} \underset{\text{谷氨酰胺}}{\begin{array}{c}\text{COOH}\\|\\\text{H}_2\text{N}-\text{C}-\text{H}\\|\\\text{CH}_2\\|\\\text{CH}_2\\|\\\text{C}=\text{O}\\|\\\text{NH}_2\end{array}} + \text{H}^+$$

5. 芳香族氨基酸的合成

芳香族氨基酸包括酪氨酸、色氨酸和苯丙氨酸，它们的碳架为磷酸烯醇式丙酮酸和赤藓糖-4-磷酸，属于赤藓糖-4-磷酸和磷酸烯醇式丙酮酸衍生类型的合成方式。磷酸烯醇式丙酮酸为糖酵解的中间产物，而赤藓糖-4-磷酸可以来自磷酸戊糖途径。磷酸烯醇式丙酮酸和赤藓糖-4-磷酸先经4步反应生成莽草酸，莽草酸再经2步反应衍生为分支酸。

分支酸通过不同的途径合成酪氨酸、色氨酸和苯丙氨酸。分支酸是合成芳香族氨基酸的分支点。动物因没有合成分支酸的酶，不能合成分支酸，因而也就无法合成芳香族氨基酸。

酪氨酸与多巴、多巴胺（与帕金森病相关）、去甲肾上腺素、肾上腺素合成有关。人体内如果缺乏酪氨酸酶，酪氨酸就不能在黑色素细胞中被酪氨酸酶催化生成多巴并进一步代谢生成黑色素，从而导致患者的皮肤、毛发变白，称为白化病。

酪氨酸在分子结构上比苯丙氨酸多一个羟基。苯丙氨酸经苯丙氨酸羟化酶的催化可以产生酪氨酸，这是苯丙氨酸的主要代谢途径，是不可逆反应。当苯丙氨酸羟化酶先天性缺乏时，就会使其代谢发生障碍，出现苯丙氨酸的累积，从而转化成为苯丙酮酸，引起苯丙酮尿症（PKU）。

6. 组氨酸的合成

在营养学的范畴里，组氨酸被认为是一种人类必需的氨基酸，尤其是儿童。在发育成年之后，人类开始可以自己合成它，在这时便成为非必需氨基酸了。在慢性尿毒症患者的膳食中添加少量的组氨酸，氨基酸结合进入血红蛋白的速度增加，肾原性贫血减轻，所以组氨酸也是尿毒症患者的必需氨基酸。

组氨酸的生物合成是从 ATP 的腺嘌呤部分和磷酸核糖焦磷酸形成咪唑甘油磷酸，进行氨基转换反应。其酶促合成有9种酶参与催化，共经过10步特殊反应。首先，ATP 的腺嘌呤吡啶环与核糖的衍生物5-磷酸核糖-1-焦磷酸缩合，腺嘌呤六元环断裂，谷氨酸提供一个氮原子，借助环化掺入产物咪唑甘油磷酸的咪唑环中。ATP 的其余大部分碳和氮原子以5-氨基咪唑-4-羧基核苷酸形式释放出来，用以嘌呤合成。咪唑甘油磷酸通过脱氢、谷氨酸转氨以及水解除去磷酸基团，再经过氧化和 NAD^+ 依赖的反应，最后生成组氨酸。

二、氨基酸与一碳单位

1. 一碳单位的概念

一碳单位是指某些氨基酸在分解代谢中产生的含有一个碳原子的基团，包括甲基（$-CH_3$）、亚甲基（$-CH_2-$）、次甲基（$-CH=$）、羟甲基（$-CH_2OH$）、甲酰基（$-CHO$）及亚氨甲基（$-CH=NH$）等，但不包括 CO_2。甲硫氨酸是通过 S-腺苷甲硫氨酸（SAM）形式提供"活性甲基"（一碳单位），因此甲硫氨酸也可生成一碳单位。

2. 一碳单位的产生和转运

一碳单位主要来源于丝氨酸、甘氨酸、组氨酸及色氨酸的代谢。作为一碳单位的供体，主要用于嘌呤核苷酸从头合成、脱氧尿苷酸 5 位甲基化合成胸苷酸，以及同型半胱氨酸甲基化再生甲硫氨酸。

一碳单位不能游离存在，必须与载体四氢叶酸（FH_4 或 THFA）结合转运和参与代谢。叶酸为 B 族维生素，在体内经二氢叶酸还原酶作用，加氢形成 FH_4。一碳单位通常结合在 FH_4 分子的 N^5、N^{10} 位上，如 N^5,N^{10}-甲烯四氢叶酸（N^5,N^{10}-CH_2-FH_4）就是丝氨酸在羟甲基转移酶催化下脱水生成甘氨酸的过程中产生的。甘氨酸在甘氨酸裂解酶作用下，也会产生 N^5,N^{10}-CH_2-FH_4。

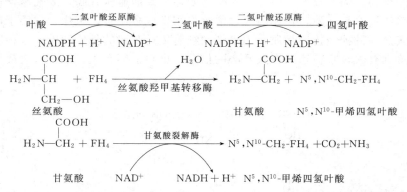

组氨酸在体内先经一系列酶促反应分解产生 N^5-亚氨甲基谷氨酸，进而通过亚氨甲基转移酶的作用，将亚氨基转移给四氢叶酸，生成谷氨酸和 N^5-亚氨甲基四氢叶酸，再经脱氨基作用生成 N^5,N^{10}-甲基四氢叶酸，后者可参与合成嘌呤碱 C8 原子。

色氨酸在一系列的分解过程中会产生甲酸，再由甲酸结合 FH_4，并消耗能量，生成 N^{10}-甲酰四氢叶酸，参与合成嘌呤碱 C2 原子。

不同形式的一碳单位可通过氧化还原反应而彼此转变。其中 N^5-甲基四氢叶酸的生成是不可逆的，它的含量较多，成为细胞内四氢叶酸的储存形式和甲基的间接供体，即将甲基转移给同型半胱氨酸生成甲硫氨酸（Met），在腺苷转移酶催化下生成 S-腺苷甲硫氨酸（SAM），再在甲基转移酶催化下，将活性甲基转移给甲基受体，然后水解去除腺苷生成同型半胱氨酸，从 Met 活化为 SAM 到提供出甲基及其再生成的整个过程称为甲硫氨酸循环。体内一些有重要生理功能的化合物，如肾上腺素、胆碱、肉碱、肌酸等的合成都是从 SAM 获得活性甲基。

3. 一碳单位的生理作用

一碳单位主要是作为合成嘌呤和嘧啶核苷酸的合成原料，在核酸的生物合成过程中，具有重要的生理作用。它将氨基酸和核苷酸代谢联系起来，与细胞的增殖、生长和机体发育过程有密切关系。一碳单位缺乏时对代谢较强的组织影响较大，例如导致巨幼红细胞贫血（巨幼性贫血）。由于一碳单位不能游离存在，必须由四氢叶酸作为载体，因此，四氢叶酸的不足也可以引起核酸的合成代谢障碍。人体可以从食物中获得四氢叶酸，因而其缺乏对机体影响不大。细菌是不能从外界吸收四氢叶酸的，因此，在临床上可以利用磺胺类药物竞争性地抑制二氢叶酸合成酶的活性，从而抑制四氢叶酸的合成，达到影响一碳单位的代谢，最终抑制细菌体内核酸及蛋白质的生物合成，导致细菌的死亡。

三、氨基酸与某些重要生物活性物质的合成

生物体在生命活动中需要一些生物活性物质来调节代谢和生命活动。有些活性物质可由氨基酸合成，包括激素、辅酶、核苷酸、卟啉、NO 及一些胺类分子，以下仅介绍几种。

1. 肾上腺素、去甲肾上腺素、多巴及多巴胺的合成

在正常情况下，苯丙氨酸经羟化产生酪氨酸，这些活性物质就是由酪氨酸衍生而来，它们在神经系统中起重要作用。

肾上腺素是一种激素和神经传递体，使心脏收缩力上升，使心脏、肝和筋骨的血管扩张以及皮肤和黏膜的血管收缩，是拯救濒死的人或动物的必备品。去甲肾上腺素既是一种神经递质，也是一种激素，也能显著地增强心肌收缩力，使心率增快，心输出量增多，使除冠状动脉以外的小动脉强烈收缩，引起外周阻力明显增大而血压升高，故临床常作为升压药应用。多巴能够通过血脑屏障，在体内通过脱羧作用生成多巴胺，医疗上常用于震颤麻痹症的治疗。多巴胺是一种神经传导物质，用来帮助细胞传送脉冲的化学物质，这种脑内分泌物和人的情欲、感觉有关，它传递兴奋及开心的信息，也与上瘾有关。这些生物活性物质的合成过程如下：

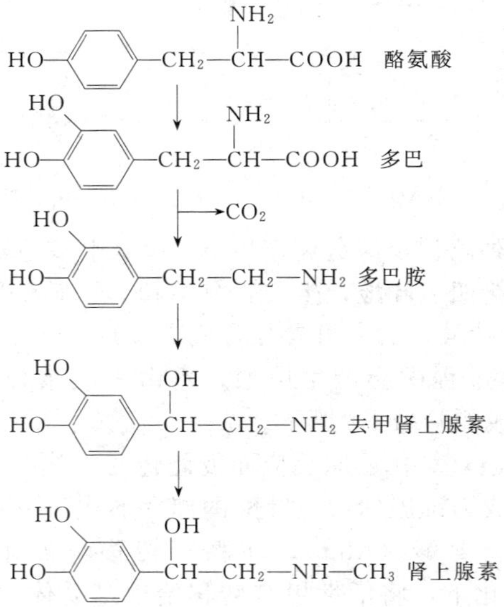

多巴胺、肾上腺素、去甲肾上腺素统称为儿茶酚胺，是机体非常重要的含氮类小分子激素。在这些小分子物质生成的过程中，酪氨酸羟化酶是其限速酶，受到终产物的反馈调节。酪氨酸代谢还可以合成黑色素。

2. 牛磺酸的合成

牛磺酸是某些胆酸的组分，于 1827 年在牛的胆汁中发现。牛磺酸分布于心、肝、肾、

肺、脑、骨骼肌，来源于半胱氨酸氧化脱羧，也被认为是一种抑制性神经递质。牛磺酸可通过半胱氨酸侧链氧化成半胱氨酸亚磺酸后，进一步氧化成磺基丙氨酸，然后脱羧而成牛磺酸。

牛磺酸能提高神经传导和视觉机能，可抑制血小板凝集，降低血脂，保持人体正常血压和防止动脉硬化；抗心律失常，可治疗心力衰竭；抑制胆固醇结石的形成，增加胆汁流量；促进垂体激素分泌，活化胰腺功能，从而改善机体内分泌系统的状态，对机体代谢以有益的调节；并具有促进有机体免疫力的增强和抗疲劳等作用。反应过程如下：

$$HS-CH_2-CH(NH_3^+)-COO^- \xrightarrow{[O]} \text{L-半胱氨酸}$$
$$^-O_2S-CH_2-CH(NH_3^+)-COO^- \xrightarrow{[O]} \text{磺基丙氨酸}$$
$$^-O_3S-CH_2-CH(NH_3^+)-COO^- \xrightarrow[\text{磺基丙氨酸脱羧}]{CO_2}$$
$$^-O_3S-CH_2-CH_2-NH_3^+ \quad \text{牛磺酸}$$

3. 胺类物质的合成

体内部分氨基酸可在专一性很高的氨基酸脱羧酶的催化下，生成相应的胺。例如，在脑组织，谷氨酸在谷氨酸脱羧酶作用下，脱去α-羧基生成γ-氨基丁酸（GABA），对中枢神经系统的传导有抑制作用，这是一种抑制性神经递质。

$$\text{L-谷氨酸} \xrightarrow[CO_2]{\text{L-谷氨酸脱羧酶}} \gamma\text{-氨基丁酸}$$

组氨酸脱羧生成的组胺又称组织胺，可强烈扩张血管使血压降低，同时增加毛细血管的通透性；使平滑肌收缩，引起支气管痉挛，从而导致哮喘；以及促进胃液分泌。组胺主要存在于肥大细胞中。其反应式如下：

$$\text{L-组氨酸} \xrightarrow[CO_2]{\text{组氨酸脱羧酶}} \text{组胺}$$

色氨酸经羟化后脱羧生成5-羟色胺（5-HT），这也是一种神经递质，还是某些非神经组织的激素。5-羟色胺广泛分布于体内各组织中，脑组织中的5-羟色胺作为神经递质，有抑制作用，外周组织中的5-羟色胺则有强烈地收缩血管的作用。其反应式如下：

$$\text{色氨酸} \xrightarrow{\text{色氨酸羟化酶}} \text{5-羟色氨酸} \xrightarrow[CO_2]{\text{5-羟色氨酸脱羧酶}} \text{5-羟色胺}$$

多胺是一类含有两个或更多个氨基的化合物，是由鸟氨酸在鸟氨酸脱羧酶作用下生成的。最普遍也是有重要生理功能的多胺是腐胺、精胺等。多胺有促进某些组织生长的作用，对于膜的正常维持也起着重要的作用。其反应式如下：

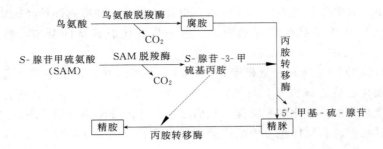

由于胺类物质具有强烈的生理作用,所以这类物质在体内蓄积将会引起机体的中毒症状,出现神经系统和心血管系统的机能紊乱。因此,正常情况下,胺类物质在发挥其生理作用之后将会立即在胺氧化酶类的催化下,迅速被氧化成相应的醛和氨,醛再进一步氧化成酸,最后彻底分解。

4. 谷胱甘肽的合成

谷胱甘肽（GSH）是由谷氨酸、半胱氨酸和甘氨酸通过氢键缩合而成的三肽。

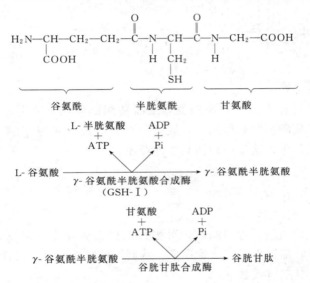

谷胱甘肽在生物体内有着重要的作用,在动物肝脏中的含量很高,达 $100\sim1000mg/100g$,在人体血液中含 $26\sim34mg/100g$,鸡血中含 $58\sim73mg/100g$,猪血中含 $10\sim15mg/100g$。

机体新陈代谢产生的过多自由基会损伤生物膜,侵袭生命大分子,加快机体的衰老速度,并可诱发肿瘤或动脉粥样硬化的产生。GSH 的主要生理作用是能够清除掉人体内的自由基,作为体内一种重要的抗氧化剂,保护许多蛋白质和酶等分子中的巯基。当细胞内生成少量 H_2O_2 时,GSH 在谷胱甘肽过氧化物酶的作用下,把 H_2O_2 还原成 H_2O,其自身被氧化为氧化型谷胱甘肽（GSSG）,GSSG 由存在于肝脏和红细胞中的谷胱甘肽还原酶作用,接受 H 还原成 GSH,使体内自由基的清除反应能够持续进行。

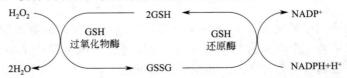

谷胱甘肽不仅能消除人体自由基，还可以提高人体免疫力。在老人迟缓化的细胞上所发挥的功效比年轻人大。

红细胞中部分血红蛋白在过氧化氢等氧化剂的作用下，二价铁氧化为三价铁，使血红蛋白转变为高铁血红蛋白，从而失去了带氧能力。GSH 可以保护血红蛋白不受过氧化氢、自由基等氧化从而使其持续正常发挥运输氧的能力。除直接与过氧化氢等氧化剂结合，生成水和 GSSG，也能够将高铁血红蛋白还原为血红蛋白。人体红细胞中谷胱甘肽的含量很多，这对保护红细胞膜上蛋白质的巯基处于还原状态、防止溶血具有重要意义。

谷胱甘肽保护酶分子中 −SH，有利于酶活性的发挥，并且能恢复已被破坏的酶分子中 −SH 的活性功能，使酶重新恢复活性。谷胱甘肽还可以抑制乙醇侵害肝脏所产生的脂肪肝。

谷胱甘肽对于放射线、放射性药物所引起的白细胞减少等症状，有强有力的保护作用。谷胱甘肽能与进入人体的有毒化合物、重金属离子或致癌物质等相结合，并促进其排出体外，起到中和解毒作用。

5. 肌酸的合成

甲硫氨酸的分子中含有 S-甲基，通过各种转甲基作用可生成多种含甲基的生理活性物质，如肾上腺素、肉碱、胆碱及肌酸。肌酸的合成实际上是由甲硫氨酸为其提供甲基，在腺苷转移酶的作用下，甲硫氨酸与 ATP 反应生成 S-腺苷甲硫氨酸（SAM），也称为活性甲硫氨酸，其中的甲基称为活性甲基。肌酸的合成则是以甘氨酸为骨架，由精氨酸提供脒基，SAM 提供甲基而成，其主要的合成部位在肝脏。在反应过程中，精氨酸与甘氨酸在脒基转移酶的作用下将精氨酸上的脒基转移给甘氨酸，生成中间产物胍乙酸，而 SAM 则在甲基转移酶的作用下将其活性甲基转移给胍乙酸，最终生成肌酸。肌酸再在肌酸激酶的作用下，接受 ATP 提供的高能磷酸键，生成磷酸肌酸，将能量储存起来。在脊椎动物体内肌酸和磷酸肌酸是能量储存和利用的重要化合物。

$$甲硫氨酸 \xrightarrow[ATP \quad ADP+Pi]{腺苷转移酶} S\text{-}腺苷甲硫氨酸$$

$$精氨酸 + 甘氨酸 \xrightarrow{脒基转移酶} 鸟氨酸 + 胍乙酸$$

$$胍乙酸 + SAM \xrightarrow{甲基转移酶} 肌酸 + S\text{-}腺苷同型半胱氨酸$$

6. 一氧化氮的合成

一氧化氮是一种极不稳定的低分子气体，而且是具有较强毒性的原子团。人体内也能合成 NO，其在生命活动过程中起着极其重要的作用。如神经信息传递、血液凝固、血压调节以及免疫系统对癌细胞的杀伤作用等都与一氧化氮有非常密切的关系。体内的一氧化氮是由精氨酸经一氧化氮合酶催化生成的，其反应式如下：

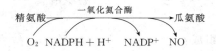

> **知识拓展**
>
> **苯丙酮尿症**
>
> 　　苯丙酮尿症为先天代谢性疾病,为常染色体隐性遗传,由于染色体基因突变导致肝脏中苯丙氨酸羟化酶(PAH)缺陷从而引起苯丙氨酸(PA)代谢障碍,引起中枢神经系统的损伤,是我国目前新生儿出生后必须进行筛查的一种代谢性疾病。苯丙氨酸是人体必需的氨基酸之一,正常人每日需要的摄入量为 200～500mg,其中 1/3 供合成蛋白质、2/3 则通过肝细胞中的苯丙氨酸羟化酶(PAH)转化为酪氨酸,以合成甲状腺素、肾上腺素和黑色素等。苯丙氨酸转化为酪氨酸的过程中,除需 PAH 外,还必须有四氢生物蝶呤(BH_4)作为辅酶参与。
>
> 　　该病患儿出生时表现正常,新生儿期无明显症状,部分患儿可能出现喂养困难、呕吐、易激惹等非特异性症状。未经治疗的患儿 3～4 个月后逐渐表现出智力、运动、发育落后,头发由黑变黄,皮肤白,全身和尿液有特殊鼠臭味,常伴有湿疹。
>
> 　　随着年龄增长患儿智力落后越来越明显,约 60% 有严重的智能障碍,并有轻微的神经系统体征,如肌张力增高、腱反射亢进、小头畸形等,严重者可有脑性瘫痪。患儿常在 18 个月以前出现婴儿痉挛性发作、点头样发作、或其他形式的癫痫发作。约 80% 患儿有脑电图异常,表现以癫痫样放电为主。苯丙酮尿症患者还可出现一些行为、性格的异常,如忧郁、多动、自卑、孤僻等。

目标检测

一、名词解释
转氨基作用、一碳单位、尿素循环

二、选择题
1. 下列化合物中不属于一碳单位的是( )。
 A. —CH_3　　　　B. =CH_2　　　　C. CO_2　　　　D. =CH—

2. 1 分子天冬氨酸(门冬氨酸)脱氨后彻底分解成 CO_2 和 H_2O 时,可净生成多少分子 ATP?( )
 A. 15　　　　B. 17　　　　C. 19　　　　D. 20

3. 脑中氨的主要去路是( )。
 A. 合成谷氨酰胺　　　　　　　　B. 合成非必需氨基酸
 C. 合成尿素　　　　　　　　　　D. 生成铵盐

4. 体内氨的主要去路是( )。
 A. 生成非必需氨基酸　　　　　　B. 合成尿素
 C. 参与合成核苷酸　　　　　　　D. 生成谷氨酰胺

5. 动物体内氨基酸分解产生的 α-氨基,其运输和储存的形式是( )。
 A. 尿素　　　　B. 天冬氨酸　　　　C. 谷氨酰胺　　　　D. 氨甲酰磷酸

三、问答题
1. 氨基酸代谢库由什么组成?

2. 氨基酸的脱氨基作用有哪几种方式？
3. 简述尿素的合成过程。
4. 简述 α-酮酸的代谢途径。
5. 按照碳骨架来源的不同途径，可以将氨基酸分为哪几个族？分别包括哪几种氨基酸？

四、案例分析题

在临床实践中，抢救肝昏迷的病人常注射谷氨酸或鸟氨酸，请根据你学过的生物化学知识分析这种方式的原理。

第十章　核苷酸代谢

【学习目标】
1. 掌握核苷酸从头合成的原料、基本过程、补救合成的意义以及脱氧核苷酸的合成等。
2. 熟悉核苷酸合成的调节、核酸的消化、核苷酸的生理功能。
3. 了解核苷酸的抗代谢物、嘌呤核苷酸分解产物以及痛风症。

【案例导学】
痛风是一种最常见的炎症性关节病，在西方国家男性的患病率约为 1‰~2‰。随着我国人民生活水平的不断提高，痛风的患病率也呈逐年上升趋势，目前已经接近西方发达国家水平。痛风是由于核酸代谢异常导致了血尿酸水平持续升高，引起单钠尿酸盐在关节和其他组织中沉积而发病。

本章将介绍核酸代谢及其在医药方面应用的生化机理。

第一节　核苷酸代谢概述

一、核酸的消化与吸收

食物中的核酸大多以核蛋白的形式存在。核蛋白在胃中受胃酸的作用，分解成核酸与蛋白质。核酸在小肠中受胰液和肠液中各种水解酶的作用逐步水解，最终生成碱基和戊糖，如图 10-1 所示。产生的戊糖被吸收参加体内的戊糖代谢；嘌呤和嘧啶碱主要被分解排出体外，食物来源的嘌呤和嘧啶很少被机体利用。

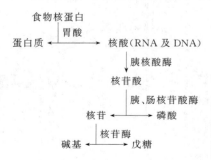

图 10-1　核酸的消化与吸收

二、核苷酸的分布

核苷酸是核酸的基本结构单位，人体内的核苷酸主要由机体细胞自身合成，核苷酸不属于营养必需物质。核苷酸在体内的分布广泛，细胞中主要以 $5'$-核苷酸形式存在,细胞中核糖核苷酸的浓度远远超过脱氧核糖核苷酸的浓度，不同类型细胞中的各种核苷酸含量差异很大，同一细胞中，各种核苷酸含量也有差异，核苷酸总量变化不大。

三、核苷酸的生物学作用

核苷酸在生物体内具有多种生物学作用,主要有以下几项:三磷酸核苷酸(NTP)、脱氧三磷酸核苷酸(dNTP)分别是 RNA、DNA 合成的原料;NTP 为机体生命活动提供能量;参与形成活性中间化合物;参与构成酶的辅助因子;参与代谢调节,如 ATP、ADP、AMP 作为酶的变构剂;cAMP、cGMP 可作为某些激素作用的第二信使,ATP、GTP、CTP、UTP 等还可激活若干化合物生成代谢上活泼的物质。

第二节 嘌呤核苷酸代谢

一、嘌呤核苷酸的合成代谢

动物、植物和微生物通常都能合成各种嘌呤,体内嘌呤核苷酸的合成有两条途径:利用磷酸核糖、氨基酸、一碳单位及 CO_2 等简单物质为原料合成核苷酸的过程称为从头合成途径(*de novo* synthesis),是体内的主要合成途径;利用体内游离碱基或核苷,经简单反应过程生成核苷酸的过程,称重新利用(或补救合成)途径(salvage pathway)。在部分组织如脑、骨髓中只能通过此途径合成核苷酸。嘌呤核苷酸的主要补救合成途径是嘌呤碱与 5′-PRPP(5′-磷酸核糖焦磷酸)在磷酸核糖转移酶作用下形成嘌呤核苷酸。

1. 嘌呤核苷酸的从头合成

嘌呤核苷酸的从头合成是指利用磷酸核糖、氨基酸、一碳单位及 CO_2 等简单物质为原料,经过一系列酶促反应,合成嘌呤核苷酸。从头合成途径除某些细菌外,几乎所有生物体都能合成嘌呤碱。

对于哺乳动物,肝是体内从头合成嘌呤核苷酸的主要器官,其次是小肠黏膜和胸腺。嘌呤核苷酸合成部位在胞液,合成的原料包括磷酸核糖、天冬氨酸、甘氨酸、谷氨酰胺、一碳单位及 CO_2 等。

> **课堂互动**
> 试述嘌呤环中各个元素的来源。

(1) 嘌呤碱合成的元素来源 如图 10-2 所示。

N1 由天冬氨酸提供、C2 由 N^{10}-甲酰 FH_4 提供、C8 由 N^5,N^{10}-甲炔 FH_4 提供,N3、N9 由谷氨酰胺提供,C4、C5、N7 由甘氨酸提供,C6 由 CO_2 提供。

(2) 反应过程 主要反应步骤分为两个阶段:首先合成次黄嘌呤核苷酸(IMP),然后 IMP 再转变成腺嘌呤核苷酸(AMP)与鸟嘌呤核苷酸(GMP),反应过程如图 10-3 所示。

① IMP 的合成 IMP 的合成包括 11 步反应,如图 10-4 所示。

a. 5′-磷酸核糖的活化 嘌呤核苷酸合成

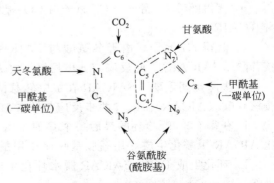

图 10-2 嘌呤碱合成的元素来源

的起始物为 α-D-核糖-5′-磷酸，是磷酸戊糖途径代谢产物。嘌呤核苷酸生物合成的第一步是由磷酸戊糖焦磷酸激酶（ribose phosphate pyrophosphohinase）催化，与 ATP 反应生成 5′-磷酸核糖-α-焦磷酸（PRPP）。此反应中 ATP 的焦磷酸根直接转移到 5′-磷酸核糖 C1 位上。PRPP 同时也是嘧啶核苷酸及组氨酸、色氨酸合成的前体。

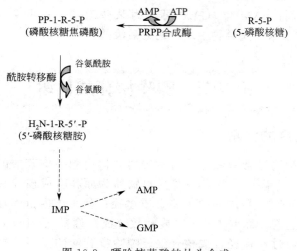

图 10-3　嘌呤核苷酸的从头合成

b. 获得嘌呤的 N9 原子　由磷酸核糖酰胺转移酶催化，谷氨酰胺提供酰胺基取代 PRPP 的焦磷酸基团，形成 β-5′-磷酸核糖胺（PRA）。此步反应由焦磷酸的水解供能，是嘌呤合成的限速步骤。酰胺转移酶为限速酶，受嘌呤核苷酸的反馈抑制。

c. 获得嘌呤 C4、C5 和 N7 原子　由甘氨酰胺核苷酸合成酶催化甘氨酸与 PRA 缩合，生成甘氨酰胺核苷酸（GAR）。由 ATP 水解供能。此步反应为可逆反应，是合成过程中唯一可同时获得多个原子的反应。

d. 获得嘌呤 C8 原子　GAR 的自由 α-氨基甲酰化生成甲酰甘氨酰胺核苷酸（FGAR）。由 N^5, N^{10}-甲炔 FH_4 提供甲酰基。催化此反应的酶为 GAR 甲酰转移酶。

e. 获得嘌呤的 N3 原子　第二个谷氨酰胺的酰胺基转移到正在生成的嘌呤环上，生成甲酰甘氨脒核苷酸（FGAM）。此反应为耗能反应，由 ATP 水解生成 ADP+Pi 供能。

f. 嘌呤咪唑环的形成　FGAM 经过耗能的分子内重排，环化生成 5-氨基咪唑核苷酸（AIR）。

g. 获得嘌呤 C6 原子　C6 原子由 CO_2 提供，由 AIR 羧化酶催化生成羧基氨基咪唑核苷酸（CAIR）。

h. 获得 N1 原子　由天冬氨酸与 CAIR 缩合反应，生成 5-氨基咪唑-4-（N-琥珀酰胺）核苷酸（SAICAR）。此反应与 c 步相似，由 ATP 水解供能。

i. 去除延胡索酸　SAICAR 在甲酰转移酶催化下脱去延胡索酸生成 5-氨基咪唑-4-甲酰胺核苷酸（AICAR）。h、i 两步反应与尿素循环中精氨酸生成鸟氨酸的反应相似。

j. 获得 C2　嘌呤环的最后一个 C 原子由 N^{10}-甲酰 FH_4 提供，由 AICAR 甲酰转移酶催化 AICAR 甲酰化生成 5-甲酰胺基咪唑-4-甲酰胺核苷酸（FAICAR）。

k. 环化生成 IMP　FAICAR 脱水环化生成 IMP。与反应 f 相反，此环化反应无需 ATP 供能。

② 由 IMP 生成 AMP 和 GMP　如图 10-5 所示。

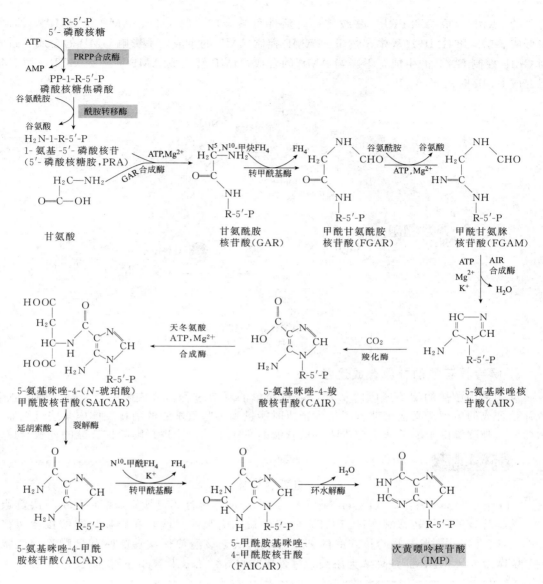

图 10-4 IMP 的生成过程

上述反应生成的 IMP 并不堆积在细胞内，而是迅速转变为 AMP 和 GMP。AMP 与 IMP 的差别仅是 6 位酮基被氨基取代。此反应由两步反应完成：①天冬氨酸的氨基与 IMP 相连生成腺苷酸代琥珀酸，由腺苷酸代琥珀酸合成酶催化，GTP 水解供能。②在腺苷酸代琥珀酸裂解酶作用下脱去延胡索酸生成 AMP。

GMP 的生成也由两步反应完成：①IMP 由 IMP 脱氢酶催化，以 NAD^+ 为受氢体，氧化生成黄嘌呤核苷酸（XMP）。②谷氨酰胺提供酰胺基取代 XMP 中 C2 上的氧生成 GMP，此反应由 GMP 合成酶催化，由 ATP 水解供能。

(3) 嘌呤核苷酸从头合成的特点

① 嘌呤核苷酸是在磷酸核糖分子基础上逐步合成的。反应过程中的关键酶包括 PRPP 酰胺转移酶和 PRPP 合成酶。

② 从头合成的调节机制是反馈调节，主要发生在以下几个部位：嘌呤核苷酸合成起始

阶段的 PRPP 合成酶和 PRPP 酰胺转移酶活性可被合成产物 IMP、AMP 及 GMP 等抑制；在形成 AMP 和 GMP 过程中，过量的 AMP 控制 AMP 的生成，不影响 GMP 的合成，过量的 GMP 控制 GMP 的生成，不影响 AMP 的合成；IMP 转变成 AMP 时需要 GTP，而 IMP 转变成 GMP 时需要 ATP。

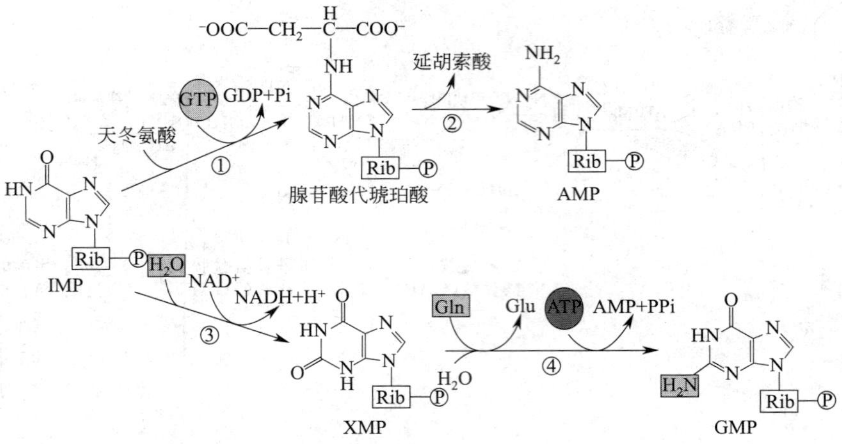

图 10-5 AMP 和 GMP 的生成
①～④参见文中相应内容

2. 嘌呤核苷酸的补救合成途径

利用体内游离的嘌呤或嘌呤核苷，经过简单的反应过程，合成嘌呤核苷酸。嘌呤核苷酸补救合成的生理意义在于节省了从头合成时能量和一些氨基酸的消耗，体内某些组织器官例如脑、骨髓等由于缺乏从头合成嘌呤核苷酸的酶体系，只能进行嘌呤核苷酸的补救合成。

> **知识拓展**
>
> **自毁容貌症**
>
> Lesch-Nyhan 综合征（Lesch-Nyhan syndrome）：也称为自毁容貌症，是由于次黄嘌呤-鸟嘌呤磷酸核糖转移酶（HGPRT）的遗传缺陷引起的。该酶和腺嘌呤磷酸核糖转移酶（APRT）共同参与嘌呤核苷酸的补救合成。缺乏该酶使得次黄嘌呤和鸟嘌呤不能转换为 IMP 和 GMP，而是降解为尿酸，过量尿酸将导致 Lesch-Nyhan 综合征。

3. 嘌呤核苷酸的相互转变

IMP 可以转变成 AMP 和 GMP，AMP 和 GMP 也可转变成 IMP。AMP 和 GMP 之间可相互转变。

4. 脱氧核苷酸的生成

体内的脱氧核苷酸是通过各自相应的核糖核苷酸在二磷酸水平上还原而成的，核糖核苷酸还原酶催化此反应。

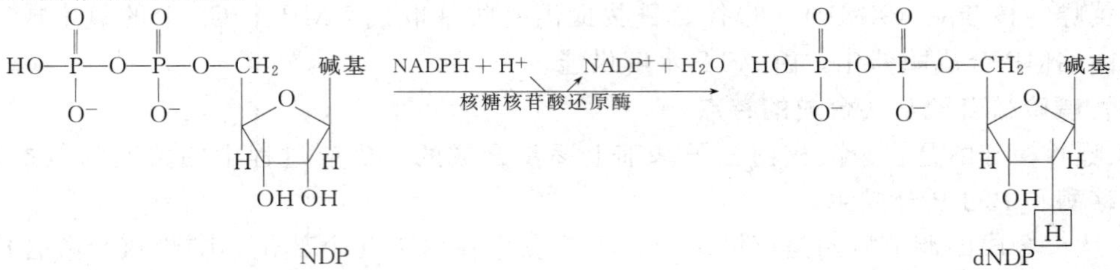

二、嘌呤核苷酸的分解代谢

不同生物分解嘌呤的代谢终产物各不相同，但所有生物都可以通过氧化和脱羧基，将嘌呤转化为尿酸。嘌呤核苷酸在核苷酸酶的催化下，脱去磷酸成为嘌呤核苷，嘌呤核苷在嘌呤核苷磷酸化酶（purine nucleoside phosphorylase，PNP）的催化下转变为嘌呤。嘌呤核苷及嘌呤又可经水解、脱氨及氧化作用生成尿酸（图 10-6）。

嘌呤的分解首先在脱氨酶的作用下水解脱去氨基，使腺嘌呤转化成次黄嘌呤、鸟嘌呤转化成黄嘌呤，动物组织中腺嘌呤脱氨酶含量极少，而腺苷脱氨酶和腺苷酸脱氨酶活性较高，因此腺嘌呤的脱氨基主要在核苷和核苷酸水平，鸟嘌呤的脱氨酶分布广泛，因此，鸟嘌呤的脱氨基主要在碱基水平。次黄嘌呤核苷、黄嘌呤核苷和腺嘌呤核苷均可以在嘌呤核苷酸酶的作用下，加磷酸脱糖基，分别生成次黄嘌呤、黄嘌呤和腺嘌呤。次黄嘌呤可在黄嘌呤氧化酶的作用下生成黄嘌呤，鸟嘌呤在鸟嘌呤脱氨酶的作用下生成黄嘌呤，黄嘌呤在黄嘌呤氧化酶的作用下氧化成尿酸。

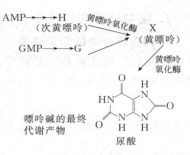

图 10-6　嘌呤核苷酸的分解代谢

在一些其他生物体内，嘌呤的脱氨基和氧化作用可在核苷酸、核苷和碱基三个水平上进行。灵长类、鸟类、某些爬行类和昆虫不能进一步分解尿酸，但其他类群的动物可以不同程度地分解尿酸。尿酸是人体内嘌呤类化合物分解代谢的最终产物。正常情况下，体内嘌呤合成和分解代谢的速度呈动态平衡，血中尿酸的水平为 2～6mg/100mL，随尿排出的尿酸量是恒定的。当 100mL 血液中尿酸水平超过 8mg 时，由于尿酸的溶解度很低，尿酸以钠盐和钾盐的形式沉积于软组织、软骨及关节处等，形成尿酸结石及关节炎，这种疾病称痛风症。原发性痛风症是 X 连锁隐性遗传病，多见于男性。病因是腺嘌呤核苷酸从头合成的调控酶活力异常升高，或补救合成途径的酶缺失。继发性痛风症由某些疾病引起，如白血病、恶性肿瘤、红细胞增多症等，使体内嘌呤类物质大量分解，导致血液中的尿酸水平升高，引发痛风症。

> **知识拓展**
>
> ### 嘌呤与疾病
>
> 嘌呤（purine，又称普林）经过一系列代谢变化，最终形成的产物（2,6,8-三氧嘌呤）又叫尿酸。嘌呤的来源分为内源性嘌呤（80%），主要来自核酸的氧化分解，外源性嘌呤主要来自食物摄取，占总嘌呤的 20%，尿酸在人体内没有什么生理功能，在正常情况下，体内产生的尿酸 2/3 由肾脏排出，余下的 1/3 从肠道排出。体内尿酸是不断地生成和排泄的，因此它在血液中维持一定的浓度。正常人每升血中所含的尿酸，男性为 0.42mmol/L 以下，女性则不超过 0.357mmol/L。在嘌呤的合成与分解过程中，有多种酶的参与，由于酶的先天性异常或某些尚未明确的因素，代谢发生紊乱，使尿酸的合成增加或排出减少，结果均可引起高尿酸血症。当血尿酸浓度过高时，尿酸即以钠盐的形式沉积在关节、软组织、软骨和肾脏中，引起组织的异物炎症反应，成了引起痛风的祸根。

第三节 嘧啶核苷酸代谢

一、嘧啶核苷酸的合成代谢

1. 嘧啶核苷酸的从头合成途径

(1) 嘧啶合成的元素来源 嘧啶核苷酸合成与嘌呤核苷酸不同，嘧啶环的元素来源于谷氨酰胺、二氧化碳和天冬氨酸，其特点是首先将这些原料合成嘧啶环，然后与PRPP反应生成，如图10-7所示。

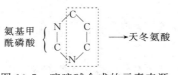

图10-7 嘧啶碱合成的元素来源

(2) 嘧啶核苷酸的从头合成过程

① 尿嘧啶核苷酸（UMP）的从头合成 如图10-8所示。

a. 氨基甲酰磷酸的合成 以谷氨酰胺、二氧化碳为原料，在氨基甲酰磷酸合成酶Ⅱ的催化下，由ATP提供能量，合成氨基甲酰磷酸。

b. 乳清酸（尿嘧啶甲酸）的合成 氨基甲酰磷酸在天冬氨酸氨基甲酰基转移酶的催化下，与天冬氨酸反应生成氨甲酰天冬氨酸。氨甲酰天冬氨酸被二氢乳清酸酶催化脱水，生成二氢乳清酸，再经二氢乳清酸脱氢酶的作用，脱氢生成乳清酸。

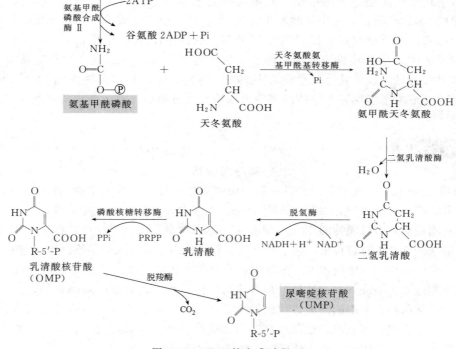

图10-8 UMP的生成过程

c. 尿嘧啶核苷酸的合成 在乳清酸磷酸核糖转移酶催化下，乳清酸与PRPP反应，生成乳清酸核苷酸，后者再由乳清酸核苷酸脱羧酶催化脱去羧基形成尿嘧啶核苷酸（UMP）。

② 胞嘧啶核苷酸（CMP）的从头合成　如图10-9所示。UMP通过尿苷酸激酶和二磷酸核苷激酶的连续作用，生成尿苷三磷酸（UTP），UTP在CTP合成酶的作用下，消耗一分子的ATP，从谷氨酰胺接受氨基而生成胞苷三磷酸（CTP）。

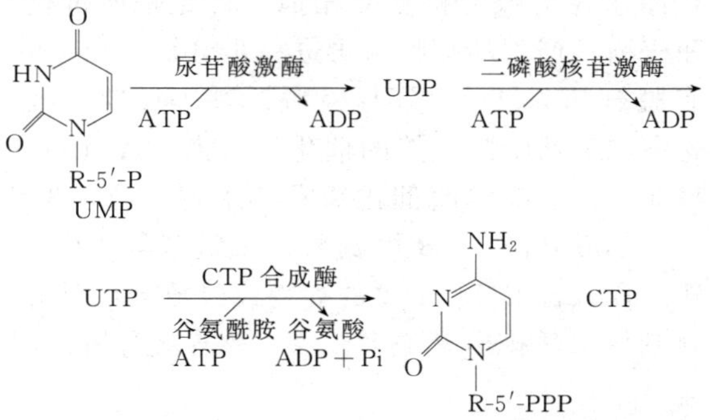

图10-9　胞嘧啶核苷酸的从头合成

2. 嘧啶核苷酸的补救途径

可通过磷酸核糖转移酶催化，使各种嘧啶碱接受PRPP供给的磷酸核糖基直接生成嘧啶核苷酸；也可在核苷磷酸化酶催化下，嘧啶碱先与核糖-1-磷酸反应生成嘧啶核苷，再在嘧啶核苷激酶催化下，被磷酸化生成核苷酸。

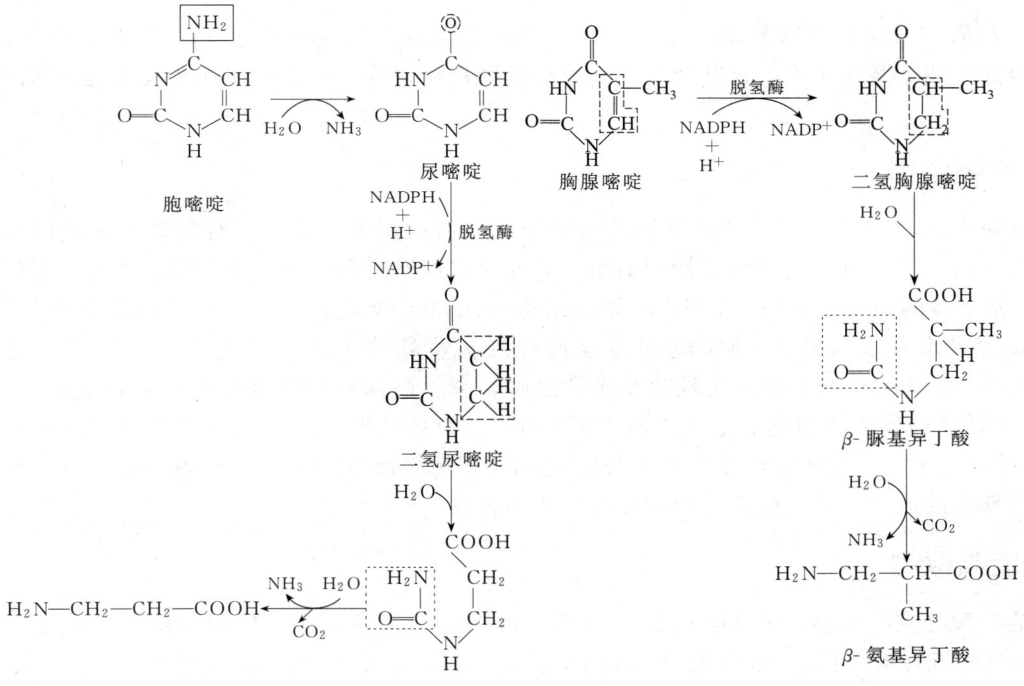

图10-10　嘧啶核苷酸的分解代谢

3. 胸腺嘧啶核苷酸的合成

由胸苷酸合酶催化，脱氧尿苷酸甲基化生成胸腺嘧啶核苷酸。N^5, N^{10}-亚甲基四氢叶酸是甲基的供体，产物为脱氧胸苷酸和二氢叶酸，二氢叶酸被NADPH还原为四氢叶酸，四氢叶酸可携带"一碳基团"参与嘌呤从头合成或脱氧胸苷酸的合成，因此胸苷酸的合成和二氢叶酸还原酶在临床可用于肿瘤化疗的作用靶点。

二、嘧啶核苷酸的分解代谢

嘧啶核苷酸的分解代谢途径与嘌呤核苷酸相似，首先是通过核苷酸酶及核苷磷酸化酶的作用，分别除去磷酸和核糖，产生的嘧啶碱再进一步分解。嘧啶的分解代谢主要在肝脏中进行。分解代谢过程中有脱氨基、氧化、还原及脱羧基等反应。胞嘧啶脱氨基转变为尿嘧啶。尿嘧啶和胸腺嘧啶先在二氢嘧啶脱氢酶的催化下，由 $NADPH+H^+$ 供氢，分别还原为二氢尿嘧啶和二氢胸腺嘧啶。二氢嘧啶酶催化嘧啶环水解，分别生成 β-丙氨酸（β-alanine）和 β-氨基异丁酸（β-aminosiobutyrate）。β-丙氨酸和 β-氨基异丁酸可继续分解代谢。β-氨基异丁酸亦可随尿排出体外。食入含 DNA 丰富的食物或经放射线治疗或化学治疗的患者，以及白血病患者，尿中 β-氨基异丁酸排出量增多。嘧啶核苷酸分解代谢如图 10-10 所示。

> **课堂互动**
>
> 嘌呤的合成与嘧啶的合成有哪些区别？

第四节　核苷酸合成的抗代谢物

某些物质在结构上与氨基酸、叶酸、碱基或核苷类似，它们能够竞争性地抑制或干扰核苷酸合成代谢的某些步骤，这些物质统称为核苷酸抗代谢物。这些物质通常具有抗肿瘤的作用。

一、嘌呤类似物

6-巯基嘌呤（6-MP）是一种抗肿瘤药，用于急性白血病效果较好，对慢性粒细胞白血病也有效；用于绒毛膜上皮癌和恶性葡萄胎。另外对恶性淋巴瘤、多发性骨髓瘤也有一定疗效。6-巯基嘌呤的作用机制为：6-MP 的化学结构与次黄嘌呤相似，唯一不同的是分子中 6 位 C 上由巯基取代了羟基。6-MP 通过竞争性抑制次黄嘌呤-鸟嘌呤磷酸核糖转移酶，使 PRPP 分子中的磷酸核糖不能向鸟嘌呤及次黄嘌呤转移，阻断嘌呤核苷酸的补救合成途径。6-MP 可在体内经磷酸核糖化而生成 6-MP 核苷酸，并以这种形式抑制 IMP 转变为 AMP 及 GMP 的反应。由于 6-MP 核苷酸结构与 IMP 相似，还可以反馈抑制 PRPP 酰胺转移酶而干扰磷酸核糖胺的形成，从而阻断嘌呤核苷酸的从头合成。

二、嘧啶类似物

作为一种嘧啶类似物，5-氟尿嘧啶（5-FU）可在细胞内转化成不同的细胞毒性代谢产物，与 DNA 和 RNA 结合，最终通过抑制 DNA 合成导致细胞周期停滞和细胞凋亡。它是一种 S 期特异性药物。除了与 DNA 和 RNA 的作用之外，5-FU 也可抑制一种核酸外切酶的活性，其对细胞生存具有关键作用。

三、核苷类似物

核苷（酸）类似物，用于核苷（酸）类似物治疗。这种药物的功能主要是抗病毒，提高免疫及恢复肝功。常见核苷类似物如拉米夫定，其是一个抑制病毒的药物，并不能清除乙肝病毒，因为对乙肝病毒 cccDNA 没有作用，cccDNA 在人体内的半衰期大约为 3~4 年，如果 cccDNA 持续存在，病毒就不会得到清除，停药后必然复发。因此在应用拉米夫定时，其疗效并不完全取决于药物本身，还和病人对乙型肝炎病毒（HBV）的特异性免疫反应状态及病毒毒力密切相关，对于特异性免疫反应弱的病人单独应用拉米夫定很难达到清除病毒的目的，还要想办法提高机体对 HBV 特异性免疫反应，可以考虑联合应用胸腺肽、治疗性疫苗及高效价乙肝免疫球蛋白等。

四、谷氨酰胺和天冬酰胺类似物

次黄嘌呤核苷酸是合成嘌呤核苷酸的前体物质，谷氨酰胺是合成次黄嘌呤核苷酸所必需的中间物，重氮丝氨酸与谷氨酰胺有类似的结构，可以阻止次黄嘌呤核苷酸的合成，从而使嘌呤核苷酸合成受阻、DNA 和 RNA 合成缺乏原料而达到抑制肿瘤生长的作用。

五、叶酸类似物

叶酸类似物有氨基蝶呤和氨甲蝶呤，后者在临床上常用于白血病的治疗。氨基蝶呤（亦称氨基叶酸）和氨甲蝶呤是叶酸类似物，都是二氢叶酸还原酶的竞争性抑制剂，使叶酸不能转变为二氢叶酸和四氢叶酸，因此影响了嘌呤核苷酸和嘧啶核苷酸合成所需要的一碳单位的转移，使核苷酸合成的速度降低甚至终止，进而影响核酸的合成。叶酸类似物也是重要的抗癌药物。氨基蝶呤及其钠盐、氨甲蝶呤是治疗白血病的药物，也用作杀鼠剂；氨甲蝶呤也是治疗绒毛膜癌的重要药物。三甲氧苄氨嘧啶可与二氢叶酸还原酶的催化部位结合，阻止复制中的细胞合成胸苷酸和其他核苷酸，是潜在的抗菌剂和抗原生动物剂。

目标检测

一、名词解释
嘌呤从头合成途径、嘧啶补救合成途径、别嘌呤醇

二、选择题
1. 嘧啶核苷酸的第几位碳原子是来自于 CO_2 的碳？（　　）
A. 2　　　　　B. 4　　　　　C. 5　　　　　D. 6
2. dTMP 的直接前体是（　　）。
A. dCMP　　　B. dAMP　　　C. dUMP　　　D. dGMP
3. 嘌呤核苷酸的嘌呤核上第 1 位 N 原子来自（　　）。
A. Gln　　　　B. Gly　　　　C. 甲酸　　　　D. Asp
4. 嘌呤环中第 4 位和第 5 位碳原子来自下列哪种化合物？（　　）
A. 甘氨酸　　　B. 天冬氨酸　　C. 丙氨酸　　　D. 谷氨酸
5. 嘧啶环生物合成的关键物质是（　　）。
A. NADPH　　　B. 5-磷酸核糖　　C. Gly　　　　D. 氨甲酰磷酸

三、问答题
1. 说明嘌呤环和嘧啶环各个原子的来源。
2. IMP 怎样转变为 GTP 和 ATP？
3. 脱氧核苷酸和胸苷酸是如何形成的？

4. 列举 PRPP 参与的合成代谢。
5. 核苷酸及其衍生物在代谢中有什么重要性？

四、案例分析题

先天性乳清酸尿症是常染色体隐性遗传病。该病患者的乳清酸不能转变为尿苷酸，导致乳清酸大量出现在血液和尿液中。请根据你学过的生物化学知识分析"乳清酸尿症"与何种物质的代谢有关？其发病的主要原因是什么？

第十一章 遗传信息的传递

【学习目标】
1. 掌握遗传信息的中心法则、复制、转录、翻译的相关概念和基本过程；DNA 复制、转录和蛋白质生物合成体系的主要组成成分及功能。
2. 熟悉半保留复制、反转录；以及遗传密码的特点。
3. 了解 DNA 损伤和修复的概念，反转录过程，转录后 RNA 加工的一般方式；蛋白质翻译后加工过程的方式。

【案例导学】
目前，在医学界已发现的遗传病有六千多种，绝大多数缺乏有效的治疗手段。随着人们对于基因认识的深入及基因工程技术的迅猛发展，基因治疗已经成为治疗人类遗传性疾病的重要方法之一。法国研究人员在 2017 年 3 月 2 日出版的《新英格兰医学杂志》上发表论文称，他们利用基因疗法成功治愈身患镰状细胞贫血的 15 岁男孩，该疗法在其他 7 位患者身上也显示出惊人的疗效，这是基因疗法首次用于治疗常见遗传病。基因就像一张蓝图，生物体就是根据这张蓝图用蛋白质构建起来的。

本章将介绍遗传信息如何通过复制、转录、翻译的过程，从 DNA 传递到蛋白质的。

在生物界，物种通过遗传使其生物学特性、性状能世代相传，就像俗话所说的"种瓜得瓜，种豆得豆"。现代生物学已经充分证明，遗传的物质基础是核酸，大多数生物体的遗传信息储存于 DNA 分子的特定核苷酸序列中，基因（gene）是生物活性产物编码的 DNA 功能片段，是核酸分子中储存遗传信息的基本单位。

1958 年，DNA 双螺旋结构的发现人之一 Crick 提出了遗传信息传递的中心法则（central dogma）。以亲代 DNA 分子的双链为模板，按照碱基配对的原则，合成两个与亲代 DNA 分子相同的子代 DNA 双链的过程称为 DNA 的复制（replication）。通过 DNA 复制，亲代的遗传信息准确地传递给子代。以 DNA 分子中的一条链为模板，按照碱基配对原则，合成出一条与模板 DNA 链互补的 RNA 分子的过程称为转录（transcription）。通过转录将 DNA 的遗传信息传递给 RNA。以 mRNA 为模板，按照三个核苷酸碱基（三联体密码子）决定一个氨基酸的原则，把 mRNA 上的遗传信息转换成蛋白质分子中特定氨基酸序列的过程称为翻译（translation），即蛋白质的生物合成。通过转录和翻译过程，基因的遗传信息在细胞内合成为有特定功能的蛋白质，称为基因表达（gene expression）。

20 世纪 70 年代人们发现某些病毒的 RNA 能携带遗传信息，以亲代 RNA 为模板合成

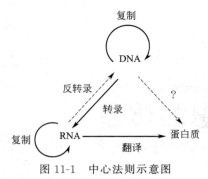

图 11-1 中心法则示意图

子代 RNA，此过程称为 RNA 的复制。某些 RNA 病毒在反转录酶的作用下能够在宿主细胞内以 RNA 为模板合成 DNA，此过程与转录方向相反，称为反转录（reverse transcription）。病毒 RNA 遗传信息的反转录过程的发现使经典中心法则的内容得到扩充，扩充后的中心法则如图 11-1 所示。

可见 DNA、RNA 和蛋白质三种生物大分子承担了遗传信息流的传递，中心法则奠定了遗传、免疫、进化系统在分子水平上的理论基础，是指导生命科学研究的重要原则。

知识链接

由于 DNA 分子量很大，碱基数量极多（如人的基因组 DNA 含有 3×10^9 bp），虽然 DNA 分子中只有 A、G、C、T 四种碱基，却可因有多种多样的排列方式而携带千变万化的遗传信息。遗传信息的传递包含两个方面：一是基因的遗传；二是基因的表达。

第一节 DNA 的生物合成

DNA 分子是由两条多核苷酸链组成的，它可以在生物体内进行合成作用。在自然界中，生物体内 DNA 的生物合成方式主要包括复制和反转录，大多数生物的 DNA 通过复制合成，少数通过反转录合成。

一、DNA 的复制

1. DNA 的复制方式

在生物体内以亲代 DNA 为模板合成子代 DNA 的过程称为复制。

DNA 分子的两条链上的碱基是互补的，一条链上的核苷酸排列顺序决定了另一条链上的核苷酸排列顺序，因此每一条 DNA 链都含有合成它的互补链所需要的全部信息。DNA 复制时，亲代 DNA 双链解开，然后每条链均可作为模板指导合成新的互补链。子代的 DNA 双链，其中一条来自亲代，另一条按碱基互补原则新合成，两个子代 DNA 与亲代 DNA 序列完全一致，这种复制方式称为半保留复制。按照半保留复制方式，子代保留了亲代的全部遗传信息，如图 11-2 所示。

1957 年，Meselson 和 Stahl 的实验首次证明了大肠杆菌细胞内 DNA 的复制是以半保留复制方式进行的。他们将大肠杆菌放在含有唯一氮源 $^{15}NH_4Cl$ 的培养基中培养数代，使所有 DNA 分子都标记上 ^{15}N。掺入 ^{15}N 的 DNA 密度较高，可以在密度梯度离心中与普通的 ^{14}N-DNA 区分开。然后将 ^{15}N 标记的大肠杆菌转入 $^{14}NH_4Cl$ 培养基中培养，经过一代培养后，在离心管中所有 DNA 密度都介于 ^{14}N-DNA 和 ^{15}N-DNA 之间，形成了一种一半 ^{14}N-DNA 和一半 ^{15}N-DNA 杂合双链 DNA 分子；经过二代培养以后，杂合 DNA 与 ^{14}N-DNA 含量相等，离心管中出现两条条带；继续培养时，子代杂合 DNA 的含量逐渐成几何级数减少（图 11-3）。当把 ^{14}N-^{15}N 杂合子代 DNA 加热时，它们分开成 ^{15}N-DNA 单链和 ^{14}N-DNA 单链。该实验结果有力地证明了 DNA 的复制是以半保留方式进行的。以后许多实验都逐渐证实了无论是原核生物还是真核生物，DNA 都是按照半保留方式复制的，这种半保留复制方式保证了遗传信息能够代代相传。

2. DNA 的复制体系

DNA 复制体系包括双链 DNA 模板、四种 dNTP、RNA 引物、DNA 聚合酶及其他酶、蛋白质因子和镁离子。

(1) 模板 两条解开的 DNA 单链分别是复制时的模板。模板作用体现在碱基排列顺序上，复制时按照碱基互补配对原则指导新链合成。

(2) 底物 包括四种脱氧核苷三磷酸，即 dATP、dTTP、dCTP、dGTP，简称 dNTP，它们同时为聚合反应提供能量。

(3) 引物 由于 DNA 聚合酶只能催化带有 3′-OH 末端的核苷酸片段与下一个互补的 dNTP 结合，而无法催化游离的 dNTP 聚合，因此复制时需要小段的 RNA 作为引物，为 DNA 新链的合成提供 3′-OH 末端。

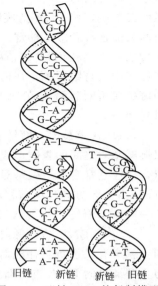

图 11-2 双链 DNA 的复制模型
（Watson 和 Crick，1953）

(4) 酶类和蛋白质因子 DNA 的复制是一个非常复杂而精细的酶促反应，其速度快而精确，例如哺乳动物细胞中每秒合成约 50nt 长的 DNA 链。DNA 复制的高效率和高精确性是由于复制过程中有多种酶和蛋白质的参与。与 DNA 复制有关的酶包括 DNA 聚合酶、RNA 引物合成酶（引物酶）、DNA 连接酶、拓扑异构酶、解旋酶和多种蛋白质因子。

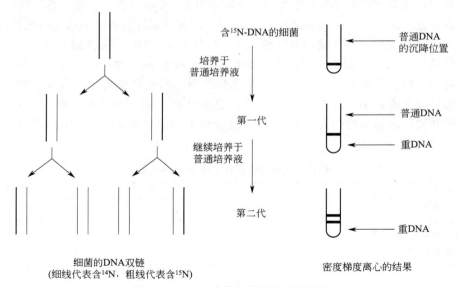

图 11-3 DNA 半保留复制的实验依据

① 参与松弛 DNA 超螺旋结构、解链的酶及蛋白质 DNA 具有超螺旋结构，在复制时，在多种特异的解旋、解链酶类及辅助蛋白因子的协同作用下，共同解开并理顺 DNA 双链，形成单链、暴露碱基，这样才能发挥其模板作用，合成新的互补 DNA 链。

a. DNA 拓扑异构酶　拓扑异构酶的作用是松弛 DNA 的超螺旋结构，它可以通过水解磷酸二酯键，使 DNA 解旋解链，释放旋转张力，松弛超螺旋，利于复制叉行进；并在适当时间又能连接磷酸二酯键，将切口封闭。拓扑异构酶主要有两类（Ⅰ型和Ⅱ型）；Ⅰ型拓扑异构酶在不消耗 ATP 的情况下，每次通过断裂和连接双链 DNA 中的一条链而减少 DNA 解链旋转中的打结现象，在适当的时候又能把切口封闭，使 DNA 变为负超螺旋；Ⅱ型拓扑异构酶每次可断裂两条 DNA 链，并使 DNA 分子中其余部分通过缺口，然后利用 ATP 提供能量封闭缺口。

b. DNA 解旋酶（解链酶）　DNA 超螺旋结构被拓扑异构酶松弛后，还需要解旋酶解开双链碱基对之间的氢键形成两股单链。当 DNA 双螺旋有单链末端或双链缺口时（如复制起点，往往是富含 AT 碱基对的部位），解旋酶就会结合于此处，沿着模板链随复制叉的推进方向（$5'→3'$方向）向前移动，将双螺旋间的氢键解开，使 DNA 局部形成两条单链。每解开一对碱基消耗 2 分子 ATP。

c. 单链 DNA 结合蛋白　模板 DNA 解为单链状态时，两链之间由于复合碱基配对原则，就会有又重新互补配对形成双链的倾向。单链结合蛋白（SSB）能与 DNA 单链结合，防止解链后的 DNA 再重新配对或形成局部发卡式结构，维持模板处于单链状态，并防止其受到核酸酶的降解。它可以通过不断与模板结合、脱离，反复发挥作用。

② DNA 聚合酶　在原有 DNA 模板链存在的情况下，四种 dNTP 在 DNA 聚合酶催化下通过与 DNA 模板链互补配对，合成新的对应 DNA 链，因此 DNA 聚合酶的全称为"DNA 指导的 DNA 聚合酶"，主要起催化新链结合的作用。在引物 RNA 的 $3'$-OH 端基础上，催化合成 $5'→3'$方向的 DNA 新链；DNA 聚合酶也有校读和修复功能，在高速复制过程中，当出现错配碱基时，能够识别、切除和纠正错误的碱基，如图 11-4 所示。原核生物和真核生物的 DNA 聚合酶不同。

大肠杆菌中发现了三种 DNA 聚合酶，分别称为 DNA 聚合酶Ⅰ、Ⅱ、Ⅲ。DNA 聚合酶Ⅰ由一条多肽链组成，是一种多功能酶，它能够识别和切除新生子链中错配的核苷酸，起到校读作用；切除引物并填补空隙；可以修复 DNA 的损伤。DNA 聚合酶Ⅱ具有高度特异的 DNA 修复功能，在 DNA 损伤时被激活，兼有 $3'$到 $5'$和 $5'$到 $3'$的聚合酶活性。DNA 聚合酶Ⅲ是在复制延长过程中真正催化新链核苷酸聚合的酶，其结构最复杂，具有 $5'$到 $3'$聚合酶活性，催化反应速度最快。此外，DNA 聚合酶Ⅲ也具有 $3'$到 $5'$外切酶活性，在复制时能切除错配的核苷酸，起到即时校读作用。DNA 聚合酶Ⅰ和聚合酶Ⅲ协同作用可大大降低复制时的错误率（表 11-1）。

表 11-1　大肠杆菌的三种 DNA 聚合酶

项目	聚合酶Ⅰ	聚合酶Ⅱ	聚合酶Ⅲ
亚基数目	1	≥4	≥10
分子量	103000	88000	约 900000
聚合速率/(核苷酸/s)	16~20	5~10	250~1000
$5'$到 $3'$聚合酶活性	+	+	+
$3'$到 $5'$外切酶活性	+	+	+
$5'$到 $3'$外切酶活性	+	−	−
生物学功能	切除引物；延长冈崎片段；校读作用；DNA 损伤修复	DNA 损伤修复	主要复制酶；延长子链；校读作用

在真核细胞中至少有五种 DNA 聚合酶，即 DNA 聚合酶 α、β、γ、δ 和 ε，它们都具有 $5'$到 $3'$聚合酶的作用，其中 α 和 δ 是 DNA 复制的主要酶。DNA 聚合酶 α 在细胞中活性最

强，相当于大肠杆菌的聚合酶Ⅲ，在核的复制中起关键作用，参与后随链（也称作随从链）的合成。DNA 聚合酶 δ 参与前导链的合成，催化新链的延伸。DNA 聚合酶 β 的核酸外切酶活性最强，主要参与 DNA 损伤的修复。DNA 聚合酶 γ 参与线粒体 DNA 的复制。DNA 聚合酶 ε 具有校对、填补缺口及修复等作用。

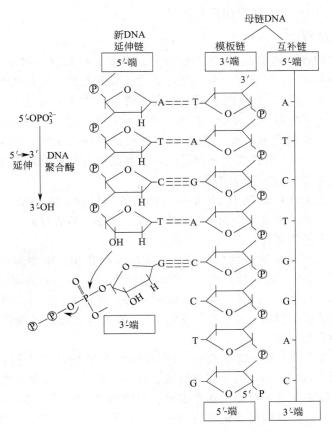

图 11-4　DNA 聚合酶的作用机理
脱氧核苷-5′-三磷酸作为底物，新的 DNA 与模板链是反平行互补的

③ 引物酶　由于没有从头开始合成的活力，DNA 复制都必须先在模板上合成一小段 RNA 引物以获得 3′-端自由羟基，在引物基础上才能进行 DNA 聚合反应，此过程被称为引发。引物酶的本质是一种 RNA 聚合酶，作用是在模板的复制起始部位催化游离的互补核苷酸的聚合，形成短片段 RNA（约有数十个核苷酸），作为 DNA 合成的引物，提供 3′-OH 末端为起点供 dNTP 加入和延伸。

④ DNA 连接酶　在 DNA 双螺旋局部解开后，两条 DNA 互补链均可作为模板指导复制。但是在复制过程中，DNA 新链的合成方向必须沿着 5′ 到 3′ 方向进行，因此会有一条模板链指导的新链合成是不连续的（见后），生成的只能是许多短链的 DNA 片段。DNA 连接酶可以将这些短链的 DNA 片段连接形成一条完整的 DNA 长链。实际上就是催化连接互补双链 DNA 中单链缺口两端相邻的 DNA 片段，即一片段 3′-OH 与另一片段 5′-磷酸间形成磷酸二酯键。连接酶只能连接碱基互补双链中的单链缺口，对独立的 DNA 或 RNA 单链不能发挥作用。

3. 保证 DNA 复制高保真性的机制

(1) DNA 双链遵守严格的碱基配对规律；
(2) DNA 聚合酶在复制延长过程中对碱基的严格选择功能；
(3) DNA 聚合酶在复制延长过程中的即时校读功能；
(4) DNA 分子中的错误或损伤修复作用。

4. DNA 复制过程

以下主要介绍原核生物的 DNA 复制过程，并简要比较原核生物及真核生物的 DNA 复制异同。原核生物 DNA 复制过程十分复杂，通常可分为起始、延长和终止三个阶段。

(1) 复制的起始 DNA 的复制有固定的起始部位。在原核细胞环状 DNA 上只有一个复制起始部位，在一个特定位点开始，在另一个特定位点终止。能独立进行复制的单位称为复制子。因而原核生物只含有一个复制子；而真核细胞线状 DNA 双链有多个复制起始部位，所以每个 DNA 分子上有许多个复制子。从复制起点开始同时向两个方向进行的复制称为双向复制，是最为常见的一种复制形式。

在起始部位首先起作用的是 DNA 拓扑异构酶和解链酶，它们松弛 DNA 超螺旋结构，解开一段双链，并由单链结合蛋白保护和稳定 DNA 单链，形成复制点。这个复制点的形状像一个叉子，故称为复制叉，如图 11-5 所示。

当两股单链暴露出足够数量的碱基时，引物酶发挥作用。引物酶能识别起始部位，以在此处解开的一段 DNA 链为模板，按照碱基配对原则，以 dNTP 为原料，从 $5'$ 到 $3'$ 方向合成引物 RNA 片段，完成起始过程。原核细胞中引物一般长为 50～100 个核苷酸，真核细胞的引物较短。起始过程中引物 RNA 的合成为 DNA 链的合成做好了准备，提供 $3'$-OH 末端为起点供 dNTP 加入和延伸。

(2) 复制的延长 RNA 引物生成后，DNA 的两条链均可作为模板。在 RNA 引物的 $3'$-OH 末端从 $5'$ 到 $3'$ 方向，在 DNA 聚合酶Ⅲ（真核生物是 DNA 聚合酶 α、δ）催化下，三磷酸脱氧核苷按照碱基互补配对原则逐个聚合在引物的 $3'$-OH 上，$3',5'$-磷酸二酯键不断生成。在复制过程中，拓扑异构酶和解旋酶也在不断向前推进，复制叉不断前行，因此新链也在不断延长。

由于 DNA 聚合酶只能按 $5'$ 到 $3'$ 方向合成子链，而 DNA 模板的两条链是反向平行的，所以两条新链的合成走向也是相反的。在复制叉起点处沿两条岔开的模板链复制时，$3'$ 到 $5'$ 方向的模板上可以顺利按照 $5'$ 到 $3'$ 方向合成新的 DNA 子链，子链的延伸随着复制叉的前进连续进行，称为前导链。而另一条以 $5'$ 到 $3'$ 方向链为模板来合成的子链的合成走向与解链方向相反，并且是不连续合成的，这条链的合成比前导链要慢一些，所以称为随从链。随从链的合成比较复杂，它的复制必须待模板链解开一定长度后才能沿 $5'$ 到 $3'$ 方向合成引物并延长，这种过程周而复始，形成长度为 1000～2000 个核苷酸（在真核细胞中约含 100～200 个核苷酸）的不连续的 DNA 片段，称为冈崎片段（1968 年由日本化学家冈崎发现），之后再在连接酶的作用下形成完整的 DNA 链。因为随从链不能够连续合成，故称为半不连续复制，因此，DNA 是半保留复制，同时是半不连续复制，如图 11-6 所示。

(3) 复制的终止 由于随从链是以冈崎片段来延长的，DNA 的复制具有半不连续性，因此需要 DNA 聚合酶Ⅰ切除引物，填补空隙，再由 DNA 连接酶连接封口，完成 DNA 合成过程。

经过链的延长阶段，当前导链随着复制叉延长到具有特定碱基序列的复制终点时，在

DNA 聚合酶 I 的作用下，通过其 5′ 到 3′ 外切酶活性（或者直接通过核酸外切酶作用）切除 RNA 引物，并沿 5′ 到 3′ 方向延长 DNA 以填补引物水解留下的空隙，最后冈崎片段之间的缺口由 DNA 连接酶以磷酸二酯键连接，形成一条连续的大分子 DNA 单链。新合成的两条子链 DNA 单链分别与模板的两条亲链在拓扑异构酶的作用下重新形成双螺旋结构（一边复制，一边空间螺旋化），生成两条与亲代 DNA 完全相同的子代 DNA 双链分子，至此 DNA 的复制结束。

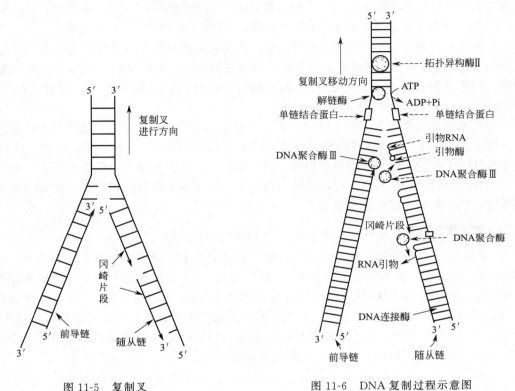

图 11-5　复制叉　　　　　　图 11-6　DNA 复制过程示意图

现已证明，真核细胞与原核细胞的 DNA 复制方式基本相似，但相关的酶和某些复制细节有所区别。

在长期的进化过程中，细胞形成了一系列保证 DNA 高保真度复制的机制，保证遗传信息的稳定传递。有资料估算，DNA 自发突变的频率约为 10^{-9}，即每复制 10^9 个核苷酸只有一个碱基发生与原模板不配对的错误。DNA 复制的高保真度主要是靠 DNA 聚合酶实现的，同时，细胞中存在的多重修复系统也可保持 DNA 序列的稳定性。

综上所述，DNA 复制是在包括 DNA 聚合酶在内的十几种酶和蛋白质因子的精确配合下完成的，复制方式具有半保留半不连续特点。

以上讨论的是细胞中线状 DNA 分子的复制过程。有些细菌、病毒以及线粒体中的 DNA 分子呈环状结构，它们虽然也进行半保留复制，但复制过程与线状 DNA 分子不完全相同，许多是滚动式复制。

二、反转录过程

以 RNA 为模板合成 DNA 的过程称为反转录。某些 RNA 病毒感染宿主细胞后，在宿主细胞内可以病毒 RNA 为模板合成带有病毒 RNA 全部遗传信息的 DNA，催化此反应的酶称为反转录酶，或称做 RNA 指导的 DNA 聚合酶。1970 年，Temin 等从 RNA 病毒中发现了反转录酶。

反转录酶具有双重聚合功能：首先以病毒基因组 RNA 为模板，催化 dNTP 聚合生成互补的 DNA 单链，两者形成 RNA-DNA 杂交分子；然后，反转录酶又可专一地水解 RNA-DNA 杂交分子中的 RNA；最后，以新合成的 DNA 链为模板合成另一条互补 DNA 链，形成双链 DNA 分子。由此可看出，反转录酶具有三种催化活性：①RNA 指导的 DNA 合成酶；②RNA-DNA 杂交分子中 RNA 的水解酶；③DNA 指导的 DNA 合成酶。

反转录酶存在于所有致癌 RNA 病毒中，其功能可能与病毒的恶性转化有关。所有已知的致癌 RNA 病毒都含反转录酶，因此被称为反转录病毒。反转录酶也分布于正常细胞，如蛙卵、正在分裂的淋巴细胞、胚胎细胞（鸡胚及鼠胚）等，但它们的生理意义尚不完全清楚。

反转录的发现具有重要的生物学意义。它不仅对遗传信息中心法则进行了必要的补充，也有助于人们对 RNA 病毒致癌机制的了解，为肿瘤防治提供了重要线索。另外，反转录酶已成为分子生物学和基因工程中常用的一种工具酶。在实际工作中，可将目的基因的转录产物 mRNA 反转录生成 DNA，用以获得目的基因，在基因结构和功能研究、氨基酸序列预测和基因工程的实施中都有重要意义。

> **知识拓展**
>
> 世界首次基因治疗临床试验：1990 年，美国批准了人类第一个对遗传病进行体细胞基因治疗的方案，将腺苷脱氨酶基因（ADA）导入一个 4 岁的患有严重免疫缺陷综合征（SCID）的女孩。采用的是反转录病毒介导的间接疗法，即采用含有正常人腺苷脱氨酶基因的反转录病毒载体来培养患儿的白细胞，并用白细胞介素 II 刺激其增殖。经过 10 天左右，将培养的白细胞通过静脉输入患儿体内。大约 1～2 个月使用此方法治疗一次，历经 8 个月后，患儿体内 ADA 水平达到正常值的 25%。

三、DNA 的损伤与修复

生物在漫长的进化过程中，如果 DNA 碱基序列发生改变，通过复制传递给子代成为永久性的，这种 DNA 核苷酸碱基序列永久的改变称为突变，也称为 DNA 损伤。DNA 在复制过程中发生错误或一些不明原因导致的 DNA 突变称为自发突变，此外，某些物理、化学因素也常能引起 DNA 分子发生突变，称为诱发突变。

纠正突变所致 DNA 分子中碱基序列改变的过程称为 DNA 损伤的修复。生物体在长期的进化过程中获得了一系列损伤修复机制，可使受损伤的 DNA 得以修复，以保持机体的正常功能和遗传稳定性。

1. DNA 的突变

除了复制过程中的自发性突变（频率为 10^{-9}）以外，环境中使 DNA 分子损伤的诱发因素主要有电离辐射、紫外线、化学诱变剂及致癌病毒等。化学诱变剂种类较多，有烷化剂、脱氨剂、碱基类似物、吖啶类、某些药物和变质食物（黄曲霉毒素 B，某些色素添加剂）、无机物（亚硝酸盐、砷、石棉）等。

DNA 的突变有多种表现形式：①点突变，一个碱基的改变，包括转换和颠换；②插入或缺失突变，插入或缺失一个或多个碱基；③形成嘧啶二聚体，DNA 链上两个相邻的嘧啶碱共价结合（紫外光下）；④DNA 链的断裂；⑤DNA 片段的移位和重排。

突变后的 DNA 有可能被完全修复；若 DNA 突变未能修复，可能导致生物体某些功能缺失而导致疾病（如分子病和细胞癌变），甚至死亡；但 DNA 分子的突变也可能有利于生物的生存而被保存下来，这就是进化，有时还会利用人工诱变 DNA 来改良作物的性状，促进生产。

2. DNA 的修复

DNA 的损伤和修复是细胞内 DNA 复制中同时并存的两个过程。DNA 的损伤修复是通过细胞内存在的一系列酶来完成的。这些酶系统可以除去 DNA 分子上的损伤，恢复 DNA 分子的正常结构。根据损伤后 DNA 修复的机制不同，将 DNA 损伤的修复分为光修复、切除修复、重组修复和 SOS 修复等。

(1) 光修复 在紫外光照射下受损产生嘧啶二聚体的细胞，在强的可见光（400nm 左右效果最好）照射后，细胞内的光复活酶能够识别并结合嘧啶二聚体。光修复是在光的作用下激活光复活酶，使嘧啶二聚体裂解，恢复成两个单独的嘧啶碱基，修复 DNA。

(2) 切除修复 是指在一系列酶的作用下，将 DNA 分子中受损部分切除，并以完整的另一条链作为模板进行修补合成，取代被切去的部分，使 DNA 恢复正常结构的过程。这是细胞内最重要和有效的修复方式，它对多种损伤都有修复作用。

切除修复的过程可分为四步：①利用特异核酸内切酶（修复酶）识别损伤结构（如嘧啶二聚体等），并在损伤位点两侧切割 DNA 单链；②在缺口处，由 DNA 聚合酶Ⅰ催化，按照 5′到 3′方向切除损伤的 DNA 片段；③以未损伤部位作为模板，经 DNA 聚合酶Ⅰ的作用，将切除后留下的空隙填补起来；④DNA 连接酶把新合成的 DNA 链与原来的链接合，完成切除修复。如图 11-7 所示。

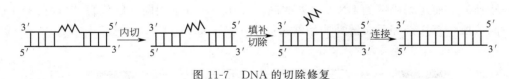

图 11-7 DNA 的切除修复

(3) 重组修复 遗传信息有缺损的子代 DNA 分子可以通过重组交换加以弥补，用同源 DNA 的健康母链上相应核苷酸序列片段补上缺口处，然后再用合成的序列来补上母链的空缺。

(4) SOS 修复 SOS 修复是当 DNA 受到广泛损伤、危及生存时的抢救修复。此系统由十几个修复蛋白组成，可以催化损伤部位进行碱基的聚合，但是这类修复蛋白的碱基识别的精确性较差，不能将大面积损伤的 DNA 完全精确修复，容易产生广泛的突变。

第二节 RNA 的生物合成

RNA 的生物合成包括 RNA 转录和 RNA 复制。以 DNA 为模板合成 RNA 的过程称为转录。

储存在 DNA 分子上的遗传信息必须转录到 mRNA 分子中，用于指导蛋白质的生物合成。所以转录是基因表达的第一步,是遗传信息传递的重要环节。

一、转录的概念

转录是在 DNA 指导的 RNA 聚合酶催化下,按照碱基配对的原则,以四种 NTP (ATP、GTP、CTP、UTP) 为底物,合成出一条与一条 DNA 单链(或一节段)互补的 RNA 的过程。表 11-2 给出了复制与转录的区别。

表 11-2 复制和转录的区别

项目	复制	转录
模板	DNA 分子的两条链	基因区段的模板链
原料	dATP、dGTP、dCTP、dTTP	ATP、GTP、CTP、UTP
聚合酶	DNA 聚合酶	RNA 聚合酶
碱基配对	A-T,G-C	A-U,T-A,G-C
引物	需要 RNA 引物	不需要 RNA 引物
产物	子代双链 DNA 分子	mRNA、tRNA、rRNA
方式	半保留复制,半不连续复制	不对称转录连续进行

二、转录的体系

RNA 转录体系包括 DNA 模板、NTP、RNA 聚合酶和蛋白质因子、无机离子(酶的必要辅助因子 Mg^{2+}、Mn^{2+})。

1. 转录的模板

在基因组的 DNA 链上,不是任何区段都可以转录,能转录出 RNA 的 DNA 区段称为结构基因。在结构基因的 DNA 双链中,转录是不对称的,即在每个基因中,双螺旋的 DNA 分子仅有一条链可作为 RNA 合成的模板,与其互补的另一条链称为编码链。

编码链又称为有义链,模板链又称为反义链。因为转录出的 RNA 序列和 DNA 模板链序列是互补的,而与编码链的 DNA 序列的碱基排列顺序基本相同(U 代替 T),在 DNA 分子的不同节段,有义链和反义链并非始终是同一条链,如图 11-8 所示。

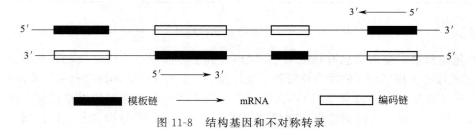

图 11-8 结构基因和不对称转录

2. DNA 指导的 RNA 聚合酶

DNA 指导的 RNA 聚合酶简称 RNA 聚合酶,也称转录酶。它能以 DNA 的一条链(或一节段)为模板,四种 NTP 为原料,按照 A-U、G-C 碱基配对规则,催化合成 $5'$ 到 $3'$ 方向的 RNA 链。

RNA 聚合酶在原核生物和真核生物中均普遍存在。原核生物只有一种 RNA 聚合酶,可催化各类 RNA 的生物合成。目前研究比较透彻的是大肠杆菌的 RNA 聚合酶,它是一个结构复杂的酶,分子量在 45 万左右,全酶由四种亚基 α、β、β′、σ 组成五聚体($\alpha_2\beta\beta'\sigma$)蛋白质。σ 亚基与核心酶呈疏松结合,全酶除去 σ 亚基后的部分($\alpha_2\beta\beta'$)称为核心酶。活细胞转录需要以全酶形式启动,而转录延长阶段仅需要核心酶。各亚基的功能见表11-3。

表11-3 大肠杆菌RNA聚合酶的亚基组成及功能

亚基	分子量	全酶中所含数目	功能
α	36512	2	辨认调节因子、两个结构域分别与启动子结合以及与聚合酶其他部分结合
β	150618	1	有聚合酶活性,负责催化RNA的链合成的起始与延伸
β'	155613	1	与DNA模板结合
σ	70263	1	带领核心酶识别启动子

真核生物的RNA聚合酶有Ⅰ、Ⅱ和Ⅲ三种,分子量在50万左右,由4~6种亚基组成,分别催化不同基因的转录。催化合成的RNA种类不同,在细胞核内的定位也不同,见表11-4。

表11-4 真核生物细胞RNA聚合酶的种类及功能

种类	分布	活性	转录产物
RNA聚合酶Ⅰ	核仁	50%~70%	45S rRNA(rRNA的前体)
RNA聚合酶Ⅱ	核质	20%~40%	hnRNA(mRNA的前体)
RNA聚合酶Ⅲ	核质	约10%	tRNA、5S rRNA、snRNA

3. 转录的原料

RNA生物合成的原料是四种三磷酸核糖核苷,即ATP、GTP、CTP、UTP,作为RNA聚合酶的底物。

4. 终止因子

在大肠杆菌和一些噬菌体中发现有一种蛋白质因子,称为ρ因子。终止因子ρ是由四个相同亚基组成的中性蛋白质,分子量在20万左右,它的作用是协助RNA聚合酶辨认终止点并终止转录。

三、转录的过程

以DNA为模板合成RNA的转录过程包括起始、延伸和终止三个阶段。

1. 转录的起始

转录是由DNA模板上的启动子开始的。与DNA聚合酶不同,RNA聚合酶不需要引物。首先,RNA聚合酶全酶以σ因子识别DNA链上的启动子,并与启动子紧密结合形成复合物;同时,RNA聚合酶发挥其解旋功能,使DNA分子的局部构象改变,螺旋结构松解,双链暂时解开约17个碱基对,暴露出DNA模板链。接着在DNA模板链的指导下,按碱基互补配对规律,起始点掺入RNA的第一个(总是pppA或pppG,以pppG更常见,所以ATP或GTP就成为RNA链的5′-末端)、第二个三磷酸核糖核苷,它们以氢键分别结合到DNA模板链上,并在RNA聚合酶全酶的催化下形成磷酸二酯键。

可见,转录的起始就是生成一个由RNA聚合酶全酶、DNA模板和新合成的RNA的头部组成的起始复合物的过程。

2. 转录的延伸

在这个阶段核心酶沿着DNA模板链3′到5′方向滑动,催化合成5′到3′方向的

RNA 链。

当 RNA 链合成开始后，σ 因子便会从起始复合物上脱落，并与其他核心酶相互结合而启动另一次转录。RNA 链的延长反应是由核心酶催化的，σ 因子从起始复合物上脱落后，核心酶与模板 DNA 链的结合变得疏松，可沿模板链以 3′ 到 5′ 方向滑动，一边滑动一边使双链 DNA 解链，每滑动一个核苷酸的距离，则有一个核糖核苷酸按 DNA 模板链的碱基互补关系进入模板，并与先前的核糖核苷酸形成一个磷酸二酯键，释放一分子的 PPi。随着核心酶的连续滑动，RNA 链继续延长，直至转录完成。

在 RNA 链延伸时，RNA 链与模板链之间形成约 12bp 的呈疏松状态的 RNA-DNA 杂交链，因为其稳定性不及 DNA 双链高，已合成的 RNA 链很容易从 5′-端脱离 DNA。一旦核心酶经过以后，DNA 模板链和反义链即恢复双螺旋结构（图 11-9）。

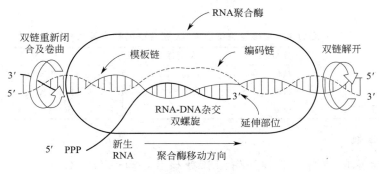

图 11-9 转录的延伸

3. 转录的终止

当核心酶滑动到终止区域时，转录停止。在原核生物中，关于转录终止有两种理论。

（1）不依赖 ρ 因子的转录终止　在转录的终止部位有特殊的核苷酸序列，为 GC 富集区组成的反向重复序列和一连串的 T 结构，称为终止子。当转录接近终止子时，这一特殊碱基序列使转录产物 RNA 形成 GC 丰富的特殊发夹结构，发夹结构可以阻止 RNA 聚合酶沿着模板向前移动，并很快自 DNA 双链中释放出来，使转录终止。

（2）依赖 ρ 因子的转录终止　在原核细胞中存在一种特殊的蛋白质因子，即 ρ 因子，它能识别 DNA 分子上的终止部位并与之结合，使核心酶不能继续向前滑动，RNA 链则不能再延长。至此，RNA 的转录完成。

转录终止后，新合成的 RNA 链、核心酶和 ρ 因子等也从 DNA 模板上释放出来。释放的核心酶可以和 σ 因子重新结合催化另一个转录，模板 DNA 也可以用于另一次转录。通过转录的起始、延伸、终止三个阶段，合成了初级转录产物，即 RNA 的前体。RNA 转录的过程如图 11-10 所示。

四、真核生物的转录后加工

原核生物中大多数 mRNA 分子转录生成后就可以直接作为蛋白质合成的模板，无需加工修饰。而对于真核生物而言，转录后生成的 RNA 为初级转录产物，是不成熟的 RNA，需在酶的催化下经过加工，如断裂、拼接和化学修饰等，才能形成具有生物功能的 RNA。此转变过程称为转录后加工或称转录后修饰。

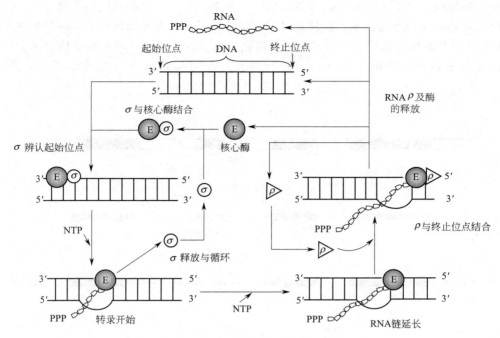

图 11-10 RNA 转录过程示意图

下面主要介绍真核生物转录后的修饰。

1. mRNA 的转录后加工

mRNA 是蛋白质合成的模板，通过翻译作用将其信息传到蛋白质分子中，是遗传信息传递的中间产物，具有重要的生物学意义。

真核生物 mRNA 的初级转录产物为不均一核 RNA（hnRNA），在细胞核中合成后，必须进行 5′-末端和 3′-末端的修饰及剪切等一系列处理，才能成为成熟的 mRNA，然后到达细胞液，指导蛋白质的合成。

(1) 5′-末端帽子结构的形成　转录产物第一个核苷酸往往是 5′-三磷酸鸟苷（5′-pppG）。mRNA 成熟过程中先由磷酸酶催化水解，释放出 5′-末端的 Pi 或者 PPi，然后在鸟苷酸转移酶作用下连接另一分子 GTP，生成三磷酸双鸟苷（GpppG），再在转甲基酶催化下进行甲基修饰，形成 m⁷GpppG—帽子结构。帽子结构的功能是保护 mRNA 免受降解，并且帮助核糖体识别翻译的起始部位。

(2) 3′-末端多聚腺苷酸尾巴的加入　mRNA 前体先经过特异核酸外切酶切去 3′-末端多余的核苷酸，再在多聚腺苷酸聚合酶的催化下，以 ATP 为供体，在 hnRNA 的 3′-末端接上一段多聚腺苷酸（polyA），其长度约为 200 个腺苷酸，称为 mRNA 的"尾"。polyA 的功能是引导 mRNA 由细胞核向细胞质转移，并极大地提高 mRNA 在细胞质中的稳定性，保护其免受核酸酶从 3′-末端降解。

(3) hnRNA 的剪接　经转录最终生成的 hnRNA，在酶的作用下切除非编码区、拼接编码区的过程称为 hnRNA 的剪接。剪接是一个很复杂的过程，需要多种酶的参与。哺乳动物细胞核内的 hnRNA 在加工成为 mRNA 的过程中，约有 50%～70%的核苷酸片段要被剪除。

与原核细胞不同，真核细胞的结构基因通常是一种断裂基因，即由几个编码区和非编码区相间隔组成。其中能为相应的氨基酸编码、具有表达活性的编码区称为外显子；没有表达活性的非编码区称为内含子。在转录过程中，外显子和内含子均转录到 hnRNA 中。hnRNA 的剪接就是在细胞核中，经由特定的酶催化，将由内含子转录而来的非信息区剪除，然后将各外显子转录而来的信息区部分进行拼接，成为具有翻译功能的模板，如图 11-11 所示。

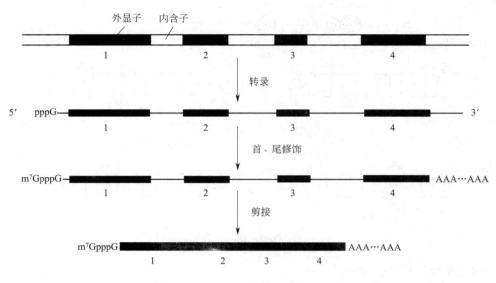

图 11-11　mRNA 的转录后加工过程

2. tRNA 的转录后加工

真核生物由 RNA 聚合酶Ⅲ催化生成的 tRNA 前体较大，其内存在插入序列，需要在多种核酸酶作用下，切除 5′-末端和 3′-末端多余的核苷酸序列及 tRNA 反密码环的部分插入序列。

然后在核苷酸转移酶的作用下，以 CTP、ATP 为供体，在 3′-端接上 CCA-OH 序列（称为柄部结构），称为氨基酸臂，可与氨基酸结合；tRNA 分子上许多专一性酶促反应中的稀有碱基也是转录后修饰形成的。

3. rRNA 的转录后加工

真核生物的胞浆中有 5S、5.8S、18S 和 28S 四种 rRNA。真核生物的前体加工和核糖体组装均在核仁中进行。rRNA 前体为 45S rRNA。45S rRNA 经剪接后分离出 18s rRNA，与有关蛋白质一起组成核糖体小亚基。余下部分再剪接成 5.8S 和 28S 的 rRNA，5S rRNA 不需加工，它们一起和相关蛋白质装配成核糖体的大亚基。大小亚基一起装配成核糖体，然后被输出进入胞质，参与蛋白质的生物合成。

五、RNA 的复制

多数植物病毒、许多动物病毒和噬菌体以 RNA 为遗传物质，称为 RNA 病毒，这些病毒的染色体 RNA 的功能类似于病毒蛋白质的 mRNA。在被这些病毒感染的宿主细胞内有特殊的 RNA 复制酶，由 RNA 复制酶催化的合成反应是以 RNA 为模板，由 5′→3′方向进行 RNA 链的合成，反应机制与 DNA 作模板合成 RNA 反应相似。RNA 复制酶具有高度的模板专一性，仅对特异的病毒 RNA 起作用，对宿主细胞或其他病毒的 RNA 均无反应。

第三节 蛋白质的生物合成

一、蛋白质生物合成的概念

蛋白质的生物合成也称为翻译，是指把 mRNA 分子中由四种核苷酸序列编码的遗传信息破译为蛋白质分子一级结构中 20 种氨基酸残基排列顺序的过程。从遗传信息的中心法则可知，大多数生物的遗传信息储存在 DNA 分子上，DNA 通过转录将遗传信息传递给 mRNA，再在 mRNA 指引下通过翻译将遗传信息传给蛋白质。归根结底，蛋白质多肽链中的氨基酸顺序是由 DNA 上的基因决定的。

二、蛋白质的生物合成体系

蛋白质的生物合成是在多种酶的催化作用下，以氨基酸为原料、mRNA 为模板、tRNA 为搬运工具，在核糖体上共同协调装配而成的。

蛋白质的生物合成体系包括 20 种氨基酸（原料）、mRNA（模板）、tRNA（氨基酸搬运工具）、核糖体（装配机）、氨基酰-tRNA 合成酶、蛋白质因子、供能物质（ATP、GTP）以及无机离子（Mg^{2+}、K^+）等。

1. RNA 在蛋白质生物合成中的作用

在蛋白质生物合成中有重要作用的 RNA 有 mRNA、tRNA 和 rRNA。

（1）mRNA 的作用 mRNA 是蛋白质合成的直接模板，它的碱基顺序决定了蛋白质分子中氨基酸的排列顺序，它起到信使作用，将 DNA 结构基因的遗传信息传递给蛋白质。在原核细胞中，每一种 mRNA 常含有多种功能上相关的蛋白质的编码信息，在翻译过程中可以同时合成多种蛋白质；在真核生物细胞中，每一种 mRNA 一般只带有一种蛋白质的编码信息，在翻译过程中只能合成一种蛋白质。

现已证明，在蛋白质生物合成中，mRNA 能够作为翻译的直接模板，是由于 mRNA 线性单链分子从 $5'→3'$ 方向，每相邻 3 个核苷酸碱基为一组构成代表一种氨基酸的密码子，又称三联体遗传密码。mRNA 中所含 A、U、G、C 四种核苷酸，每三种核苷酸的不同排列组合，可以组成 $64(4^3)$ 种不同的密码子（见表 11-5），其中 61 个密码子分别编码 20 种氨基酸。AUG 除代表蛋氨酸以外，还可以作为多肽链合成的起始信号，称为起始密码子。起始密码子位于 mRNA 分子的 $5'$-端；还有三个密码子不编码任何核苷酸，只用来为肽链合成提供终止信号，称为终止密码子。终止密码子位于 mRNA 分子的 $3'$-端。

遗传密码具有以下特点：

① 方向性 mRNA 分子中三联体遗传密码的排列是有方向性的，起始密码子总是位于 mRNA $5'$-端，终止密码子总是位于 mRNA $3'$-端。也就是说，翻译过程必须由起始密码子开始，由终止密码子结束，不能倒读。mRNA 遗传密码的方向性（$5'→3'$）排列决定了翻译生成蛋白质氨基酸的排列顺序（N 端→C 端）。

表 11-5 遗传密码表

第一碱基	第二碱基								第三碱基
	U		C		A		G		
U	UUU	苯丙	UCU	丝	UAU	酪	UGU	半胱	U
	UUC		UCC		UAC		UGC		C
	UUA	亮	UCA		UAA	终止	UGA	终止	A
	UUG		UCG		UAG		UGG	色	G
C	CUU	亮	CCU	脯	CAU	组	CGU	精	U
	CUA		CCC		CAC		CGC		C
	CUC		CCA		CAA	谷胺	CGA		A
	CUG		CCG		CAG		CGG		G
A	AUU	异亮	ACU	苏	AAU	天胺	AGU	丝	U
	AUC		ACC		AAC		AGC		C
	AUA		ACA		AAA	赖	AGA	精	A
	AUG	蛋	ACG		AAG		AGG		G
G	GUU	缬	GCU	丙	GAU	天	GGU	甘	U
	GUC		GCC		GAC		GGC		C
	GUA		GCA		GAA	谷	GGA		A
	GUG		GCG		GAG		GGG		G

注：在 mRNA 起始部位的 AUG 为起始信号。

② **连续性** 在 mRNA 上相邻两个密码子之间是连续排列的，密码子之间的阅读既没有间断也没有重叠。因此从起始密码子 AUG 开始，每三个碱基代表一个氨基酸，必须连续不断地阅读下去，直至终止密码子停止。如果在阅读框中间插入或缺失一个碱基，就会造成移码突变，移码突变可引起突变位点下游翻译的氨基酸完全改变。

③ **简并性** 由四种碱基组合成的 64 组密码子，其中 61 组代表 20 种氨基酸。除了色氨酸和甲硫氨酸只有 1 组密码子外，其余每种氨基酸都有 2~6 组密码子。编码同一种氨基酸的密码子称为同义密码子，这种现象称为遗传密码的简并性。密码子的简并性主要是由密码子的第三个碱基发生摆动现象引起的。比较编码同一氨基酸的几组同义密码子可发现，密码子的第 1、2 位碱基大多相同，第 3 位碱基可以有一定变化。也就是说，密码子的专一性主要由前两个碱基决定，第 3 位碱基发生变异或突变时也能翻译出正确的氨基酸。遗传密码的简并性对于减少有害突变，保证遗传的稳定性具有一定的意义。

④ **通用性与例外** 大量实验证明，生命世界从低等到高等都通用这套标准密码，也就是说，遗传密码在长期的进化中保持不变。这表明各种生物是由同源进化而来的。

但近年来的研究发现，真核生物线粒体的密码子有许多不同于通用密码，如线粒体中 UGA 不代表终止信号而代表色氨酸、异亮氨酸的密码子 AUA 变成了蛋氨酸的密码子、AGA 与 AGG 代表终止信号等。这是由于线粒体具有相对独立的蛋白质合成体系。

(2) tRNA 与氨基酸的转运 蛋白质的生物合成中，tRNA 起着"搬运工"的作用，在胞液中将各种氨基酸按照 mRNA 上密码子所决定的顺序转运到核糖体上，才能组装成多肽链。作为蛋白质合成中的接头分子，tRNA 结构中有两个关键部位，一个是 3′-端 CCA—OH 上的氨基酸接受位点；另一个是反密码环顶部的反密码，它能够识别 mRNA 模板上的密码并且与其配对结合。tRNA 能够通过反密码子按碱基互补配对规则辨认 mRNA 分子的密码子，通过 3′-端 CCA—OH 末端结合特异氨基酸，从而按密码子指令将特定氨基酸带到核糖体上"对号入座"，参与蛋白质多肽链的合成。

tRNA 分子上的反密码子与 mRNA 上的密码子通过碱基互补配对识别时，二者的方向是相反的。tRNA 分子的反密码子辨认 mRNA 分子上的密码子时，如果都是按 5′→3′方向，反密码子的第 1、2、3 位碱基分别对应密码子的第 3、2、1 位碱基,如图 11-12 所示。

图 11-12 密码子与反密码子的配对辨认

值得注意的是,反密码子的第一位碱基与密码子的第三位碱基互补结合时,有时并不严格遵守碱基配对原则,这种现象被称为摆动配对。摆动配对可使携带特定氨基酸的一种 tRNA 识别几种简并密码子,使密码子-反密码子的识别具有灵活性,见表 11-6。

表 11-6 密码子与反密码子配对摆动现象

mRNA 密码子第 3 位碱基	A,C,U	A,G	C,U
tRNA 反密码子第 1 位碱基	I(次黄嘌呤)	U	G

课堂互动

> 请思考,tRNA 分子上的反密码子与 mRNA 上的密码子配对摆动现象具有什么生物学意义?如果没有这样的现象,会带来什么样的后果?

(3) rRNA 的作用 核糖体是由几种 rRNA 与数十种蛋白质共同构成的超大分子复合体,是参与合成肽链的"装配机",参与蛋白质生物合成的各种成分最终都要在核糖体上将氨基酸连接起来构成多肽链。

核糖体由大、小两个亚基组成,这两个亚基分别由不同的 rRNA 与多种蛋白质共同构成(表 11-7)。大亚基不仅有转肽酶活性(E 位),还有结合氨基酰-tRNA 的部位(A 位或受位)和结合肽酰基-tRNA 的部位(P 位或给位);小亚基有结合模板 mRNA 的功能,可以容纳两组密码子同时工作。核糖体只有大、小亚基聚合成复合体并与 mRNA 组装在一起时,才能进行蛋白质合成(图 11-13)。

表 11-7 原核生物与真核生物的核糖体组成

核糖体		大亚基		小亚基	
		rRNA	蛋白质	rRNA	蛋白质
原核生物	70S	23S,5S	36 种	16S	21 种
真核生物	80S	28S,5.8S,5S	49 种	18S	33 种

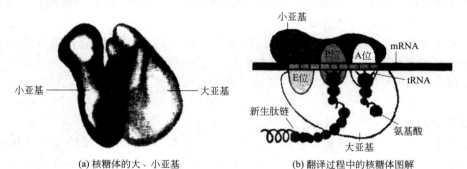

(a) 核糖体的大、小亚基   (b) 翻译过程中的核糖体图解

图 11-13 原核生物核糖体结构模式

细胞质中的核糖体有两类，一类游离于细胞质内，主要参与细胞固有蛋白质的合成；另一类附着在糙面内质网上，主要参与清蛋白、胰岛素等分泌性蛋白质的合成。

2. 合成原料

蛋白质合成的基本原料是 20 种编码氨基酸。但在某些生物体内，吡咯赖氨酸和硒代半胱氨酸也可作为编码氨基酸参与蛋白质的生物合成，它们分别由终止密码子 UAG 和 UGA 所编码，由特异的 tRNA 携带。

3. 蛋白质合成酶系

（1）**氨基酰-tRNA 合成酶**　此酶又称为氨基酸活化酶，它能在 ATP 存在的条件下，催化特定的氨基酸与其相应的 tRNA 结合，完成氨基酸的活化过程。该酶存在于胞液中，具有绝对特异性，每一种酶只能催化一种特定的氨基酸和 tRNA 结合，绝对特异性是保证翻译准确性的关键因素。在胞液中存在有 20 种以上的氨基酰-tRNA 合成酶。

（2）**转肽酶**　该酶存在于核糖体大亚基上，它的作用是催化两个氨基酸之间形成肽键。具体的过程是催化核糖体 P 位上的肽酰基转移至 A 位上的氨基酰-tRNA 的氨基上，使氨基与酰基缩合形成肽键。它受释放因子的作用后发生变构，表现出酯酶的水解活性，使 P 位上的肽链与 tRNA 分离。

（3）**转位酶**　转位酶的活性存在于延长因子上。它可以催化核糖体沿着 mRNA 的 3′-端方向移动一个密码子的距离，使下一个密码子定位于 A 位。

4. 其他因子

（1）**蛋白质因子**　蛋白质因子参与蛋白质合成中氨基酰-tRNA 对模板的识别和附着、核糖体沿 mRNA 模板的移动、合成终止时肽链的解离等过程。它们只是在合成过程中临时与核糖体发生作用，合成结束后即从核糖体复合物中解离出来。

① 起始因子（IF）　真核细胞内有多种起始因子参加蛋白质的合成，如 IF-1、IF-2、IF-3。

② 延长因子（EF）　参与肽链的延长。

③ 终止因子或释放因子（RF）　参与蛋白质合成终止及协助多肽链从核糖体上解脱下来。

（2）**无机离子**　如 Mg^{2+}、K^+ 等。

（3）**供能物质**　如 ATP、GTP 等。

三、蛋白质生物合成的过程

蛋白质生物合成过程是从核糖体的大小亚基聚合在 mRNA 5′-端的起始密码子 AUG 开始，沿着 mRNA 按照 5′→3′方向逐一读码，由 tRNA 反密码子通过碱基互补配对原则来匹配 mRNA 三联密码子，并携带特定的氨基酸在核糖体上"对号入座"，直至终止密码子，此时大小亚基解体。合成中的肽链从起始甲硫氨酸开始，从 N 端向 C 端延长，直至终止密码子前一位密码子所编码的氨基酸。

整个翻译过程可分为氨基酸的活化、起始、延长、终止和翻译后修饰五个阶段。翻译的起始、延长和终止这三个阶段都是在核糖体上连续、循环进行，解体后的大小亚基可以重新聚合在 mRNA 的 5′-端 AUG 部位，开始另一条多肽链的合成，所以也称为核糖体循环。

1. 氨基酸的活化

在合成肽链之前，氨基酸必须经过一定的化学反应获得额外的能量转变为活化氨基酸，然后再与其特异的 tRNA 结合，转运到 mRNA 相应位置上。这个过程由氨基酰-tRNA 合成酶催化，反应由 ATP 供能。

氨基酸＋ATP＋E ⟶ 氨基酸-AMP-E＋PPi

氨基酸-AMP-E＋tRNA ⟶ 氨基酰-tRNA＋AMP＋E

首先，氨基酸与 ATP 和酶反应形成氨基酸-AMP-E 中间复合物，成为活化的氨基酸。tRNA 的 3′-末端 CCA—OH 是氨基酸的结合位点，活化氨基酸与 tRNA 3′-末端腺苷酸的核糖 2′-位或 3′-位的游离—OH 以酯键相结合，形成相应的氨基酰-tRNA。氨基酰-tRNA 可根据 mRNA 中密码顺序将活化氨基酸转运到核糖体上参加肽链的合成。目前已发现的 tRNA 有 40～50 种，一种氨基酸可以和 2～6 种 tRNA 特异地结合。

氨基酰-tRNA 合成酶具有高度专一性，它能够特异地识别氨基酸和相应的 tRNA，从而保证了遗传信息的准确翻译。

2. 翻译的起始

起始阶段是指在 Mg^{2+}、起始因子及 GTP 的参与下，核糖体大亚基、小亚基、mRNA 和起始氨基酰-tRNA 结合而形成翻译起始复合物的过程。

这个过程可以分为四步。

(1) 核糖体大、小亚基的解离 IF-3 作用于核糖体，促使大、小亚基解离，而 IF-1 能促进 IF-3 与小亚基的结合。肽链合成过程是在核糖体上连续进行的，肽链延长过程中，核糖体大、小亚基联结在一起，肽链终止的最后一步也就是下一轮起始的第一步，核糖体大、小亚基必须先分开，以利于 mRNA 与氨基酰-tRNA 先结合在小亚基上。

(2) 小亚基与 mRNA 结合 在 mRNA 5′-端起始密码上游方向有一段富含嘌呤（如-AGGAGG-）的特殊保守序列，称为 SD 序列（Shine-Dalgarno sequence），在原核生物小亚基的 16S rRNA 的 3′-末端有一段富含嘧啶的序列。mRNA 在这对互补序列指导下，可以进入核糖体小亚基，IF-3 有助于这种结合。这样，mRNA 序列上的起始 AUG 即可在核糖体小亚基上准确定位而形成复合体。

(3) 甲酰甲硫氨酰-tRNA [在真核细胞中是蛋氨酰-tRNA（Met-tRNA）] 的结合 在 mRNA 与小亚基结合的同时，在 IF-2、GTP 及 Mg^{2+} 的参与下，与 fMet-tRNA^{fMet}（甲酰甲硫氨酰-tRNA）识别并结合，先形成 fMet-tRNA-IF-2-GTP，然后对应于小亚基 P 位的 mRNA 序列上的起始密码子 AUG，促进 mRNA 准确就位。起始时 A 位被 IF-1 占据，不与任何氨基酰-tRNA 结合。

(4) 核糖体大亚基结合 mRNA、fMet-tRNA^{fMet} 和小亚基结合完毕后，核糖体大亚基与小亚基结合，同时 IF-2 结合的 GTP 水解释能，促使三种 IF 脱落，形成由完整核糖体、mRNA、fMet-tRNA^{fMet} 组成的翻译起始复合物。此时，结合起始密码子 AUG 的 fMet-tRNA^{fMet} 所占的位置处于大亚基的 P 位，而 A 位空缺，对应 mRNA 上 AUG 后面的下一组三联体密码，准备相应的氨基酰-tRNA 进入 A 位。翻译起始复合物的形成，标志着蛋白质生物合成的起始阶段准备工作完毕，可以进入到肽链延长阶段，如图 11-14 所示。

3. 翻译的延长

起始复合物形成后，随即对 mRNA 链上的遗传信息进行连续翻译，使肽链逐渐延长。这一阶段需要延长因子 EF-T 和 EF-G 的参与，还需要 Mg^{2+} 及消耗 GTP 供能。在复合物上，按照 mRNA 三联体密码子指令，由 tRNA 携带特定氨基酸（氨基酰-tRNA）进入核糖体 A 位，在转肽酶作用下延长肽链。这个过程包括进位、成肽和转位三个步骤的反复循环。

(1) 进位 进位也称注册，在翻译起始复合物形成后，核糖体的 P 位已经被 fMet-tRNA^{fMet} 占据，A 位空缺；根据 A 位处相应的 mRNA 的第二个密码子，相应的氨基酰-tRNA

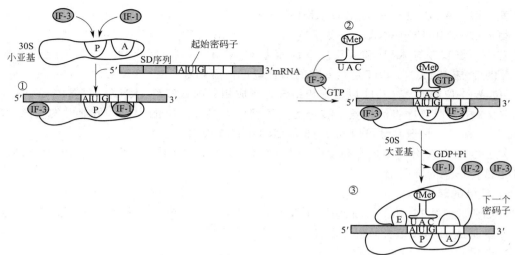

图 11-14 原核生物蛋白质生物合成的起始阶段

的反密码子与此密码子通过碱基互补结合，进入核糖体的 A 位。此过程需要 EF、GTP 及 Mg^{2+} 的参与，如图 11-15 所示。

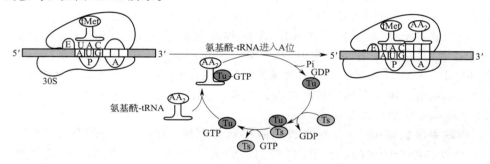

图 11-15 肽链延长阶段（进位）

（2）成肽 进位过程完成后就立即进入转肽过程。在大亚基的转肽酶催化下，P 位的甲酰蛋氨酰基（以后继续延长时为肽酰-tRNA 的肽酰基）转移，以其羧基与 A 位上的氨基酰-tRNA 的 α-氨基之间形成肽键，这样在核糖体 A 位上形成一个二肽酰-tRNA。肽酰基转移后，P 位上失去甲酰蛋氨酰（或蛋氨酰）的 tRNA 从核糖体上脱落，P 位被清空。此反应不需供能，需在 Mg^{2+} 和 K^+ 的参与下完成，如图 11-16 所示。

（3）转位 脱落的同时，在转位酶的催化下，核糖体沿 mRNA 的 $5'\to 3'$ 方向移动一个密码子的距离，使肽酰-tRNA 由 A 位移至 P 位。于是 A 位又空出，可接受下一个与密码子相对应的氨基酰-tRNA 的进位。此步骤需 EF-G、Mg^{2+} 参与，GTP 供能。

按进位→成肽→转位循环一次，肽链上氨基酸残基的数目就增加一个，肽链就按照 mRNA 上的遗传密码得以不断地延长。核糖体阅读 mRNA 密码是沿 $5'\to 3'$ 方向进行的，肽链合成从 N 端向 C 端进行，如图 11-17 所示。

4. 翻译的终止

当核糖体沿着 mRNA 的 3'-端方向移动，终止密码子（UAA、UAG、UGA）在 A 位上出现时，没有相应的氨基酰-tRNA 可以与之结合，此时能够进位的只有终止因子（RF），即进入翻译的终止阶段。终止因子与大亚基结合后，就能诱导转肽酶变构而转变为酯酶活性，

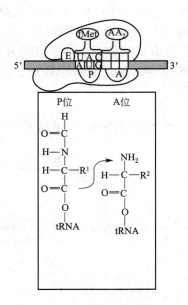

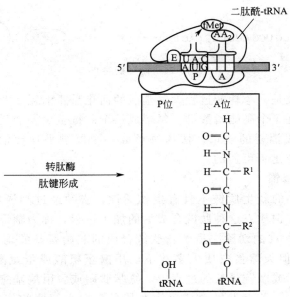

图 11-16 肽链延长阶段（成肽）

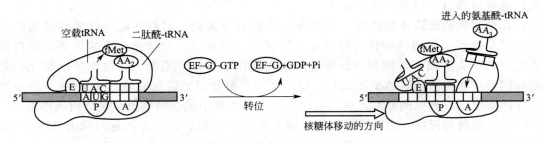

图 11-17 肽链延长阶段（转位）

使 P 位上 tRNA 所携带的多肽酰与 tRNA 之间的酯键水解，并释放出来。随后，tRNA、mRNA 与终止因子从核糖体释放，核糖体解离成大亚基、小亚基，蛋白质生物合成终止。解体后的各成分可重新聚合成起始复合体，开始新的肽链的合成，以此循环往复。所以，上述蛋白质多肽链在核糖体上经过起始、延长、终止的循环过程又叫核糖体循环，如图 11-18 所示。

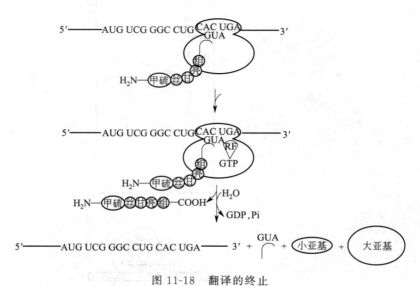

图 11-18　翻译的终止

蛋白质的生物合成是一个耗能过程。氨基酸的活化需要消耗 2 个高能磷酸键，延长阶段的进位和转位各消耗 1 个高能磷酸键，每形成一个肽键至少要消耗 4 个高能磷酸键；如果加上起始、终止阶段消耗的能量，估计每形成一个肽键平均要消耗 5 个高能磷酸键。因此蛋白质的合成反应是不可逆的。

5. 翻译后的加工修饰

从核糖体刚释放出的新生肽链不具有生物活性，必须经过翻译后加工才能转变为具有特定构象和功能的蛋白质。这种肽链合成后的加工过程，称为翻译后加工。

（1）**N 端 fMet 或 Met 的切除**　虽然新肽链合成的起始氨基酸均是甲酰蛋氨酸（在真核细胞中为蛋氨酸），但天然蛋白质大多数不以甲酰蛋氨酸或蛋氨酸为 N 端第一位氨基酸。可见在肽链合成后或肽链延长的过程中，氨基肽酶或脱甲酰基酶会将其水解掉。

（2）**肽键的剪接**　一些多肽链合成后，在特异蛋白水解酶的作用下，去除其中的某些肽段或氨基酸残基，才能成为有活性的蛋白质分子。例如，前胰岛素原、纤维蛋白原、胰蛋白酶原的激活，即属于这种方式。

（3）**个别氨基酸残基的修饰**　有些蛋白质肽链合成后，其氨基酸残基的侧链须经过一定的化学修饰，包括磷酸化、羟基化、羧基化、糖基化、甲基化、乙酰化等，蛋白质的正常生物功能依赖于这些翻译后修饰。如酪蛋白中某些丝氨酸、苏氨酸的磷酸化，某些凝血因子中谷氨酸残基的 γ-羧基化，使酪蛋白、凝血因子肽链能够结合 Ca^{2+}。胶原蛋白前体的脯氨酸、赖氨酸残基发生羟基化，为成熟胶原形成链间共价交联结构所必需。

（4）**二硫键的形成**　多肽链中的二硫键是在肽链合成后，在多肽链内或者肽链之间，由酶催化或巯基氧化形成的。二硫键的正确形成对维持蛋白质的空间结构、正常生理活性的发挥起重要作用。

（5）**辅基或辅酶的结合** 对各类结合蛋白质来说，多肽链合成后需进一步与辅基或辅酶结合。如血红蛋白、脂蛋白等都是肽链合成后再与相应的辅基或辅酶（脂类）结合，形成具有生物学活性的结合蛋白质。辅基和辅酶的结合过程十分复杂，很多细节尚在研究中。

（6）**亚基聚合** 具备四级结构的蛋白质，在各个肽链合成后，通过两个或两个以上的亚基以非共价键聚合形成寡聚体，才能表现出生物学活性，例如血红蛋白分子 $\alpha_2\beta_2$ 亚基的聚合。生物膜上的镶嵌蛋白、跨膜蛋白也常常是寡聚体，各个亚基必须相互聚合才能够发挥功能。

> **课堂互动**
> 请思考，复制、转录、翻译的过程都发生在细胞内的哪个部位？细胞核内的基因是通过什么方法指导细胞质中蛋白质合成的？

目标检测

一、名词解释

半保留复制、转录、冈崎片段

二、选择题

1. DNA 复制时不需要以下哪种酶？（　　）
   A. DNA 指导的 DNA 聚合酶　　B. RNA 指导的 DNA 聚合酶
   C. 拓扑异构酶　　　　　　　　D. 连接酶

2. 下列过程不需要 DNA 连接酶参与的是（　　）。
   A. DNA 复制　　　　　　　　　B. DNA 修复
   C. 重组 DNA　　　　　　　　　D. DNA 修饰

3. DNA 连接酶的作用为（　　）。
   A. 合成 RNA 引物　　　　　　　B. 将双螺旋解链
   C. 去除引物、填补空隙　　　　D. 使双螺旋 DNA 链缺口的两个末端连接

4. 参与 DNA 合成的原料有（　　）。
   A. 四种 NTP　　　　　　　　　B. 四种 dNTP
   C. 四种 NMP　　　　　　　　　D. 四种 dNMP

5. DNA 复制的特点为（　　）。
   A. 半不连续复制　　　　　　　B. 半保留复制
   C. 都是等点开始、两条链均连续复制　　D. 有 DNA 指导的 DNA 聚合酶参加

三、问答题

1. 何为 DNA 的半保留复制？试描述其主要过程。
2. DNA 复制过程为什么会有前导链和随从链之分？
3. 简要说明 RNA 转录的基本过程，并比较 DNA 复制与 RNA 转录的异同点。
4. 什么是遗传密码？遗传密码有哪些特点？
5. 若双链 DNA 的一条链的碱基序列为：
5′-TCGTCGGTAGCTCGAGGTAATCGTCGA-3′
① 写出 DNA 另一条互补链的碱基序列。

② 写出以该链为模板转录的 mRNA 序列。
③ 写出由此 mRNA 编码的氨基酸顺序。
④ 如果 DNA 3′-端第 5 位的 G 缺失，此时编码的氨基酸顺序有何改变？

四、案例分析题

在基因工程中，把选出的目的基因（共 1000 个脱氧核苷酸对，其中腺嘌呤脱氧核苷酸 460 个）放入 DNA 扩增仪中扩增 4 代。那么，在扩增仪中放入胞嘧啶脱氧核苷酸的个数至少应是多少？说明理由。

生物化学实验

生物化学实验基本要求

本门课程主要侧重于给学生以基本的实验方法和技能的训练,让学生了解并掌握生物化学的基本实验方法,同时也注意引进一些新近发展起来的重要的生物化学及分子生物学研究技术,作为学生学习其他专业课程和进入工作岗位的准备。

1. 实验要求

(1) 实验前必须预习实验指导和有关理论,明确实验目的、原理、预期的结果,以及操作关键步骤及注意事项。

(2) 实验时要严肃、认真、专心进行操作,注意观察实验过程中出现的现象和结果,结果不良时,必须重做。

(3) 实验中,应及时将实验结果如实记录下来,并请老师当场审核。根据实验结果进行科学分析,按时将实验报告交教师评阅。

2. 实验时注意事项

(1) 进实验室要穿好实验服,以免酸碱腐蚀衣服。

(2) 进实验室前准备好实验指导、课本、笔记、实验记录本、报告本、文具等。

(3) 要保持实验台整洁,试剂、仪器应整齐,按次序放置。实验完毕要按各类仪器的清洗方法和要求将仪器清洗干净。

(4) 实验室是培养学生独立思考、独立工作能力及良好科学作风的重要场所,操作务必认真不得敷衍,室内应保持肃静,不得吸烟、玩闹,不得随地吐痰、乱丢纸屑。实验后要清扫实验台面、地面,试剂瓶要码放整齐。

(5) 要爱护仪器、节约药品。第一次实验时要按仪器清单清点仪器,负责保管,用后如数交还,在使用时如有破损,及时报告,经指导教师检查后填写破损单,按学校规定赔偿。

(6) 贵重仪器,如分光光度计、离心机等,要尽力爱护,使用前应熟悉使用方法,严格遵守操作规程,严禁随意开动。

(7) 要节约水电,一经用完随手关闭水阀、电闸。

3. 值日生任务

(1) 领发本次所用仪器、物品,使用完清点、交还,若有损坏负责追查赔偿。

(2) 管理操作公用仪器,打蒸馏水。

(3) 搞好实验室卫生,做到仪器、桌面、地面、水池等全部干净。

(4) 确保安全:关好仪器、门窗、水电。

(5) 请任课及技术室老师检查工作,认可后方能离开实验室。

4. 试剂使用规则

(1) 使用试剂前应仔细辨认标签,看清名称及浓度,确定是否为本实验所需要。

(2) 取出试剂后,立即将瓶塞盖好,切勿盖错,放回原处。试剂瓶塞、专用吸量管、滴管,不得与试剂瓶分家,以免错用而污染试剂,造成自己或他人实验的失败。未用完的试剂不得倒回瓶内。

（3）取标准溶液时，应先将标准液倒入干净试管中，再用清洁吸管吸取标准液，以免污染瓶中的标准溶液。

（4）使用滴管时，滴管尖端朝下，切勿倒置，勿使试剂流入橡皮帽内。

（5）使用有毒试剂及强酸、强碱时，尽可能用量筒量取，若用吸管时只能用吸耳球吸取，切勿用嘴吸取，以免造成意外。

5. 安全注意事项

（1）低沸点有机溶剂，如乙醚、石油醚、酒精等均系易燃物品，使用时应禁明火、远离火源，若需加热要用水浴加热，不可直接在火上加热。

（2）凡属发烟或产生有毒气体的化学实验，均应在通风柜内进行，以免对人体造成危害。

（3）若发生酸碱灼伤事故，先用大量自来水清洗，酸灼伤者用饱和 $NaHCO_3$ 溶液中和，碱灼伤者用饱和 H_3BO_3 溶液中和，氧化剂伤害者用 $Na_2S_2O_4$ 处理。

（4）若发生起火事件，根据起火性质分别采用砂、水、CO_2 或 CCl_4 灭火器扑灭。

（5）离开实验室必须关好窗户，切断电源、水源，以确保安全。

6. 废弃物处理

（1）所有固体废弃物，如用过的滤纸、棉花、碎屑沉淀物等必须倾弃于垃圾桶中。

（2）浓酸必须弃于小钵中，用水稀释后再倒入水池。

（3）实验完成后的沉淀或混合物若含有可提取之贵重药品，不可随意舍弃，应交教师保存。

实验一 糖的呈色反应和定性鉴定

【实验目的】

1. 学习鉴定糖类及区分酮糖和醛糖的方法。
2. 了解鉴定还原糖的方法及其原理。

【实验原理】

1. Molish 反应——α-萘酚反应

实验原理：糖在浓硫酸或浓盐酸的作用下脱水形成糠醛及其衍生物，与 α-萘酚作用形成紫红色复合物，在糖液和浓硫酸的液面间形成紫环，因此又称紫环反应。自由存在和结合存在的糖均呈阳性反应。此外，各种糠醛衍生物、葡萄糖醛酸以及丙酮、甲酸和乳酸均呈颜色近似的阳性反应。因此，阴性反应证明没有糖类物质的存在；而阳性反应则说明有糖存在的可能性，需要进一步通过其他糖的定性试验才能确定是否有糖的存在。

2. 蒽酮反应

实验原理：糖经浓酸作用后生成的糠醛及其衍生物与蒽酮（9-酮-9，10-二氢蒽）作用生成蓝绿色复合物。

3. 酮糖的 Seliwanoff 反应

实验原理：该反应是鉴定酮糖的特殊反应。酮糖在酸的作用下较醛糖更易生成羟甲基糠醛。后者与间苯二酚作用生成鲜红色复合物，反应仅需 20~30s。醛糖在浓度较高时或长时间煮沸，才产生微弱的阳性反应。

4. Fehling（费林）试验

实验原理：费林试剂是含有硫酸铜和酒石酸钾钠的氢氧化钠溶液。硫酸铜与碱溶液混合加热，则生成黑色的氧化铜沉淀。若同时有还原糖存在，则产生黄色或砖红色的氧化亚铜沉淀。为防止铜离子和碱反应生成氢氧化铜或碱性碳酸铜沉淀，Fehling 试剂中加入酒石酸钾钠，它与 Cu^{2+} 形成的酒石酸钾钠络合铜离子是可溶性的络离子，该反应是可逆的。平衡后溶液内保持一定浓度的氢氧化铜。费林试剂是一种弱的氧化剂，它不与酮和芳香醛发生反应。

5. Barfoed 试验

实验原理：在酸性溶液中，单糖和还原二糖的还原速度有明显差异。Barfoed 试剂为弱酸性。单糖在 Barfoed 试剂的作用下能将 Cu^{2+} 还原成砖红色的氧化亚铜，时间约为 3min，而还原二糖则需 20min 左右。所以，该反应可用于区别单糖和还原二糖。当加热时间过长，非还原性二糖经水解后也能呈现阳性反应。

【实验试剂】

（1）**Molish 试剂**　取 5g α-萘酚用 95％乙醇溶解至 100mL，临用前配制，棕色瓶保存。1％葡萄糖溶液；1％蔗糖溶液；1％淀粉溶液。

（2）**蒽酮试剂**　取 0.2g 蒽酮溶于 100mL 浓硫酸中，当日配制。三种待测溶液，同 Molish 试验。

（3）**Seliwanoff 试剂**　0.5g 间苯二酚溶于 1L 盐酸（$H_2O：HCl=2：1$）（体积比）中，临用前配制。待测糖溶液为：1％葡萄糖溶液；1％蔗糖溶液；1％果糖溶液。

（4）**试剂甲**　称取 34.5g 硫酸铜溶于 500mL 蒸馏水中。

试剂乙：称取 125g NaOH 和 137g 酒石酸钾钠溶于 500mL 蒸馏水中，贮存于具橡皮塞玻璃瓶中。临用前，将试剂甲和试剂乙等量混合。待测糖溶液为：1％葡萄糖溶液；1％蔗糖溶液；1％淀粉溶液。

（5）**Barfoed 试剂**　16.7g 乙酸铜溶于近 200mL 水中，加 1.5mL 冰醋酸，定容至 250mL 即可。待测糖溶液为：1％葡萄糖溶液；1％蔗糖溶液；1％淀粉溶液。

【实验器材】

试管、烧杯、移液枪、试管夹、胶头滴管、容量瓶、水浴锅等。

【实验操作】

1. 取试管编号，分别加入各待测糖溶液 1mL，然后加两滴 Molish 试剂，摇匀。倾斜试管，沿管壁小心加入约 1mL 浓硫酸，切勿摇动，小心竖直后仔细观察两层液面交界处的颜色变化。用水代替糖溶液，重复一遍，观察结果。

2. 取试管编号，均加入 1mL 蒽酮溶液，再向各管滴加 2～3 滴待测糖溶液，充分混匀，观察各管颜色变化并记录。

3. 取试管编号，各加入 Seliwanoff 试剂 1mL，再依次分别加入待测糖溶液各 4 滴，混匀，同时放入沸水浴中，比较各管颜色的变化过程。

4. 取试管编号，各加入 Fehling 试剂甲和乙 1mL。摇匀后，分别加入 4 滴待测糖溶液，置沸水浴中加热 2～3min，取出冷却，观察沉淀和颜色变化。

5. 取试管编号，分别加入 2mL Barfoed 试剂和 2～3 滴待测糖溶液，煮沸 2～3min，放置 20min 以上，比较各管的颜色变化。

【注意事项】

1. 在 Molish 实验中，由于反应极为灵敏，如果操作不慎，甚至将滤纸毛或碎片落于试管中，都会得到正性结果。但正性结果不一定都是糖，因此，不可在样品中混入纸屑等杂物。

2. 添加 Molish 试剂时切记充分摇匀。

3. 加浓硫酸时用移液管沿管壁缓慢加入，切勿摇动。

4. 注意观察各管紫色环出现时间的先后、环的宽度、颜色的深浅，并做好记录。

5. 如果试验是在同一时间进行，则需注意药品的加入量必须要准确。

【问题与讨论】

1. 列表总结和比较本实验五种颜色反应的原理和应用。

2. 运用本实验的方法，设计一个鉴定未知糖的方案。

实验二 总糖和还原糖的测定

【实验目的】

1. 掌握还原糖和总糖的测定原理。

2. 学习用比色法测定还原糖的方法。

【实验原理】

在 NaOH 和丙三醇存在下，3,5-二硝基水杨酸（DNS）与还原糖共热后被还原生成氨基化合物。在过量的 NaOH 碱性溶液中此化合物呈橘红色，在 540nm 波长处有最大吸收。在一定浓度范围内，还原糖的量与光吸收值呈线性关系，利用比色法可测定样品中的含糖量。

【实验试剂】

（1）3,5-二硝基水杨酸（DNS）试剂：称取 6.5g DNS 溶于少量热蒸馏水中，溶解后移入 1000mL 容量瓶中，加入 2mol/L 氢氧化钠溶液 325mL，再加入 45g 丙三醇，摇匀，冷却后定容至 1000mL。

葡萄糖标准溶液：准确称取干燥至恒重的葡萄糖 200mg，加少量蒸馏水溶解后，以蒸馏水定容至 100mL，即含葡萄糖为 2.0mg/mL。

6mol/L HCl：取 250mL 浓 HCl（35%～38%）用蒸馏水稀释到 500mL。

碘-碘化钾溶液：称取 5g 碘、10g 碘化钾溶于 100mL 蒸馏水中。

6mol/L NaOH：称取 120g NaOH 溶于 500mL 蒸馏水中。

0.1% 酚酞指示剂。

（2）藕粉，淀粉。

【实验器材】

试管，移液管，水浴锅，电炉，分光光度计。

【实验操作】

1. 葡萄糖标准曲线制作

取 6 支试管，按下表加入 2.0mg/mL 葡萄糖标准液和蒸馏水。在上述试管中分别加入 DNS 试剂 2.0mL，于沸水浴中加热 2min 进行显色，取出后用流动水迅速冷却，各加入蒸馏水 9.0mL，摇匀，在 540nm 波长处测定光吸收值。以葡萄糖含量（mg/mL）为横坐标、光吸收值为纵坐标，绘制标准曲线。

管号	葡萄糖标准液/mL	蒸馏水/mL	葡萄糖含量/(mg/mL)	A_{540}
0	0	1	0	
1	0.2	0.8	0.4	
2	0.4	0.6	0.8	
3	0.6	0.4	1.2	
4	0.8	0.2	1.6	
5	1	0	2	

2. 样品中还原糖的提取

准确称取 0.5g 藕粉，放在 100mL 烧杯中，先以少量蒸馏水调成糊状，然后加入约 40mL 蒸馏水，混匀，于 50℃恒温水浴中保温 20min，不时搅拌，使还原糖浸出。过滤，将滤液全部收集在 50mL 的容量瓶中，用蒸馏水定容至刻度，即为还原糖提取液。

3. 样品总糖的水解及提取

准确称取 0.5g 淀粉，放在大试管中，加入 6mol/L HCl 10mL、蒸馏水 15mL，在沸水浴中加热 0.5h，取出 1～2 滴置于白瓷板上，加 1 滴 I-KI 溶液检查水解是否完全。如已水解完全，则不呈现蓝色。水解毕，冷却至室温后加入 1 滴酚酞指示剂，以 6mol/L NaOH 溶液中和至溶液呈微红色，并定容到 100mL，过滤取滤液 10mL 于 100mL 容量瓶中，定容至刻度，混匀，即为稀释 1000 倍的总糖水解液，用于总糖测定。

4. 样品中含糖量的测定

取 7 支 15mm×150mm 试管，分别按下表加入试剂：

项目	空白	还原糖			总糖		
	0	1	2	3	4	5	6
样品溶液/mL	1	1	1	1	1	1	1
3,5-二硝基水杨酸试剂/mL	2	2	2	2	2	2	2
A_{540}							

加完试剂后，于沸水浴中加热 2min 进行显色，取出后用流动水迅速冷却，各加入蒸馏水 9.0mL，摇匀，在 540nm 波长处测定光吸收值。测定后，取样品的光吸收平均值在标准曲线上查出相应的糖含量。

5. 计算

按下式计算出样品中还原糖和总糖的百分含量。

$$还原糖（以葡萄糖计，\%）=\frac{c \times V}{m \times 1000} \times 100\%$$

$$总糖（以葡萄糖计，\%）=\frac{c \times V}{m \times 1000} \times 稀释倍数 \times 0.9 \times 100\%$$

式中　c——还原糖或总糖提取液的浓度，mg/mL；
　　　V——还原糖或总糖提取液的总体积，mL；
　　　m——样品质量，g；
　　　1000——换算系数。

【注意事项】

标准曲线制作与样品含糖量测定应同时进行，一起显色和比色。

【问题与讨论】

1. 比色时为什么要设计空白管？
2. 糖测定过程中的干扰物质有哪些？如何除去？

实验三　蛋白质及氨基酸的呈色反应

【实验目的】

1. 了解蛋白质和某些氨基酸的特殊颜色反应及其原理。
2. 掌握几种常用的鉴定蛋白质和氨基酸的方法。

【实验内容】

对蛋白质及氨基酸的双缩脲反应、茚三酮反应、黄色反应、乙醛酸反应、偶氮反应、醋酸铅反应等颜色及沉淀反应进行定性确定。

【实验原理】

1. 双缩脲反应

当尿素加热到 180℃ 左右时，两个分子的尿素缩合可放出一个分子氨后形成双缩脲，双缩脲在碱性溶液中与铜离子结合生成复杂的红色配合物，此呈色反应称为双缩脲反应。由于蛋白质分子中含有多个肽键，其结构与双缩脲相似，故能呈此反应，而形成紫红色或蓝紫色的配合物。此反应常用作蛋白质的定性或定量的测定。

2. 茚三酮反应

除脯氨酸和羟脯氨酸与茚三酮作用生成黄色物质外，所有 α-氨基酸与茚三酮发生反应生成紫红色物质，最终形成蓝紫色化合物。1：1500000 浓度的氨基酸水溶液即能发生反应而显色。反应的适宜 pH 为 5～7。此反应目前广泛地应用于氨基酸定量测定中。

3. 蛋白黄色反应

蛋白质分子中含有苯环结构的氨基酸，如酪氨酸、色氨酸、苯丙氨酸等，这类蛋白质可被浓硝酸硝化生成黄色的硝基苯的衍生物。该物质在酸性环境中呈黄色，在碱性环境中转变为橙黄色的硝醌酸钠。绝大多数蛋白质都含有芳香族氨基酸，因此都有黄色反应。皮肤、毛发、指甲等遇浓 HNO_3 变黄即是发生此类黄色反应的结果。

【实验试剂】

（1）尿素；10% NaOH 溶液；1% $CuSO_4$ 溶液；蛋白质溶液：将鸡蛋清用蒸馏水稀释 10～20 倍，以三层纱布过滤，滤液冷藏备用。

（2）0.5% 甘氨酸；0.1% 茚三酮水溶液。

（3）头发；指甲屑；0.5% 苯酚溶液；0.3% 酪氨酸溶液；10% NaOH 溶液；浓硝酸（$\rho=1.42g/mL$）。

【实验操作】

1. 双缩脲反应

取少许结晶尿素放在干燥试管中，微火加热，尿素开始熔化，并形成双缩脲，释放的氨可用湿润的红色石蕊试纸鉴定。待熔融的尿素开始硬化，试管内有白色固体出现，停止加热，让试管缓慢冷却。然后加 10% NaOH 溶液 1 mL 和 1% $CuSO_4$ 2～3 滴，混匀后观察颜色的变化。另取一试管，加蛋白质溶液 1mL、10% NaOH 溶液 2mL 及 1% $CuSO_4$ 溶液 2～3 滴，振荡后将出现的紫红色与双缩脲反应所产生的颜色相对比。

2. 茚三酮反应

取 2 支试管分别加入蛋白质溶液和甘氨酸溶液各 1 mL，再各加 0.5 mL 0.1% 茚三酮水溶液，混匀，在沸水浴加热 2～3min，观察颜色变化。

3. 蛋白黄色反应

取 5 支试管编号后分别按下表所示加入试剂，观察各管出现的现象，若有反应慢者可放置微火上（或水浴中）加热，待各管均先后出现黄色后，于室温逐滴加入 10％NaOH 溶液直至碱性，观察颜色变化。

管 号	1	2	3	4	5
材料加入	蛋白质溶液 （4 滴）	指甲屑 （少许）	头发 （少许）	苯酚 （4 滴）	酪氨酸 （4 滴）
浓硝酸	2 滴	2 mL	2 mL	4 滴	2 滴
现 象					

注意：向蛋白质溶液中加浓硝酸时，所出现的白色沉淀是强酸使蛋白质发生变性所致。

【问题与讨论】

蛋白质颜色反应的原理。

实验四　蛋白质两性性质及等电点的测定

【实验目的】

1. 了解蛋白质的两性性质。
2. 掌握测定蛋白质等电点的方法。

【实验原理】

蛋白质是两性电解质。蛋白质分子中可以解离的基团除 N 端 α-氨基与 C 端 α-羧基外，还有肽链上某些氨基酸残基的侧链基团，如酚基、巯基、胍基、咪唑基等基团，它们都能解离为带电基团。因此，在蛋白质溶液中存在下列平衡：

$$\underset{\substack{\text{阳离子}\\pH<pI}}{\overset{COOH}{\underset{R}{\overset{|}{\underset{|}{H_3N^+-C-H}}}}} \underset{OH^-}{\overset{H^+}{\rightleftharpoons}} \underset{\substack{\text{两性离子}\\pH=pI}}{\overset{COO^-}{\underset{R}{\overset{|}{\underset{|}{H_3N^+-C-H}}}}} \underset{OH^-}{\overset{H^+}{\rightleftharpoons}} \underset{\substack{\text{阴离子}\\pH>pI}}{\overset{COO^-}{\underset{R}{\overset{|}{\underset{|}{H_2N-C-H}}}}}$$

调节溶液的 pH 使蛋白质分子的酸性解离与碱性解离相等，即所带正负电荷相等，净电荷为零，此时溶液的 pH 值称为蛋白质的等电点。在等电点时，蛋白质溶解度最小，溶液的浑浊度最大，配制不同 pH 的缓冲液，观察蛋白质在这些缓冲液中的溶解情况即可确定蛋白质的等电点。

【实验试剂】

1. 测试样品

0.5％酪蛋白溶液：称取酪蛋白（干酪素）0.25g 放入 50mL 容量瓶中，加入约 20mL 水，再准确加入 1mol/L NaOH 5mL，当酪蛋白溶解后，准确加入 1mol/L 乙酸 5mL，最后加水稀释定容至 50mL，充分摇匀。

2. 所用试剂

1mol/L 乙酸：吸取 99.5％乙酸（相对密度 1.05）2.875mL，加水至 50mL。

0.1mol/L 乙酸：吸取 1mol/L 乙酸 5mL，加水至 50mL。

0.01mol/L 乙酸：吸取 0.1mol/L 乙酸 5mL，加水至 50mL。

0.2mol/L NaOH：称取 NaOH 2.000g，加水至 50mL，配成 1mol/L NaOH。然后量

取 1mol/L NaOH 10mL，加水至 50mL，配成 0.2mol/L NaOH。

0.2mol/L HCl：吸取 37.2%（相对密度 1.19）HCl 4.17mL，加水至 50mL，配成 1mol/L HCl。然后吸取 1mol/L HCl 10mL，加水至 50mL，配成 0.2mol/L HCl。

0.01%溴甲酚绿指示剂：称取溴甲酚绿 0.005g，加 0.29mL 1mol/L NaOH，然后加水至 50mL。

【实验器材】

试管 1.5cm×15cm（×8）；胶头滴管（×2）；移液管 1mL(×4)，2mL(×4)，10mL(×2)。

【实验操作】

1. 蛋白质的两性反应

（1）取一支试管，加 0.5%酪蛋白 1mL，再加溴甲酚绿指示剂 4 滴，摇匀。此时溶液呈蓝色，无沉淀生成。

（2）用胶头滴管慢慢加入 0.2mol/L HCl，边加边摇直到有大量的沉淀生成。此时溶液的 pH 值接近酪蛋白的等电点。观察溶液颜色的变化。

（3）继续滴加 0.2mol/L HCl，沉淀会逐渐减少以至消失。观察此时溶液颜色的变化。

（4）滴加 0.2mol/L NaOH 进行中和，沉淀又出现。继续滴加 0.2mol/L NaOH，沉淀又逐渐消失。观察溶液颜色的变化。

2. 酪蛋白等电点的测定

（1）取同样规格的试管 7 支，按下表精确地加入下列试剂：

试剂/mL	管号						
	1	2	3	4	5	6	7
1.0mol/L 乙酸	1.6	0.8	0	0	0	0	0
0.1mol/L 乙酸	0	0	4	1	0	0	0
0.01mol/L 乙酸	0	0	0	0	2.5	1.25	0.62
H_2O	2.4	3.2	0	3	1.5	2.75	3.38
溶液的 pH	3.5	3.8	4.1	4.7	5.3	5.6	5.9
浑浊度							

（2）充分摇匀，然后向以上各试管依次加入 0.5%酪蛋白 1mL，边加边摇，摇匀后静置 5min，观察各管的浑浊度。

（3）用－、＋、＋＋、＋＋＋等符号表示各管的浑浊度。根据浑浊度判断酪蛋白的等电点。最浑浊的一管的 pH 值即为酪蛋白的等电点。

【注意事项】

在测定等电点的实验中，要求各种试剂的浓度和加入量相当准确。

【问题与讨论】

1. 该方法测定蛋白质等电点的原理是什么？
2. 解释蛋白质两性反应中颜色及沉淀变化的原因。

实验五　蛋白质的沉淀和变性

【实验目的】

1. 熟悉蛋白质的沉淀反应。
2. 进一步掌握蛋白质的有关性质。

【实验原理】

蛋白质因受某些物理或化学因素的影响，分子的空间构象被破坏，从而导致其理化性质发生改变并失去原有的生物学活性的现象称为蛋白质的变性作用。变性作用并不引起蛋白质一级结构的破坏，而是二级结构以上的高级结构的破坏，变性后的蛋白质称为变性蛋白。引起蛋白质变性的因素很多，物理因素有高温、紫外线、X射线、超声波、高压、剧烈的搅拌、振荡等；化学因素有强酸、强碱、尿素、胍盐、去污剂、重金属盐（如Hg^{2+}、Ag^+、Pb^{2+}等）、三氯乙酸、浓乙醇等。不同蛋白质对各种因素的敏感程度不同。

用大量中性盐使蛋白质从溶液中析出的过程称为蛋白质的盐析作用。蛋白质是亲水胶体，在高浓度的中性盐影响下脱去水化层，同时，蛋白质分子所带的电荷被中和，结果蛋白质的胶体稳定性遭到破坏而沉淀析出。经透析或用水稀释时又可溶解，故蛋白质的盐析作用是可逆过程。盐析不同的蛋白质所需中性盐浓度与蛋白质种类及 pH 有关。分子量大的蛋白质（如球蛋白）比分子量小的（如白蛋白）易于析出。改变盐浓度，使不同分子量的蛋白质分别析出。

【实验试剂】

(1) 新鲜蛋清或血清，蛋白质溶液。

(2) 固体硫酸铵及饱和硫酸铵溶液。

(3) 95％乙醇，1％$CuSO_4$，饱和苦味酸，0.1mol/L HAc，晶体 NaCl，1％醋酸铅，1％醋酸，5％鞣酸等。

【实验器材】

试管，三角漏斗，玻璃棒，滤纸，试管架，酒精灯，移液管。

【实验操作】

1. 卵清蛋白的分离

(1) 取卵清约 2 mL 于试管中，加等体积的饱和硫酸铵溶液，搅拌均匀，蛋白质析出，静置，用滤纸过滤至滤液澄清，沉淀为卵球蛋白，将此沉淀用 2mL 半饱和硫酸铵洗涤一次。

(2) 将析出卵清球蛋白后的滤液放入试管中，再加入固体硫酸铵使之达饱和，观察有无沉淀产生，若有沉淀，则过滤之，滤出的沉淀即为卵清白蛋白。

2. 蛋白质沉淀反应

A. 蛋白质盐析作用

向蛋白质溶液中加入中性盐至一定浓度，蛋白质即沉淀析出，这种作用称为盐析。

操作方法：

(1) 取蛋白质溶液 5mL，加入等量饱和硫酸铵溶液（此时硫酸铵的浓度为50％饱和），微微摇动试管，使溶液混合静置数分钟，球蛋白即析出（如无沉淀可再加少许饱和硫酸铵）。

(2) 将上述混合液过滤，滤液中加硫酸铵粉末，至不再溶解，析出的即为清蛋白。再加水稀释，观察沉淀是否溶解。

注意：

① 应该先加蛋白质溶液，然后加饱和硫酸铵溶液。

② 固体硫酸铵若加到过饱和则有结晶析出，勿与蛋白质沉淀混淆。

B. 乙醇沉淀蛋白质

乙醇为脱水剂，能破坏蛋白质胶体的水化层而使其沉淀析出。

操作方法：

取蛋白质溶液 1mL，加晶体 NaCl 少许（加速沉淀并使沉淀完全），待溶解后再加入 95％乙醇 2mL 混匀。观察有无沉淀析出。

C. 重金属盐析沉淀蛋白质

蛋白质与重金属离子（如 Cu^{2+}、Ag^+、Hg^{2+} 等）结合成不溶性盐类而沉淀。

操作方法：

取试管 2 支各加蛋白质溶液 2mL，一管内滴加 1％醋酸铅溶液，另一管内加 1％$CuSO_4$ 溶液，至有沉淀生成。

D. 生物碱试剂沉淀蛋白质

植物体内具有显著生理作用的含氮碱性化合物称为生物碱（或植物碱）。能沉淀生物碱或与其产生颜色反应的物质称为生物碱试剂，如鞣酸、苦味酸、磷钨酸等。生物碱试剂能和蛋白质结合生成沉淀，可能因蛋白质和生物碱含有相似的含氮基团之故。

操作方法：

取试管 2 支各加 2mL 蛋白质溶液及 1％醋酸溶液 4～5 滴，向一管中加 5％鞣酸溶液数滴，另一管内加苦味酸溶液数滴，观察结果。

【问题与讨论】

蛋白质的沉淀还有哪些方法？哪些变性了？哪些没有变性？

实验六　氨基酸的分离鉴定

【实验目的】

通过氨基酸的分离，学习纸色谱法的基本原理及操作方法。

【实验原理】

纸色谱法是用滤纸作为惰性支持物的分配色谱法。色谱溶剂由有机溶剂和水组成。物质被分离后在纸色谱图谱上的位置是用 R_f（比移）值来表示的：R＝原点到色谱点中心的距离－原点到溶剂前沿的距离。在一定的条件下某种物质的 R_f 值是常数。R_f 值的大小与物质的结构、性质、溶剂系统、色谱用滤纸的质量和色谱温度等因素有关，本实验利用纸色谱法分离氨基酸。

【实验试剂】

(1) **扩展剂**　是 4 份水饱和的正丁醇和 1 份醋酸的混合物。将 20mL 正丁醇和 5mL 冰醋酸放入分液漏斗中，与 15mL 水混合，充分振荡，静置后分层，放出下层水层。取漏斗内的扩展剂约 5mL 置于小烧杯中作平衡溶剂，其余的倒入培养皿中备用。

(2) **氨基酸溶液**　0.5％的赖氨酸、脯氨酸、缬氨酸、苯丙氨酸、亮氨酸溶液及它们的混合液（各组分浓度均为 0.5％），各 5mL。

(3) **显色剂**　50～100mL 0.1％水合茚三酮正丁醇溶液。

【实验器材】
展开缸，毛细管，喷雾器，培养皿，色谱滤纸（新华一号）。

【实验操作】
1. 将盛有平衡溶剂的小烧杯置于密闭的展开缸中。
2. 取色谱滤纸（长22cm、宽14cm）一张。在纸的一端距边缘2~3cm处用铅笔画一条直线，在此直线上每间隔2cm做一记号。
3. 点样：用毛细管将各种氨基酸样品分别点在这六个位置上，干后再点一次。每点在纸上扩散的直径最大不超过3mm。
4. 扩展：用线将滤纸缝成筒状，纸的两边不能接触。将盛有约20mL扩展剂的培养皿迅速置于密闭的展开缸中，并将滤纸直立于培养皿中（点样的一端在下，扩展剂的液面需距离点样线1cm）。待溶剂上升15~20cm时即取出滤纸，自然干燥或用吹风机热风吹干。
5. 显色：用喷雾器均匀喷上0.1％茚三酮正丁醇溶液，然后置烘箱中烘烤5min（100℃）或用热风吹干即可显出各色谱斑点。
6. 计算各种氨基酸的R_f值。

【问题与讨论】
1. 何谓纸色谱法？
2. 何谓R_f值？影响R_f值的主要因素是什么？
3. 怎样制备扩展剂？
4. 展开缸中平衡溶剂的作用是什么？

实验七　唾液淀粉酶的性质

【实验目的】
1. 进一步学习和了解酶的性质。
2. 学会检查酶的性质的原理和方法。

【实验原理】
酶与一般催化剂最主要的区别之一是酶具有高度特异（专一）性，即一种酶只能对一种底物或一类底物（此类底物在结构上通常具有相同的化学键）起催化作用，对其他底物无催化反应。例如，淀粉酶和蔗糖酶虽然都是催化糖苷键的水解，但是淀粉酶只对淀粉起作用，蔗糖酶只水解蔗糖。还原糖产物可用本乃狄试剂鉴定。

酶的活性常受温度、pH及某些物质的影响。通过比较淀粉酶在不同pH、不同温度以及有无抑制剂或激活剂时水解淀粉的差异，说明这些环境因素与酶活性的关系。

酶的催化活性受到温度的影响。在一定温度范围内酶才有活性，且在最适温度下，酶反应速度最大。大多数动物酶的最适温度为37~40℃，植物酶的最适温度为50~60℃。酶对温度的稳定性与其存在形式有关。有些干燥制剂，虽加热到100℃，其活性并无明显变化，但在100℃的溶液中很快地完全失去活性。低温能降低或抑制酶的活性，但不能使其失活。

某些物质可以增加酶的活性，称为激活剂；某些物质能降低其活性，称为抑制剂。很少量的激活剂或抑制剂就会影响酶的活性，而且这种作用常常具有特异性。但要注意的是，激活剂和抑制剂不是绝对的，有些物质在低浓度时为某种酶的激活剂，但却为另一种酶的抑制剂，而在高浓度时则为该酶的激活剂（如 NaCl）。

【实验试剂】

0.1%淀粉溶液，0.2%淀粉溶液，1%淀粉溶液，1%$CuSO_4$溶液，0.3%NaCl 溶液，1%NaCl 溶液，1%Na_2SO_4溶液，碳化钾-碳溶液，蔗糖溶液，Benedict 试剂等。

【实验器材】

试管和试管架，试管夹，恒温水浴箱，烧杯，冰浴（冰箱），沸水浴（电磁炉），移液管等。

【实验操作】

1. 唾液淀粉酶的制备

先将口腔食物残渣漱一漱，喝一大口凉白开（或蒸馏水），不要咽下去，做咀嚼运动 2min，然后吐入烧杯，用脱脂棉过滤吐入烧杯中的水，除去稀释液中可能含有的食物残渣，收集滤液即可获得唾液淀粉酶。

2. 酶的活性检验

（1）温度对酶活性的影响

管 号	1	2	3
0.2%淀粉-NaCl 液/mL	3.0	3.0	3.0
稀淀粉酶/mL	1.0	1.0	
煮沸淀粉酶/mL			1.0
温度处理（10min）	37℃	冰浴	37℃
温度处理（10min）			
加 $KI-I_2$	2～3 天	2～3 天	2～3 天
结果——反应速度			

摇匀，保持各自温度继续反应，5min 后每隔 1min 从第 2 号管吸取 1 滴反应液于白瓷板上，用碘液检查反应进行情况，直至反应液不再变色（只有碘液的颜色），立即取出所有试管，流水冷却 2min，各加 1 滴碘液，混匀。观察并记录各管反应现象，解释之。

注：2 号管冰浴 10min 后分成两半，一半加碘试剂，一半于 37℃保温 10min 后加碘试剂。

（2）激活剂和抑制剂

管 号	1	2	3	4
0.1%淀粉/mL	2	2	2	2
1%$CuSO_4$/mL	1			
1%NaCl/mL		1		
1%Na_2SO_4/mL			1	
蒸馏水/mL				1
稀淀粉酶/mL	1	1	1	1
保温（37℃）10min 后				
$KI-I_2$		2～3 天		
现 象				

试说明本实验第 3 号管的意义，并推出 Cl^- 和 Cu^{2+} 各是唾液酶的激活剂还是抑制剂？举例说明抑制与变性剂有何异同？

3. 酶的专一性

管 号	1	2	3	4
淀粉液/mL	2		2	2

218　生物化学

续表

管　号	1	2	3	4
蔗糖液/mL		2		
酶液/mL	1	1		
煮沸的酶液/mL				1
蒸馏水/mL			1	
保温(37℃)15min后				
Benedict 试剂/mL	1	1	1	1
沸水浴 2~3min				
现　象				

4. 结果处理

讨论题：为何温度的控制是实验成败的关键？

【注意事项】

1. 激活剂、抑制剂实验中淀粉酶要最后加（为什么？）。

2. 加入淀粉时要小心，不要沾到试管壁；另外，摇匀时也不宜用力过猛，使淀粉溶液或淀粉粒过多地沾在试管壁上，这样会影响结果的观察，误差较大。

3. 反应结果如不明显，调节保温时间和酶液浓度。

4. 温度对酶活性的影响实验要先准备好煮沸的酶液和冰浴再加入试剂。冰浴处理 10min 后的那支试管内的溶液要取约一半放在室温继续反应。

实验八　淀粉酶活性的测定

【实验目的】

掌握 α-淀粉酶活力测定的方法，同时熟悉分光光度计的使用方法。

【实验原理】

α-淀粉酶水解淀粉的产物为还原糖，用比色法测定还原糖的生成量可计算酶活力单位，其定义为：1个酶活力单位是指在特定条件（25℃，其他为最适条件）下，在 1min 内能转化 $1\mu mol$ 底物的酶量，或是转化底物中 $1\mu mol$ 的有关基团的酶量。

【实验试剂】

(1) 待测样品液的准备　准确称取 1g，用磷酸盐缓冲液定容至 100mL。

(2) 配制底物溶液　称取可溶性淀粉 1g，用磷酸盐缓冲液定容至 100mL。

(3) 磷酸盐缓冲液（PBS）配制方法　称取 NaCl 8g、KCl 0.2g、$Na_2HPO_4 \cdot 12H_2O$ 3.63g、KH_2PO_4 0.24g，溶于 900mL 双蒸水中，用盐酸调 pH 值至 7.4，加水定容至 1L，常温保存备用。

(4) 配制显色剂 3,5-二硝基水杨酸（DNS）试剂　准确称取 3,5-二硝基水杨酸 1g，溶于 20mL 2mol/L NaOH 溶液中，加入 50mL 蒸馏水，再加入 30g 酒石酸钾钠，待溶解后用蒸馏水定容至 100mL。盖紧瓶塞，勿使二氧化碳进入。若溶液浑浊可过滤后使用。

(5) 配制标准麦芽糖溶液　将 0.342g 分析麦芽糖溶于蒸馏水，定容至 1000mL，即为 $1\mu mol/mL$ 的标准溶液。

【实验器材】

分光光度计，恒温水浴锅，温度计，试管，移液管，天平，容量瓶等。

【实验操作】

1. 取 8 支干净的试管，编号：1 为空白；2 为样品；3 为标准空白对照；4 为标准；每种做两个。在 25℃ 恒温条件下按下表顺序进行操作。

步骤	1	2	3	4
加底物溶液/mL	1	1	0	0
加双蒸水/mL	1	0	2	0
加酶液(mL)摇匀	0	1	0	0
60℃ 准确保温 3min				
DNS 显色剂/mL	2	2	2	2
标准麦芽糖溶液/mL	0	0	0	2
沸水浴 3min,冷却				
双蒸水/mL	20	20	20	20
摇匀,在分光光度计上测 A_{540nm}				

2. 计算 α-淀粉酶活力

酶活力$(U/mg)=(A_{样}-A_{空})\times$标准麦芽糖的物质的量$(\mu mol)/(A_{标}-A_{标空})\times 3 \times$样品管中酶的质量(mg)

实验九 维生素 C 含量的测定

【实验目的】

了解并掌握用 2,6-二氯酚靛酚法测定维生素 C 的原理和方法。

【实验原理】

维生素 C 能促进细胞间质的合成，与体内其他还原剂共同维持细胞正常的氧化还原电势和有关酶系统的活性。它是在 1928 年从牛的肾上腺皮质中提取出的一种结晶物质，证明对治疗和预防坏血病有特殊功效，因此称为抗坏血酸。如果人体缺乏维生素 C 时则会出现坏血病。

还原型抗坏血酸能还原染料 2,6-二氯酚靛酚钠盐，本身则氧化成脱氢抗坏血酸。在酸性溶液中，2,6-二氯酚靛酚呈红色，被还原后变为无色。因此，可用 2,6-二氯酚靛酚滴定样品中的还原型抗坏血酸。当抗坏血酸全部被氧化后，稍多加一些染料，使滴定液呈淡红色，即为终点。如无其他杂质干扰，样品提取液所还原的标准染料量与样品中所含的还原型抗坏血酸量成正比。

【实验材料】

新鲜蔬菜、新鲜水果。

【实验试剂】

(1) 2% 草酸溶液 草酸 2g 溶于 100mL 蒸馏水中。

(2) 1% 草酸溶液 溶 1g 草酸于 100mL 蒸馏水中。

(3) 标准抗坏血酸溶液（0.1 mg/mL） 准确称取 50.0mg 纯抗坏血酸，溶于 1% 草酸溶液，并稀释至 500 mL。贮于棕色瓶中，冷藏，最好临用时配置。

(4) 1% HCl 溶液。

(5) 0.1% 2,6-二氯酚靛酚溶液 溶 500mg 2,6-二氯酚靛酚于 300mL 含有 104mg $NaHCO_3$ 的热水中，冷却后加水稀释至 500mL，滤去不溶物，贮于棕色瓶内，冷藏（4℃约可保存一星期）。每次临用时，以标准抗坏血酸液标定。

【实验器材】

吸管 1.0mL、10.0mL，100mL 容量瓶，5mL 微量滴定管，电子分析天平，研钵，漏斗等。

【实验操作】

1. 取材与预处理

新鲜蔬菜和水果类：以水洗净，用纱布或吸水纸吸干表面水分。然后称取 2.5g，加 2% 草酸适量。研磨成浆后以漏斗过滤，滤液转入 25mL 容量瓶，用 2% 草酸定容。

2. 滴定

（1）标准液滴定　准确吸取标准抗坏血酸溶液 1.0mL（含 0.1mg 抗坏血酸）置 100mL 锥形瓶中，加 9mL 1% 草酸，用微量滴定管以 0.1% 2,6-二氯酚靛酚滴定至淡红色，并保持 15s 即为终点。由所用染料的体积计算出 1mL 染料相当于多少毫克抗坏血酸。

（2）样液滴定　准确吸取滤液两份，每份 10.0mL，分别放入两个 100mL 锥形瓶内，滴定方法同前。

计算：

$$\text{维生素 C 含量}(\text{mg}/100\text{g 样品}) = \frac{V \cdot T \cdot A}{W \cdot A_1} \times 100$$

式中　V——滴定样品提取液消耗染料平均值，mL；

　　　T——每毫升染料所能氧化抗坏血酸的质量，mg；

　　　A——样品提取液定容体积，mL；

　　　A_1——滴定时吸取样品提取液体积，mL；

　　　W——样品质量，g。

【注意事项】

1. 2% 草酸可抑制抗坏血酸氧化酶，1% 草酸因浓度太低不能完成上述作用。

2. 样品中某些杂质亦能还原二氯酚靛酚，但速度较抗坏血酸慢，故终点以淡红色存在 15s 内为准。

3. 滴定过程宜迅速，一般不超过 2min。

4. 在样品提取液的制备和滴定过程中，要避免阳光照射和与铜、铁器具接触，以免抗坏血酸被破坏。

【问题与讨论】

1. 为什么滴定过程宜迅速？

2. 为什么滴定终点以淡红色存在 15s 内为准？

参 考 文 献

[1] 阎隆飞,张玉麟主编.生物化学.第2版.北京:中国农业大学出版社,1997.
[2] 龙良启,孙中武,宋慧,甘莉主编.生物化学.北京:科学出版社,2005.
[3] 邹思湘主编.动物生物化学.第5版.北京:中国农业出版社,2012.
[4] 王镜岩主编.生物化学.第2版.北京:高等教育出版社,2002.
[5] 姚文兵主编.生物化学.北京:人民卫生出版社,2012.
[6] 郑里翔主编.生物化学.北京:中国医药科技出版社,2015.
[7] 刘志国主编.生物化学实验.第2版.武汉:华中科技大学出版社,2015.
[8] 吴梧桐主编.生物化学.第6版.北京:人民出版社,1997.
[9] 王镜岩主编.生物化学.第3版.北京:高等教育出版社,2002.
[10] 张丽萍主编.生物化学简明教程.第4版.北京:高等教育出版社,2009.
[11] 张邦建主编.生物化学.北京:高等教育出版社,2007.
[12] 李宏高,江建军主编.生物化学.北京:科学出版社,2004.
[13] 王镜岩,朱圣庚,徐长法主编.生物化学.第3版.北京:高等教育出版社,2002.
[14] 张跃林,陶令霞.生物化学.北京:化学工业出版社,2007.
[15] 宋瑛.生物化学.北京:中国人民大学出版社,2009.
[16] 于自然,黄熙泰主编.生物化学.北京:化学工业出版社,2001.
[17] 姚文兵主编.生物化学.第7版.北京:人民卫生出版社,2015.
[18] 陆正清,柯世怀主编.生物化学.第2版.北京:化学工业出版社,2015.
[19] 刘新光,罗德生主编.生物化学.北京:科学出版社,2007.
[20] 毕建州,何文胜主编.生物化学.北京:中国医药科技出版社,2013.
[21] 查锡良主编.生物化学.第7版.北京:人民卫生出版社,2010.
[22] 胡兰主编.动物生物化学.北京:中国农业大学出版社,2007.
[23] 常雁红,陈月芳主编.生物化学.北京:冶金工业出版社,2012.
[24] 刘国琴,张曼夫主编.生物化学.第2版.北京:中国农业大学出版社,2011.
[25] 符爱云主编.生物化学.北京:化学工业出版社,2015.
[26] 杰弗里·佐贝主编.生物化学:下.上海:复旦大学出版社,1989.
[27] 赵玉娥主编.生物化学.第2版.北京:化学工业出版社,2010.
[28] 郭蔼光主编.基础生物化学.第2版.北京:高等教育出版社,2009.
[29] 李丽君主编.生物化学.北京:中国科学技术出版社,2007.
[30] 金国琴主编.生物化学.上海:上海科学技术出版社,2011.
[31] 鲁文胜主编.生物化学.南京:东南大学出版社,2006.
[32] 康爱英主编.生物化学.沈阳:辽宁大学出版社,2012.
[33] 李晓华主编.生物化学.北京:化学工业出版社,2005.
[34] 李莘,王毓平主编.生物化学.北京:科学出版社,2004.
[35] 杨光彩.生物化学实验指导.广州:华南理工大学出版社,2005.
[36] 张申,庄景凡.医学生物化学实验指导与学习指南.北京:北京大学医学出版社,2011.